Matthias Grünstäudl

Praxishandbuch Kostenrechnung

Matthias Grünstäudl

Praxishandbuch Kostenrechnung

Grundlagen, Prozesse, Systeme

UVK Verlagsgesellschaft mbH · Konstanz und München

Bibliografische Information der Deutschen Bibliothek
Die Deutsche Bibliothek verzeichnet diese Publikation in der Deutschen Nationalbibliografie; detaillierte bibliografische Daten sind im Internet über <http://dnb.ddb.de> abrufbar.

ISBN 978-3-86764-462-4

Einbandgestaltung: Susanne Fuellhaus, Konstanz
Pinted in Germany

UVK Verlagsgesellschaft mbH
Schützenstraße 24 · 78462 Konstanz
Tel. 07531-9053-0 · Fax 07531-9053-98
www.uvk.de

Vorwort

Meine Sicht der Kostenrechnung

*„**Warum** schreibt man ein Buch über ein Thema, über das so oft geschrieben worden ist?"*

Diese Frage wurde mir häufig gestellt, als ich an diesem Buch gearbeitet habe. Meines Erachtens ist dies die falsche Frage. Die richtige Frage lautet:

*„**Wie** schreibt man ein Buch über ein Thema, über das so oft geschrieben worden ist?"*

Meine Motivation, dieses Buch zu schreiben, war meine Feststellung, dass in der Praxis, aber auch in der Literatur, kostenrechnerische Fragestellungen meist nicht im Zusammenhang eines **konzeptionell geschlossenen Systems**, sondern die Fragestellungen isoliert und aus dem Gesamtzusammenhang herausgelöst betrachtet werden.

Aus konzeptionellen Zusammenhängen wird ein Geheimnis gemacht und in der Praxis bleiben häufig die abrechnungstechnischen Zusammenhänge in modernen ERP-Systemen verborgen und somit den IT-Spezialisten besser zugänglich als den Kaufleuten.

Dem erfahrenen Leser ist klar, dass es nicht nur „das EINE" Kostenrechnungssystem gibt – vielmehr bietet die Kostenrechnung eine Vielzahl von gestalterischen Möglichkeiten, eine für ein Unternehmen geeignete Lösung zu entwickeln, welche sich auf kostenrechnerischen Grundlagen stützen. Wichtig hierbei sind insbesondere, dass

- die Rechenergebnisse plausibel und für das Unternehmen hinreichend genau sind,
- die Datenqualität hinreichend hoch ist,
- eine für das Unternehmen hinreichende Allokation auf die kostenrechnerischen Bausteine eines Systems gegeben ist, d.h. Kosten bzw. Daten werden verursachungsgerecht erfasst und weiterverrechnet.

Sehr wichtig ist es mir, in diesen zahlreichen Möglichkeiten Lösungsansätze für Kostenrechnungssysteme aufzuzeigen, ohne dabei pragmatische Ansätze aus den Augen zu verlieren. Neben der straffen Aufbereitung der Grundlagen zur

Kostenrechnung – ich lege hier keinen gesteigerten Wert darauf, jede noch so kleine, theoretische Grundlage vorzustellen – liegt der Fokus des Buchs vor allem auf der Darstellung von **konzeptionell geschlossenen Kostenrechnungssystemen** (d.h. dem Zusammenwirken der kostenrechnerischen Teilbereiche) sowie der **Gewinnung** und dem prozessorientierten **Transport** von **(Kosten-)Daten** durch ein System.

Ich wünsche interessante Erkenntnisse bzw. Anregungen beim Lesen des Buches oder einzelner Kapitel.

Matthias Grünstäudl

Abbildungen im Buch zu komplexen Prozesslandschaften lassen sich auch in größerem Format unter

http://www.uvk-lucius.de/kostenrechnung

ansehen, herunterladen und ausdrucken.

Inhalt

Abbildungen und Tabellen

1 Grundlagen

1.1 Betriebliches Rechnungswesen

Das betriebliche Rechnungswesen ist als ältestes und am stärksten ausgebautes Subsystem der Informationsversorgung in die Unternehmenslandschaft eingebunden. Wertmäßige Informationen über wirtschaftlich relevante Vorgänge und Ergebnisse werden in ihm erfasst, gespeichert, entsprechend dem jeweiligen Rechnungszweck verarbeitet und schließlich an verschiedene Informationsadressaten weitergeleitet. Es soll dadurch in quantitativer Form ein Abbild von Wirtschaftsabläufen und Wirtschaftstatbeständen darstellen, das je nach Art der Rechnung vergangenheits-, gegenwarts- oder zukunftsbezogen ausgelegt sein kann.

Beim Studium der betriebswirtschaftlichen Literatur stößt man auf verschiedene Ansätze zur Untergliederung des betrieblichen Rechnungswesens. Differenziert wird vor allem nach zeitlichen Kriterien, den Rechnungsgrößen, der gesetzlichen Fixierung und den Adressaten der verschiedenen, innerhalb des betrieblichen Rechnungswesens durchgeführten Rechnungen. Ein Gliederungsansatz kann wie folgt aussehen:

BETRIEBLICHES RECHNUNGSWESEN			
Finanzbuchhaltung bzw. Geschäftsbuchhaltung	**Kosten- und Leistungsrechnung**	**Statistik**	**Planungsrechnung**
- Bilanz - Gewinn- und Verlustrechnung - Finanzrechnung	- Kostenartenrechnung - Kostenstellenrechnung - Kostenträgerstückrechnung - Ergebnisrechnung	Vergangenheitsbezogene Auswertung der Zahlen und Daten der Finanzbuchhaltung und Kostenrechnung zur Kontrolle der Wirtschaftlichkeit	Erstellung der betrieblichen Teilpläne, z.B. Absatzplan, Produktionsplan, Personalplan (auch i.V.m. der Planung der Kostenrechnung)
Vergangenheitsbezug	Vergangenheits- und Zukunftsbezug	Vergangenheitsbezug	Zukunftsbezug
Externes Rechnungswesen	**Internes Rechnungswesen**		

Abbildung 1: Gliederung des betrieblichen Rechnungswesens

Der Finanzbuchhaltung, die auch als Geschäftsbuchhaltung bezeichnet wird, kommt primär die Aufgabe zu, den Jahreserfolg (Gewinn- oder Verlust) der Unternehmung zu ermitteln und die Höhe, Zusammensetzung und Veränderung von Vermögen und Kapital zu bestimmen (Bilanz). Daneben dient sie der Planung des zukünftigen Kapitalbedarfes und der Kontrolle und Durchführung der Finanzbewegungen. Innerhalb dieses Rechnungssystems sollen schließlich in Form der doppelten Buchführung chronologisch, systematisch, lückenlos und ordnungsgemäß, alle in Zahlenwerten festgehaltenen und im Zusammenhang mit Güter- und Geldströmen stehenden Geschäftsvorfälle erfasst und abgebildet werden.

Charakteristisch für die Finanzbuchhaltung ist deren starke Außenwirkung, da sie insbesondere Informationen für außerhalb der Unternehmung stehende Anspruchsgruppen bereitstellt, beispielsweise für Gläubiger der Unternehmung oder den Staat. Daher wird dieser Rechnungskreis auch **externes Rechnungswesen** genannt.

Die auch als Betriebsbuchführung bezeichnete Kosten- und Leistungsrechnung – kurz Kostenrechnung – wird ebenso wie die Planungsrechnung und die betriebswirtschaftliche Statistik dem **internen Rechnungswesen** zugerechnet, da sich die von ihr bereitzustellenden Informationen primär an unternehmensinterne Informationsempfänger richten. Die Planungsrechnung lässt sich dabei allerdings nicht immer scharf von den anderen Teilbereichen des betrieblichen Rechnungswesens abgrenzen, beispielsweise weil, wie nachfolgend ausgeführt, auch in der Kostenrechnung Planungsrechnungen durchgeführt werden.

1.2 Aufgaben der Kostenrechnung

Innerhalb des betrieblichen Rechnungswesens ist die Kostenrechnung ein Instrument der innerbetrieblichen Abrechnung, das den Einsatz der Produktionsfaktoren im betrieblichen Kombinationsprozess dokumentieren und den Werteverbrauch und Wertezuwachs zahlenmäßig abbilden soll, der durch die betriebliche Leistungserstellung und Leistungsverwertung verursacht wird. Diese von der Kostenrechnung zu erfüllenden Aufgaben können im Zusammenhang mit drei unterschiedlichen Rechnungskategorien, den Planungs-, Kontroll- und Dokumentationsrechnungen weiter konkretisiert werden:

- Indem sie die Auswirkungen künftiger Handlungen auf einen wertmäßig definierbaren Zielerreichungsgrad bestimmen, dienen die Planungsrechnungen grundsätzlich der Entscheidungsfindung. Ihre Aufgaben beziehen sich auf die Bereitstellung von Informationen für kurz-, mittel- und langfristig wirkende Entscheidungen. Sie sollen beispielsweise Unterlagen für die Wahl zwischen Eigenfertigung und Fremdbezug, für die Ermittlung optimaler Produktionsprogramme oder auch für die Bestimmung von Preisobergrenzen und Preisuntergrenzen bereitstellen.

- Während die Planungsrechnungen einen Blick in die Zukunft werfen, befassen sich die **Kontrollrechnungen** mit vergangenen Geschehnissen. Durch Bereitstellung von Informationen über die tatsächliche Kostenentstehung und Kostenhöhe sollen diese die Kontrolle der betrieblichen Gütererstellung ermöglichen und damit letztlich zur Vermeidung einer ineffizienten Ressourcenverwendung beitragen.
- Die Hauptanliegen der Kostenrechnung bestehen in der Unterstützung der Planung und Kontrolle. Die zusätzlich durch **Dokumentationsrechnungen** zu erfüllenden Aufgaben beziehen sich auf die Unterstützung anderer Zweige des Rechnungswesens. Beispielsweise soll die Kostenrechnung für die Finanzbuchhaltung die bilanziellen Herstellungskosten von fertigen und unfertigen Erzeugnissen ermitteln.

1.3 Rechnungsgrößen des betrieblichen Rechnungswesens

Das betriebliche Rechnungswesen unterscheidet die Begriffspaare Einzahlungen und Auszahlungen, Einnahmen und Ausgaben, Erträge und Aufwendungen sowie Leistungen und Kosten:

- **Einzahlungen** bezeichnen den Abgang, **Auszahlungen** den Zugang liquider Mittel innerhalb einer Abrechnungsperiode. Liquide Mittel sind Bargeld und jederzeit verfügbares Bankguthaben (Sichtguthaben).
- **Einnahmen** und **Ausgaben** unterscheiden sich von den Einzahlungen und Auszahlungen dadurch, dass die tatsächlichen Zugänge bzw. Abgänge von Zahlungsmitteln um Forderungen bzw. Verbindlichkeiten korrigiert sind.
- **Erträge** bezeichnen den bewerteten Zuwachs, **Aufwendungen** den bewerteten Verbrauch von Gütern und Dienstleistungen innerhalb einer Abrechnungsperiode, der nicht nur den Betriebszwecken dient.

Auf den Ein- und Auszahlungen bzw. Einnahmen und Ausgaben basieren liquiditätsorientierte Finanzrechnungen. Sie werden ebenso wie Aufwendungen und Erträge, die in der Gewinn- und Verlustrechnung des Jahresabschlusses zu finden sind, in der Finanzbuchhaltung erfasst.

Die Rechnungsgrößen der Kostenrechnung können wie folgt definiert werden:

> *„Kosten sind allgemein der wertmäßige Verzehr von Produktionsfaktoren zur Leistungserstellung und Leistungsverwertung sowie zur Sicherung der dafür notwendigen betrieblichen Kapazitäten."*

> *„Leistungen sind das Ergebnis der betrieblichen Faktorkombination, also die in Erfüllung des Betriebszwecks erstellten Güter und Dienstleistungen. Sie stehen den wertmäßigen Kosten gegenüber."*

1.4 Abgrenzung der Rechnungsgrößen des Rechnungswesens

Im Folgenden seien kurz die Unterschiede und Gemeinsamkeiten von Auszahlungen und Ausgaben sowie Ausgaben und Aufwand aufgeführt; anschließend wird auf die aus kostenrechnerischer Sicht besonders bedeutsame Abgrenzung von Aufwendungen und Kosten eingegangen. Es soll somit behandelt werden:

- Abgrenzung von Auszahlungen und Ausgaben
- Abgrenzung von Ausgaben und Aufwendungen
- Abgrenzung von Aufwendungen und Kosten

So wie zwischen diesen Rechnungsgrößen bestehen auch Zusammenhänge zwischen Einzahlungen, Einnahmen, Erträgen und Leistungen. Auf deren Darstellung soll im Rahmen dieses Buches jedoch verzichtet werden.

1.4.1 Abgrenzung von Auszahlungen und Ausgaben

Auszahlungen und Ausgaben lassen sich wie folgt voneinander abgrenzen (vgl. auch Abbildung 2):

- Auszahlungen sind keine Ausgaben, wenn eine Auszahlung in gleicher Höhe zu einer Erhöhung der Forderungen (z.B. Vergabe eines Barkredites an einen Mitarbeiter) oder zu einer Senkung der Verbindlichkeiten (z.B. Tilgung eines von einer Bank gewährten Kredites) führt.
- Ausgaben und Auszahlungen entsprechen einander z.B. beim Barkauf von Rohstoffen.
- Ausgaben sind keine Auszahlungen, wenn Ausgaben nicht zu einer Veränderung des Zahlungsmittelbestandes führen. Ein Beispiel ist der Kauf von Rohstoffen auf Ziel.

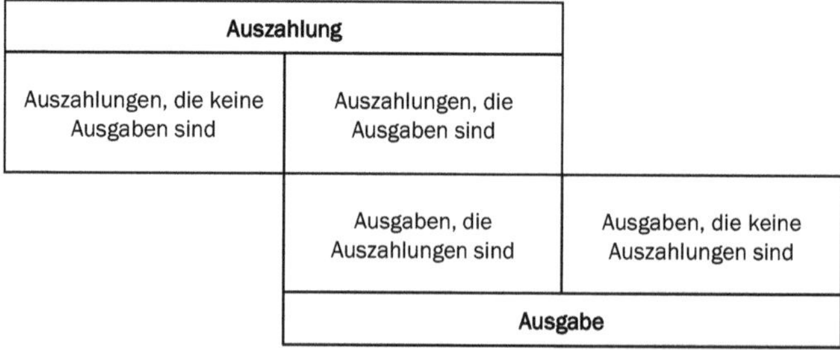

Abbildung 2: Abgrenzung von Auszahlungen und Ausgaben

1.4.2 Abgrenzung von Ausgaben und Aufwand

Die Abgrenzung zwischen Ausgaben und Aufwendungen kann wie folgt vorgenommen werden (vgl. auch Abbildung 3):

- Ausgaben sind keine Aufwendungen, wenn Ausgaben nie zu Aufwendungen führen (z.B. Privatentnahmen durch Gesellschafter), Ausgaben erst in späteren Perioden zu Aufwendungen führen (z.B. Kauf von Rohstoffen, die erst in einer späteren Periode verbraucht werden) oder Ausgaben bereits in früheren Perioden Aufwand verursacht haben (z.B. Verbrauch von Rohstoffen, die erst in einer späteren Periode bezahlt werden).
- Aufwendungen und Ausgaben entsprechen einander z.B. dann, wenn Kauf und Verbrauch von Rohstoffen in der gleichen Periode erfolgen.
- Aufwendungen sind keine Ausgaben, wenn Aufwendungen bereits in vorigen Perioden Ausgaben verursachten (z.B. Abschreibung einer früher angeschafften Maschine, Verbrauch von Lagerbeständen) oder nie mit Ausgaben verbunden sind (z.B. Abschreibung einer geschenkten Maschine).

Abbildung 3: Abgrenzung von Ausgaben und Aufwand

1.4.3 Abgrenzung von Aufwendungen und Kosten

Zwischen den Rechnungsgrößen der Finanzbuchhaltung und der Kostenrechnung bestehen aufgrund von einerseits gemeinsamen, anderseits aber auch unterschiedlichen Zielsetzungen, sowohl Unterschiede als auch Gemeinsamkeiten, die letztlich die Erfordernis von Abgrenzungen bedingen.

Gerade die Abgrenzung zwischen Aufwand und Kosten dabei gehört zu den wichtigsten, allerdings auch schwierigsten kostenrechnerischen Vorarbeiten. Ein Überblick, wie diesbezüglich vorgegangen werden kann, enthält Abbildung 4. Erträge und Leistungen können in analoger Form abgegrenzt werden.

Aufwand

Neutraler Aufwand

Zweckaufwand

Mit dem gleichen Wert als Kosten verrechneter Zweckaufwand

Nicht mit dem gleichen Wert als Kosten verrechneter Zweckaufwand

Grundkosten

Anderskosten*

Zusatzkosten

Kalkulatorische Kosten

Kosten

* Die Anderskosten können größer oder kleiner als der nicht mit dem gleichen Wert als Kosten verrechnete Zweckaufwand sein.

Abbildung 4: Abgrenzung von Aufwand und Kosten

Die gemeinsame Zielsetzung der Kostenrechnung und der Gewinn- und Verlustrechnung besteht darin, einen Periodenerfolg zu ermitteln. In beiden Teilsystemen des Rechnungswesens werden der bewertete Güterverbrauch und die bewertete Güterentstehung einander gegenübergestellt. Ein erheblicher Teil der Aufwendungen und Erträge, die im Zusammenhang mit der Leistungserstellung bzw. der typischen Betriebstätigkeit der Periode stehen, können daher in gleicher Höhe als Kosten und Leistungen in der Kostenrechnung erfasst werden. Auf der Inputseite handelt es sich dabei um den **Zweckaufwand**, der in Form von **Grundkosten** in die Kostenrechnung eingeht. Beispielhaft genannt seien in der Finanzbuchhaltung erfasste Aufwendungen für Akkordlöhne, die in der Regel in gleicher Höhe als Kosten in die Kostenrechnung übernommen werden können.

Während die Gewinn- und Verlustrechnung den Periodenerfolg der gesamten Unternehmung ermittelt, befasst sich die Kostenrechnung lediglich mit der betrieblichen Leistungserstellung (und Leistungsverwertung) der Periode. Neutraler Aufwand, also Aufwand, der nicht in unmittelbarem Zusammenhang mit der Leistungserstellung der Periode steht, wird in der Regel nicht in der Kostenrechnung erfasst. Diesbezüglich können drei Kategorien neutraler Aufwendungen unterschieden werden:

– **Betriebsfremder Aufwand** steht in keinerlei Beziehung zur betrieblichen Leistungserstellung, wird also nicht durch die Produktions- oder Absatztätigkeiten der Unternehmung verursacht. Beispiele sind Spenden für karitative Zwecke und Reparaturen an nicht betriebsnotwendigen Gebäuden.

- **Periodenfremder Aufwand** steht zwar in unmittelbarem Zusammenhang mit der betrieblichen Leistungserstellung, jedoch fällt der Aufwand erst in einer späteren Periode als jener an, in der der Verbrauch der Produktionsfaktoren erfolgte. Ein Beispiel für diesen eher seltenen Fall sind Steuernachzahlungen. Eine Verrechnung solcher Aufwendungen in der Kostenrechnung würde dazu führen, dass neben einem früheren, auch das aktuelle Betriebsergebnis die „falsche“ Kostenhöhe ausweisen würde.
- **Außerordentlicher Aufwand** steht ebenfalls im Zusammenhang mit der betrieblichen Leistungserstellung, ist jedoch derart außergewöhnlich, dass auf seine Erfassung in der Kostenrechnung verzichtet wird. Dies ist auf die Idee zurückzuführen, dass die Kostenrechnung lediglich den durchschnittlichen und üblichen Verbrauch der Produktionsfaktoren erfassen soll. Zufällig auftretende, besondere Ereignisse und daraus resultierende Schwankungen der Kostenhöhe sollen nicht zu Verzerrungen führen. Derartige ungewollte Verzerrungen könnten sich beispielsweise ergeben, wenn aus besonders außergewöhnlichen Katastrophenschäden resultierende Aufwendungen in die Kostenrechnung übernommen werden.

Wie in Abbildung 4 ersichtlich ist, existieren neben den bereits angesprochenen Zweckaufwendungen, die in gleicher Höhe als Grundkosten in der Kostenrechnung erfasst werden, auch solche Zweckaufwendungen, bei denen dies nicht der Fall ist. Diese werden ersetzt durch **Anderskosten**, die höher oder niedriger als der entsprechende Zweckaufwand sein können. Die in der Kostenrechnung erfassten Anderskosten werden zwar auch in der Finanzbuchführung als Aufwand erfasst, unterliegen dort jedoch einer anderen Bewertung. Sie stellen einen Bestandteil der kalkulatorischen Kosten dar. Zu den **kalkulatorischen Kosten** im Sinne von Anderskosten zählen üblicherweise kalkulatorische Abschreibungen, kalkulatorische Wagniskosten und kalkulatorische Fremdkapitalzinsen.

Den zweiten Bestandteil der **kalkulatorischen Kosten** bilden die **Zusatzkosten**. Hierbei handelt es sich um Kosten, die weder in der laufenden Periode, noch in einer anderen Periode zu – in der Finanzbuchführung erfasstem – Aufwand führen. Kalkulatorische Kosten im Sinne von Zusatzkosten sind typischerweise kalkulatorische Eigenkapitalzinsen, kalkulatorische Mieten und der kalkulatorische Unternehmerlohn, die jeweils (aus rechtlichen Gründen) kein Äquivalent im Aufwandsbereich haben.

1.5 Systematisierung der Kosten

Die Literatur hält eine Vielzahl von Kriterien vor, nach denen sich die Kosten systematisieren lassen. Eine erste Einteilung wurde bereits im vorigen Abschnitt durch die Unterscheidung von aufwandsgleichen Kosten (Grundkosten) und kalkulatorischen Kosten (Anderskosten und Zusatzkosten) dargestellt. Weitere wichtige Gliederungskriterien beziehen sich auf

- die Reagibilität der Kosten auf Beschäftigungsschwankungen,
- die Zurechenbarkeit der Kosten auf Kostenträger und
- den Zeitbezug der Kosten.

1.5.1 Fixe und variable Kosten

Klassifiziert man die Kosten bezüglich ihrer Reagibilität auf Beschäftigungsschwankungen, so spricht man von fixen und variablen Kosten. Die Beschäftigung ist zu verstehen als die tatsächliche Nutzung der Kapazität, die Ist-Leistung, die beispielsweise anhand von Ausbringungsmengen, Arbeitsstunden oder Maschinenstunden gemessen wird. Ihr Maßstab ist der Beschäftigungsgrad:

$$\text{Beschäftigungsgrad} = \frac{\text{Ist-Leistung x 100}}{\text{vorhandene Kapazität}}$$

Behandelt werden nachfolgend:

- fixe Kosten
- variable Kosten
- Kostenverläufe fixer und variabler Kosten

1.5.1.1 Fixe Kosten

Fixe Kosten fallen unabhängig vom Grad der Beschäftigung bzw. der Ausbringung in konstanter Höhe pro Periode an, wobei es keine Rolle spielt, ob das Unternehmen an der Kapazitätsgrenze oder überhaupt nicht produziert. Sie verhalten sich zeitproportional und entstehen für das bloße Vorhalten von Kapazitäten bzw. für die Aufrechterhaltung der Betriebs- und Leistungsbereitschaft. Daher werden die Fixkosten auch Kosten der Betriebsbereitschaft oder Kapazitätskosten genannt.

Sprungfixe oder intervallfixe Kosten bleiben nur innerhalb einer bestimmten Kapazitätsstufe konstant, steigen bzw. fallen jedoch an der Grenze dieser Stufe auf das nächsthöhere bzw. nächstniedrigere Niveau. Sie entstehen aufgrund der Tatsache, dass viele Produktionsfaktoren, beispielsweise Anlagen oder die menschliche Arbeitskraft nicht beliebig teilbar sind.

Fixkosten können im Falle eines Beschäftigungsrückgangs zumeist nur sehr langsam, kurzfristig häufig überhaupt nicht abgebaut werden. Dieser Effekt wird als Kostenremanenz bezeichnet.

Im Zusammenhang mit der Existenz von Fixkosten ist auch auf Leerkosten und Nutzkosten einzugehen. Weil fixe Kosten unabhängig vom Beschäftigungsgrad anfallen, entstehen bei Unterauslastung der Kapazitäten sogenannte **Leerkosten**: Dies sind die Kosten der nicht genutzten Kapazität. Hingegen fallen für die tatsächlich genutzten Kapazitäten **Nutzkosten** an.

1.5.1.2 Variable Kosten

Bei den **variablen Kosten** besteht ein direkter Zusammenhang zwischen den Kosten und der Beschäftigung. Sie verändern sich stets mit der Ausbringung bzw. dem Beschäftigungsgrad; insofern sind variable Kosten leistungsmengenabhängige Kosten, weswegen sie auch Leistungskosten genannt werden.

Die Beziehung zwischen variablen Gesamtkosten und Beschäftigung kann proportional, degressiv, progressiv oder regressiv sein. Die Darstellung dieser Kostenverläufe erfolgt in Abschnitt 2.5.1.3.

1.5.1.3 Kostenverläufe fixer und variabler Kosten

Die unterschiedlichen Verläufe fixer und variabler Gesamtkosten haben Auswirkungen auf die entsprechenden Verläufe von Stückkosten und Grenzkosten. Gesamtkosten, Stückkosten und Grenzkosten können wie folgt definiert werden:

- **Gesamtkosten** sind die Summe der für die Erstellung der betrieblichen Leistungen angefallen Kosten einer Abrechnungsperiode.

  $$K = Kf + Kv$$

  mit

  K = Gesamtkosten (je Periode)
  Kf = fixe Gesamtkosten (je Periode)
  Kv = variable Gesamtkosten (je Periode)

- **Stückkosten** bzw. Durchschnittskosten sind die Gesamtkosten dividiert durch die Leistungsmenge.

  $$k = \frac{K}{x}$$

  mit

  k = Stückkosten
  x = Ausbringungs- bzw. Leistungsmenge je Periode

- **Grenzkosten** sind der Zuwachs der Gesamtkosten, der bei der Fertigung einer weiteren Leistungseinheit entsteht.

$$K' = \frac{dK}{dx}$$

mit

K' = Grenzkosten
d = Delta

Abbildung 5 zeigt die verschiedenen Kostenverläufe variabler und fixer Gesamtkosten sowie die entsprechenden Verläufe der Stück- und Grenzkosten:

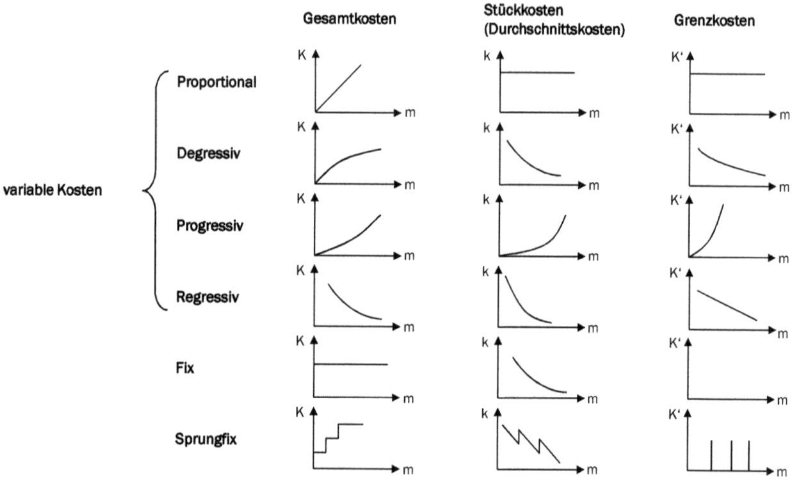

Abbildung 5: Darstellung der Kostenverläufe in Abhängigkeit von der Beschäftigung

Diese Kostenverläufe können wie folgt erläutert werden:

- Proportionale Verläufe der variablen Gesamtkosten ergeben sich, wenn diese in gleichem Maße wie die Beschäftigung steigen. Stück- und Grenzkosten bleiben jeweils konstant. Dies ist beispielsweise bei den Akkordlöhnen der Fall, die für jedes Stück in gleicher Höhe ausbezahlt werden.
- Bei degressiven Verläufen der variablen Gesamtkosten steigen diese in geringerem Maße als die Beschäftigung. Die Stückkosten liegen über den Grenzkosten, wobei beide jeweils degressiv fallen. Beispielsweise können bei steigender Ausbringung zur Vermeidung von Ausschuss beitragende Lerneffekte der Belegschaft zu degressiven Verläufen der Materialkosten führen.

- Bei progressiven Verläufen der variablen Gesamtkosten steigen diese in stärkerem Maße als die Beschäftigung. Die progressiv steigenden Stückkosten liegen unter den ebenfalls progressiv steigenden Grenzkosten. Derartige Verläufe können sich beispielsweise bei den Energiekosten ergeben, wenn Anlagen überhöht beansprucht werden (z.B. steigt der Kraftstoffverbrauch von Fahrzeugen bei Überschreitung einer bestimmten Geschwindigkeit progressiv an).
- Bei einem regressiven Gesamtkostenverlauf sinken die Gesamtkosten mit zunehmender Ausbringungsmenge. Die Stückkosten fallen degressiv, die Grenzkosten sind negativ. Für die Praxis haben regressive Verläufe der variablen Gesamtkosten allerdings kaum eine Bedeutung.
- Bei einem fixen (konstanten) Verlauf der Gesamtkosten führen Beschäftigungssteigerungen zu Degressionseffekten bei den Stückkosten. Da sich bei der Fertigung einer zusätzlichen Einheit die Höhe der fixen Gesamtkosten nicht ändert, fallen keine Grenzkosten an. Als Beispiel können Abschreibungen auf Betriebsgelände genannt werden.
- Bei einem sprungfixen Verlauf der Gesamtkosten sinken die Stückkosten zunächst degressiv, steigen aber jeweils nach Überschreitung einer Kapazitätsgrenze sprunghaft an. Grenzkosten entstehen jeweils bei der Überschreitung einer Kapazitätsgrenze. Muss beispielsweise die Kapazität durch den Kauf einer zusätzlichen Maschine erhöht werden, steigen die Maschinenabschreibungen sprunghaft an.

1.5.2 Einzelkosten und Gemeinkosten

Bezüglich ihrer Zurechenbarkeit auf Kostenträger unterscheidet man in der Kostenrechnung:

- Einzelkosten
- Gemeinkosten

Als Kostenträger bezeichnet man im Wesentlichen Erzeugnisse oder Aufträge.

1.5.2.1 Einzelkosten

Einzelkosten (Kostenträgereinzelkosten) sind Kosten, die sich einem Kostenträger direkt bzw. verursachungsgerecht zurechnen lassen.

Mit dem Terminus „verursachungsgerecht" ist ein wichtiges Prinzip der Kostenzurechnung angesprochen: das **Verursachungs- bzw. Kausalitätsprinzip**. Es besagt, dass die Kostenträger nur mit den Kosten belastet werden sollen, welche auch tatsächlich durch sie verursacht wurden. Eine derart verursachungsgerechte Kostenzurechnung ist prinzipiell nur bei den variablen Kosten, nicht jedoch bei den fixen Kosten möglich.

Die Praxis unterscheidet in der Regel die folgenden Einzelkosten:

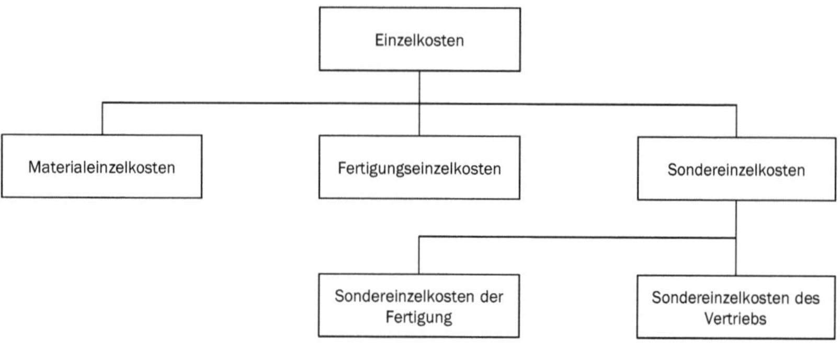

Abbildung 6: Einzelkosten

- **Materialeinzelkosten** sind insbesondere Kosten für den Verbrauch von Rohstoffen. Materialien, die als wesentlicher Bestandteil in das Endprodukt eingehen, z.B. Holz in der Möbelindustrie, werden als Rohstoffe (oder Werkstoffe) bezeichnet.
- **Fertigungslohnkosten** bzw. Lohneinzelkosten sind die direkt einem Kostenträger zurechenbaren Kosten der menschlichen Arbeitsleistungen, beispielsweise Akkordlöhne.
- **Sondereinzelkosten** sind grundsätzlich sämtliche einem Kostenträger zurechenbaren, nicht als Fertigungslohnkosten **oder** Materialeinzelkosten klassifizierten Kosten. **Sondereinzelkosten der Fertigung** können beispielsweise Kosten für besondere Werkzeuge, Spezialvorrichtungen an Betriebsmitteln, Lizenzen und Materialanalysen sowie auch Forschungs-, Entwicklungs- und Versuchskosten sein. Als Beispiele für **Sondereinzelkosten des Vertriebs** lassen sich Verpackungskosten, auftragsbezogene Werbekosten und Versandkosten aufführen. Sondereinzelkosten werden in der Regel nicht den einzelnen Erzeugnissen, sondern den aus einer Vielzahl einzelner Erzeugnissen bestehenden Aufträgen, z.B. Serien, zugerechnet.

Einzelkosten sind im Allgemeinen immer variable Kosten. Umgekehrt weisen variable Kosten zwar zu einem großen Teil den Charakter von Einzelkosten auf, können allerdings auch Gemeinkosten sein.

1.5.2.2 Gemeinkosten

Das Pendant der Einzelkosten sind die **Gemeinkosten** (Kostenträgergemeinkosten), die sich nicht direkt den Kostenträgern zurechnen lassen. Sie fallen für verschiedene Kostenträger gemeinsam an.

Als typische Gemeinkosten können aufgeführt werden:

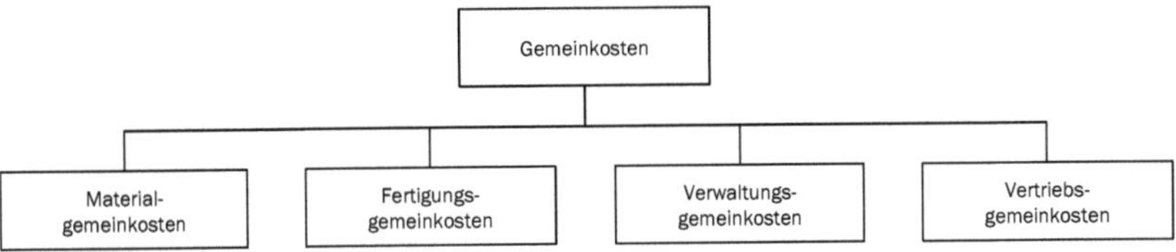

Abbildung 7: Gemeinkosten

Die fixen Kosten sind stets als Gemeinkosten klassifiziert. Der Umkehrschluss gilt jedoch nicht, da Gemeinkosten nicht grundsätzlich Fixkosten sind.

Neben der kostenträgerbezogenen Unterscheidung können darüber hinaus hinsichtlich der Zurechenbarkeit auf Kostenstellen die sogenannten Stelleneinzelkosten, die sich direkt auf eine Kostenstelle zurechnen lassen, und Stellengemeinkosten, bei denen dies nicht der Fall ist, differenziert werden.

Eine eindeutige Trennung zwischen Einzelkosten und Gemeinkosten ist nicht immer möglich bzw. praktikabel. Dies führt zur Unterscheidung zwischen echten und unechten Gemeinkosten:

- **Echte Gemeinkosten** sind die Gemeinkosten, die **tatsächlich** nicht direkt auf die Kostenträger verrechnet werden können. Beispielsweise scheint eine direkte (verursachungsgerechte) Zurechnung des Gehalts eines Geschäftsführers auf nur einen Kostenträger kaum möglich.
- **Unechte Gemeinkosten** sind von ihrem Charakter her Einzelkosten, die direkt auf Kostenträger zurechenbar wären. Aus Praktikabilitätsgründen werden sie jedoch nicht direkt auf die Kostenträger verrechnet und damit wie Gemeinkosten behandelt. Beispiele sind Hilfsstoffe, wie z.B. Nägel oder Schrauben, die aus Wirtschaftlichkeitsgründen häufig nicht direkt auf die Kostenträger verrechnet werden.

1.5.3 Istkosten, Normalkosten und Plankosten

Nach dem unterschiedlichen Zeitbezug der in der Kostenrechnung verarbeiteten Daten lassen sich Plan-, Ist- und Normalkosten unterscheiden.

Kosten, die in einer Abrechnungsperiode tatsächlich angefallen sind, werden als **Istkosten** oder auch tatsächliche Kosten eines Unternehmens bezeichnet. Bei den Istkosten handelt es sich um vergangenheitsbezogene Kosten:

Istkosten = Istmenge x Istpreis

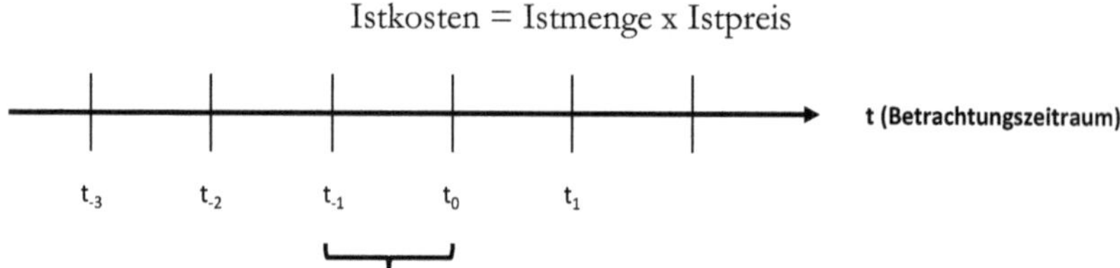

Normalkosten sind aus den Istkosten abgeleitete Durchschnittskosten vergangener Perioden. Sie beziehen sich auf den Durchschnittsverbrauch und/oder den Durchschnittspreis:

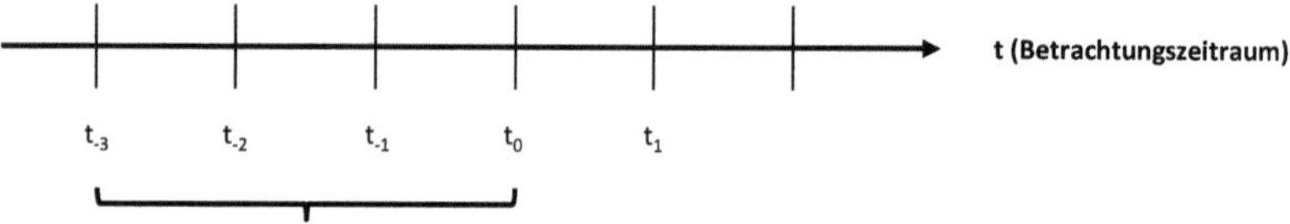

Plankosten sind im Voraus bestimmte, zukunftsbezogene Kosten eines Unternehmens:

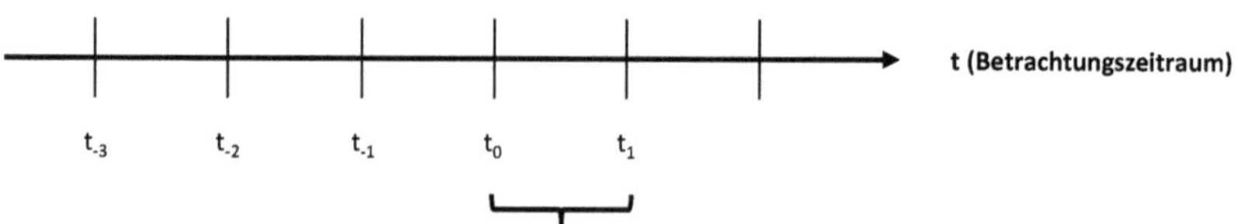

1.6 Zusammenfassung

Als Teilsystem des internen Rechnungswesens ist die Kostenrechnung ein Instrument der innerbetrieblichen Abrechnung, dessen Aufgaben sich auf die Planung, Kontrolle und Dokumentation betrieblicher Geschehnisse beziehen. Ihre Rechnungsgrößen sind die Kosten und Leistungen, während die Finanzbuchführung mit Einzahlungen und Auszahlungen, Einnahmen und Ausgaben sowie Erträgen und Aufwendungen arbeitet.

Kosten sind der wertmäßige Verzehr von Produktionsfaktoren zur Leistungserstellung und Leistungsverwertung sowie zur Sicherung der dafür notwendigen betrieblichen Kapazitäten. Der Terminus Aufwand muss insbesondere von dem in der Kostenrechnung verwendeten Begriff Kosten abgegrenzt werden, obwohl es eine deutliche Schnittmenge identischer Daten gibt. Die Übereinstimmung ist in den Grundkosten gegeben. Zusätzlich zu diesen aufwandsgleichen Kosten werden in einer Kostenrechnung kalkulatorische Kosten angesetzt. Diese ergänzen die verwendeten Grundkosten um die (kalkulatorischen) Anderskosten und die (kalkulatorischen) Zusatzkosten. Neutraler Aufwand steht nicht in unmittelbarem Zusammenhang mit der Leistungserstellung der Periode und wird in der Regel nicht in der Kostenrechnung erfasst.

Je nach Blickwinkel lassen sich die Kosten unterschiedlich klassifizieren. Werden die Kosten nach ihrer Abhängigkeit vom Beschäftigungsgrad beurteilt, so spricht man von fixen und variablen Kosten. Verändert sich die Kostenhöhe unmittelbar mit dem Beschäftigungsgrad, so spricht man von variablen Kosten. Entstehen die Kosten unabhängig vom Grad der Beschäftigung für das bloße Vorhalten von Kapazitäten, so bezeichnet man diese als fixe Kosten. Sprung- bzw. intervallfixe Kosten sind ein Sonderfall der fixen Kosten. Sie bleiben nur innerhalb einer bestimmten Kapazitätsstufe konstant, steigen bzw. fallen jedoch an der Grenze dieser Stufe auf das nächsthöhere bzw. nächstniedrigere Niveau.

Unterscheidet man die Kosten nach ihrer Verrechnung auf die Kostenträger, sind damit Einzel- und Gemeinkosten angesprochen. Als Einzelkosten werden die Kosten bezeichnet, welche direkt bzw. verursachungsgerecht den Kostenträgern zugerechnet werden können. Bei den Gemeinkosten ist diese direkte Verrechnung auf die Kostenträger nicht möglich. Sie fallen für mehrere Kostenträger gemeinsam an. Falls eine direkte Verrechnung von Einzelkosten auf die Kostenträger aus Praktikabilitätsgründen nicht erfolgt, Einzelkosten also vielmehr wie Gemeinkosten behandelt werden, spricht man von unechten Gemeinkosten.

Schließlich können die Kosten noch nach ihrem Zeitbezug unterteilt werden. Die in einer Abrechnungsperiode tatsächlich angefallenen Kosten werden als Istkosten bezeichnet. Arbeitet man mit durchschnittlichen Kosten vergangener Perioden, so werden diese als Normalkosten bezeichnet. Kosten, welche prospektiv bestimmt sind, nennt man Plankosten.

2 Systematik der Kostenrechnung

Die Beschreibung der Systematik einer Kostenrechnung umfasst im Folgenden:

- Teilbereiche bzw. Elemente eines Kostenrechnungssystems
- Kostenrechnungssysteme

2.1 Teilbereiche eines Kostenrechnungssystems

Ein Kostenrechnungssystem besteht aus unterschiedlichen Teilbereichen, denen jeweils spezifische Aufgaben zufallen. Unterscheiden lassen sich Kostenartenrechnung, Kostenstellenrechnung und Kostenträgerrechnung. Die Kostenträgerrechnung wird weiter untergliedert in die Kostenträgerstückrechnung und die Kostenträgerzeitrechnung bzw. Betriebsergebnisrechnung. Unabhängig vom gewählten Kostenrechnungssystem (siehe hierzu Kap. 3.2.) bilden diese Teilbereiche die wesentlichen Ansatzpunkte und Auswertungsstufen der Kostenrechnung.

- Die **Kostenartenrechnung** befasst sich mit der Fragestellung: Welche Kosten sind angefallen? Ihre Aufgabe besteht in der Erfassung und Gliederung der in einer Abrechnungsperiode angefallenen Kosten. Damit steht sie am Anfang der Kostenrechnung und bildet die Grundlage für Kostenstellen- und Kostenträgerrechnung. Die Kostenartenrechnung nimmt innerhalb des Kostenrechnungssystems eine Schnittstellenfunktion ein.
- Die **Kostenstellenrechnung** befasst sich mit der Fragestellung: Wo sind die Kosten angefallen? Sie übernimmt aus der Kostenartenrechnung jene Kosten, die nicht unmittelbar den Kostenträgern zugerechnet werden. Dies sind in der Regel die Gemeinkosten. Kostenstellen sind bestimmte Teilbereiche der Unternehmung bzw. abgrenzbare Orte der Kostenentstehung.
- Die **Kostenträgerstückrechnung** befasst sich mit der Fragestellung: Wofür sind die Kosten angefallen? Das „wofür" bezieht sich dabei auf die Kosten für eine Kostenträgereinheit bzw. ein Erzeugnis eines Unternehmens. Sie übernimmt die Einzelkosten aus der Kostenartenrechnung und die Gemeinkosten aus der Kostenstellenrechnung.
- Die **Kostenträgerzeitrechnung** bzw. **Betriebsergebnisrechnung** befasst sich ebenfalls mit der Fragestellung: „Wofür sind Kosten die angefallen?" Das „wofür" bezieht sich hier allerdings auf eine bestimmte Ab-

rechnungsperiode. Sie erfasst neben den Kosten auch die Erlöse des Unternehmens und ermöglicht es dadurch, den leistungsbezogenen Erfolg des Unternehmens – als Gewinn oder Verlust – zu ermitteln.

Vereinfacht kann die Beziehung zwischen den Teilbereichen eines Kostenrechnungssystems wie folgt dargestellt werden:

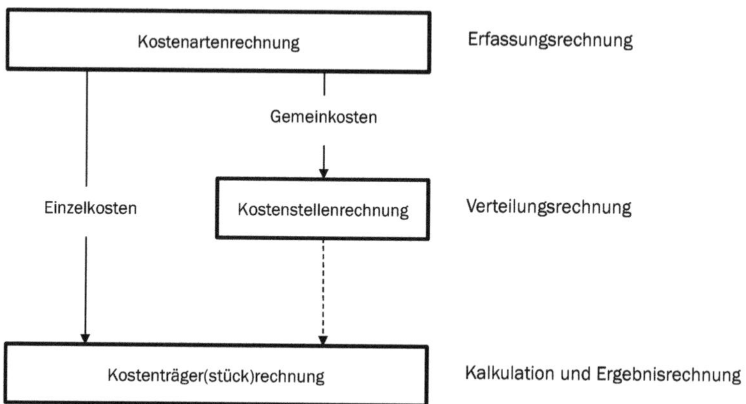

Abbildung 8: Vereinfachte Darstellung der Beziehungen zwischen den Teilbereichen eines Kostenrechnungssystems

2.2 Kostenrechnungssysteme

Die Kostenrechnung basiert, je nachdem welche Zielsetzungen mit ihrem Einsatz verfolgt werden, auf unterschiedlichen Grundsystemen. Untergliedern lassen sich Kostenrechnungssysteme in zweierlei Hinsicht. Nach dem **Zeitbezug** der verrechneten Kosten kann zwischen

- Istkostenrechnung,
- Normalkostenrechnung und
- Plankostenrechnung

unterschieden werden. Die zweite Unterscheidung erfolgt nach dem **Umfang** der auf die Kostenträger verrechneten Kosten in

- Vollkostenrechnung und
- Teilkostenrechnung.

Die beiden Dimensionen „Zeitbezug" und „Umfang" sind dabei nicht losgelöst voneinander, sondern kombiniert zu betrachten. Dann ergeben sich schließlich – zumindest theoretisch – sechs verschiedene Grundtypen von Kostenrechnungssystemen:

Zeitbezug der Kosten / Umfang der Kostenverrechnung	Vergangenheitsorientierung		Zukunftsorientierung
	Istkosten	Normalkosten	Plankosten
Vollkostenrechnung	Vollkostenrechnung auf Istkostenbasis	Vollkostenrechnung auf Normalkostenbasis	Vollkostenrechnung auf Plankostenbasis
Teilkostenrechnung	Teilkostenrechnung auf Istkostenbasis	Teilkostenrechnung auf Normalkostenbasis	Teilkostenrechnung auf Plankostenbasis

Abbildung 9: Kostenrechnungssysteme

2.2.1 Istkostenrechnung

Werden in der Kostenartenrechnung die tatsächlich innerhalb einer Periode angefallenen Kosten erfasst und schließlich auf die Kostenstellen und Kostenträger weiterverrechnet, spricht man von einer Istkostenrechnung.

Aus dieser Vorgehensweise folgt, dass eher zufällig auftretende Preis- oder Mengenschwankungen die Ergebnisse der Rechnungen beeinflussen. Beispielsweise führen schwankende Preise auf Rohstoffmärkten oder niedrigere Energiekosten aufgrund von Anlagenausfällen zu solchen (ungewollten) Zufallsschwankungen.

Als Vorteil der Istkostenrechnung ist aufzuführen, dass sie es als einziges Kostenrechnungssystem ermöglicht, die tatsächlichen Kosten zu erfassen und im Rahmen einer Nachkalkulation auszuwerten. Eine wirksame Kostenkontrolle ist mit dieser vergangenheitsbezogenen Rechnung allerdings nicht möglich, da den Istkosten keine Kostenvorgaben gegenüberstehen.

Ein lediglich mit Istkosten arbeitendes Kostenrechnungssystem gibt es praktisch nicht, da einige Kostenarten nur mittels zeitlicher oder kalkulatorischer Abgrenzungen bestimmbar sind und generell nur als Schätz-, Plan- oder Durchschnittskosten verrechnet werden. Zeitliche Abgrenzungen in der Istkostenrechnung beziehen sich z.B. auf jährlich im Voraus gezahlte Versicherungsprämien. Kalkulatorische Abgrenzungen werden z.B. bei kalkulatorischen Abschreibungen oder kalkulatorische Zinsen vorgenommen. Kalkulatorische Kosten haben grundsätzlich den Charakter von Plan- oder Normalkosten.

2.2.2 Normalkostenrechnung

Die Normalkostenrechnung ist eine Weiterentwicklung der Istkostenrechnung, in der durch die Bildung durchschnittlicher Kosten vergangener Perioden die unvermeidbaren Schwankungen der Istkosten ausgeschaltet werden können. Ebenso wie bei der Istkostenrechnung sind allerdings wirksame Kostenkontrollen kaum möglich, da keine Kostenvorgaben bereitstehen. Mit normalisierten Kosten lassen sich darüber hinaus die auf den Kostenträgern tatsächlich entstandenen Kosten nicht mehr ermitteln.

Als Normalkosten können statische oder aktualisierte Mittelwerte angesetzt werden:

- Statische Mittelwerte lassen erwartete oder gegenwärtige Änderungen der Kostenstruktur unberücksichtigt.
- Aktualisierte Mittelwerte berücksichtigen erwartete oder gegenwärtige Änderungen der Kostenstruktur.

In der betrieblichen Praxis ist die Normalkostenrechnung heute nicht sehr weit verbreitet. Vor allem als Teilkostenrechnung ist sie kaum anzutreffen. Sie wird auf Vollkostenbasis als flexible oder starre Normalkostenrechnung betrieben:

- Die starre Normalkostenrechnung arbeitet mit einem festen bzw. starren Normalkostensatz, der für einen bestimmten Beschäftigungsgrad der jeweiligen Kostenstellen errechnet wird und Veränderungen der Beschäftigung unberücksichtigt lässt.
- Die flexible Normalkostenrechnung ist bei der Ermittlung des Normalkostensatzes nicht an einen Beschäftigungsgrad gebunden. Der Normalkostensatz kann vielmehr an die jeweils zugrunde gelegte Beschäftigung der Kostenstelle angepasst werden.

2.2.3 Plankostenrechnung

Während die Ist- und Normalkostenrechnung die Kosten vergangener Perioden verrechnen, bildet die Plankostenrechnung die erwarteten Kosten zukünftiger Perioden ab. Sie ermittelt Kostenvorgaben auf der Basis von Abschätzungen zukünftiger Entwicklungen und Verbrauchswerten der Vergangenheit.

Sie soll damit eine wirksame Kostenkontrolle durch Soll-Ist-Vergleiche ermöglichen. Dies erfordert offensichtlich neben der Erfassung von Plankosten auch die Ermittlung von Istkosten. Ein ausschließliches Rechnen mit Plankosten scheint letztlich auch abwegig, da eben nur durch den Vergleich von Plan- und Istkosten sowie die Analyse von Abweichungen Erkenntnisse für Entscheidungsprozesse gewonnen werden können:

> Es „*besteht keine Alternative zwischen Plan- und Istkostenrechnung. Es besteht nur die Wahl zwischen Istkostenrechnung einerseits und Ist- und Plankostenrechnung andererseits.*“[1]

Eine Plankostenrechnung kann also kaum auf die Istkosten verzichten. Als Plankostenrechnungssysteme gelten:

- die starre Plankostenrechnung, die mit einem festen bzw. konstant gehaltenen Plankostensatz arbeitet, der nicht an Beschäftigungsänderungen angepasst wird. Sie ist eine Vollkostenrechnung.
- die flexible Plankostenrechnung (auf Vollkostenbasis), in der die Plankosten der Kostenstellen an veränderte Beschäftigungsgrade angepasst werden.
- die flexible Plankostenrechnung auf Teilkostenbasis, die auch als Grenzplankostenrechnung bezeichnet wird.

Herauszuheben ist, dass die in der Plankostenrechnung berechneten **Plan-Verrechnungssätze** verwendet werden, um Kosten von Kostenstellen auf Kostenträger weiterzuverrechnen. Der Umfang der weiterverrechneten Kosten richtet sich nach der Anzahl der für diese Kostenstellen erbrachten produktiven Stundenleistungen. Im einen Extremfall, einer Nullbeschäftigung, würden keine Kosten weiterverrechnet werden. Im anderen Extremfall würden exakt alle Kosten einer Kostenstelle an Kostenträger weiterverrechnet, so dass sich eine Kostenstelle exakt auf null entlasten würde. Werden mehr oder weniger Kosten auf Kostenträger verrechnet als tatsächlich auf einer Kostenstelle entstanden sind, ergibt sich ein Restbetrag auf einer Kostenstelle, der sich aus der Differenz der Gesamtkosten und den weiterverrechneten Kosten ermittelt. Dieser Restbetrag, die Gesamtabweichung, kann je nach Umfang der Weiterverrechnung größer oder kleiner sein als die auf der Kostenstelle erfassten Istkosten. Sollten die Kosten der Weiterverrechnung kleiner sein als die erfassten Istkosten der Kostenstelle spricht man von einer **Kostenstellenunterdeckung**, im umgekehrten Fall von einer **Kostenstellenüberdeckung**.[2]

2.2.4 Vollkostenrechnung

Der Unterschied zwischen Voll- und Teilkostenrechnung besteht nicht darin, dass in einer Teilkostenrechnung nur ein Teil der Kosten erfasst wird. „Voll“

---

1 Haberstock, L. (2005), S. 173 (zitiert nach: Svoboda, P. (1978), S. 68); diese Aussage gilt im Übrigen auch für die Normalkostenrechnung

2 Für ausführliche Informationen: Vergleiche hierzu Kapitel 4.2.4.4 Verrechnungsverfahren

bzw. „Teil" bezieht sich auf den Umfang der auf die Kostenträger (Erzeugnisse, Produkte) verrechneten Kosten.

Die Vollkostenrechnung folgt dem Grundsatz, alle in einer Abrechnungsperiode entstandenen Kosten auf die Kostenträger zu verrechnen. Die Einzelkosten werden direkt auf die Kostenträger verrechnet, die (variablen und fixen) Gemeinkosten dagegen zuerst auf den Kostenstellen erfasst und anschließend in einem zweiten Verrechnungsschritt mit Hilfe unterschiedlicher Verfahren – so verursachungsgerecht wie eben möglich – auf die Kostenträger weiterverrechnet.

Abbildung 10 stellt diese Vorgehensweise vereinfacht dar.

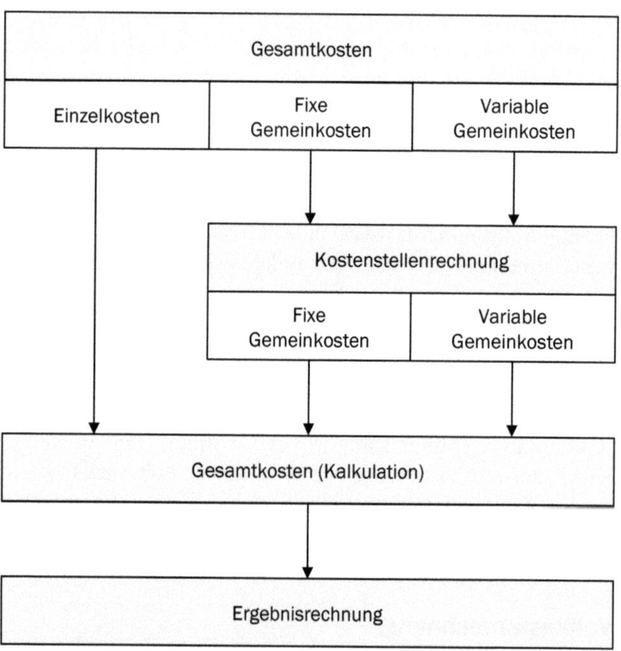

Abbildung 10: Grundprinzip der Vollkostenrechnung

Kritisiert wird die Vollkostenrechnung aufgrund der gegen das Verursachungsprinzip verstoßenden Verrechnung der fixen Kosten auf die Kostenträger (Erzeugnisse). Die Verrechnung fixer Kosten – die allesamt Gemeinkosten sind – kann nur im Falle hoher Proportionalität zwischen den verrechneten Gemeinkosten und der verwendeten Bezugsbasen annähernd verursachungsgerecht sein. Ist dies nicht der Fall, kommt es dennoch zur Fixkostenproportionalisierung. Schwerwiegende Kalkulationsfehler können die Folge sein.

Darüber hinaus kann die Vorgehensweise der Vollkostenrechnung zu Fehlentscheidungen führen, wenn die entscheidungsrelevanten Kosten nicht den Vollkosten entsprechen. So sind unter der Annahme kurzfristig unveränderbarer Kapazitäten und damit nicht veränderbarer Fixkosten in der Regel nur die variablen Kosten je Produkteinheit relevant.

Man denke beispielsweise im privaten Bereich an die Nutzung des eigenen PKW: Betrachtet man die Kosten einer heute anstehenden Fahrt von München nach Hamburg, so spielen bei der Wahl zwischen dem sowieso vorhandenen PKW und der Bahn die vorrangig zeitabhängigen (fixen) Abschreibungen am eigenen Fahrzeug kaum eine Rolle. Entscheidungsrelevant sind für den (rein kostenorientiert denkenden) Fahrzeugbesitzer vielmehr die variablen Kosten des eigenen PKW, also insbesondere die Kraftstoffkosten. An ihnen muss sich das Bahnticket messen lassen. Erst bei längerfristig ausgelegten Entscheidungen werden auch die Fixkosten entscheidungsrelevant.

Aus Vollkostenrechnungen resultierende Fehlentscheidungen ergeben sich in der betrieblichen Praxis häufig bei der Eliminierung von Verlustartikeln. So kann nicht grundsätzlich davon ausgegangen werden, dass sich durch die Aussonderung eines von anderen Produktarten unabhängigen Erzeugnisses aus dem Produktionsprogramm dessen Vollkosten einsparen lassen. So bleibt – zumindest kurzfristig – meist ein gewisser Betrag der Gemeinkosten erhalten (Kostenremanenz).

2.2.5 Teilkostenrechnung

Den Schwächen der Vollkostenrechnung versuchen die verschiedenen Teilkostenrechnungssysteme zu begegnen, indem sie lediglich einen Teil der Kosten des jeweiligen Abrechnungszeitraums den Kostenträgern zurechnen. Unterschieden werden kann zwischen

- Teilkostenrechnungssystemen auf der Basis variabler Kosten (Grenzkostenrechnung) und
- Teilkostenrechnungssystemen auf der Basis von Einzelkosten.

Zu den im zweiten Punkt genannten Systemen gehört die von Riebel entwickelte relative Einzelkosten- und Deckungsbeitragsrechnung. Von größerer Praxisrelevanz sind jedoch die Teilkostenrechnungssysteme auf der Basis variabler Kosten. Genannt werden können in diesem Zusammenhang:

- einstufige Deckungsbeitragsrechnung (Direct Costing),
- mehrstufige Deckungsbeitragsrechnung (Fixkostendeckungsrechnung),
- Grenzplankostenrechnung.

In diesen Systemen wird lediglich der variable Teil der Kosten auf die Kostenträger (Erzeugnisse) verrechnet und damit dem Verursachungsprinzip stärker Rechnung getragen. Die Fixkosten werden auch in den Systemen berücksichtigt, allerdings nicht den einzelnen Kostenträgern angelastet. Die folgende Abbildung 11 stellt die Vorgehensweise vereinfacht dar:

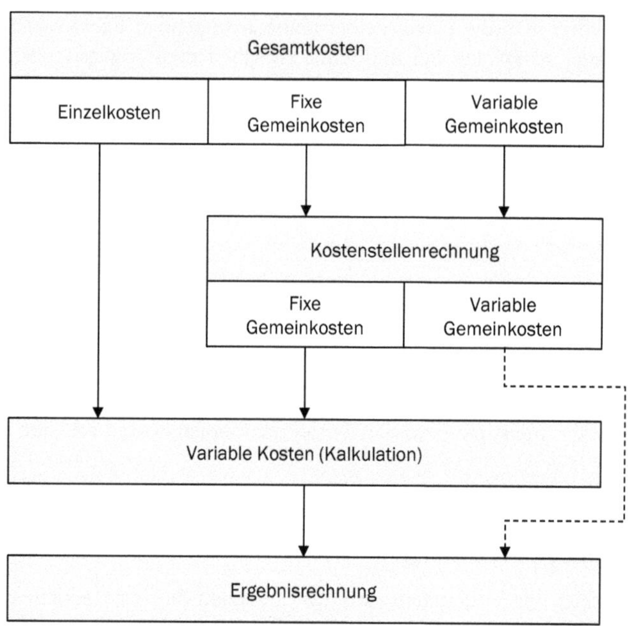

Abbildung 11: Grundprinzip der Teilkostenrechnung

2.3 Zusammenfassung

Der Kostenrechnung liegt eine gewisse Systematik zugrunde. Unterschieden werden können die Teilbereiche **Kostenarten-, Kostenstellen-, Kostenträgerstück- und Betriebsergebnisrechnung**, die unabhängig vom gewählten Kostenrechnungssystem die Ansatzpunkte und Auswertungsstufen der Kostenrechnung bilden.

Weiterhin sind die verschiedenen Kostenrechnungssysteme charakteristisch für den Aufbau einer Kostenrechnung. Sie werden einerseits nach dem Zeitbezug der Kosten in **Ist-, Normal- und Plankostenrechnung**, andererseits nach dem Umfang der verrechneten Kosten in Voll- und Teilkostenrechnung unterteilt.

Die Istkostenrechnung arbeitet mit den tatsächlichen Kosten der betrieblichen Tätigkeit. Ein ausschließlich auf Istkosten basierendes Kostenrechnungssystem gibt es jedoch nicht. Die Normalkostenrechnung ist eine Weiterentwicklung der Istkostenrechnung, bei der durch den Ansatz von Durchschnittskosten vergangener Perioden die unvermeidlichen Schwankungen der Istkosten ausgeschaltet werden können. Beide Systeme sind allerdings wenig geeignet für die Durchführung von Kostenkontrollen, da sie keine Kostenvorgaben bereitstellen. An dieser Schwäche setzten Plankostenrechnungssysteme an, die eine wirksame Kostenkontrolle durch Soll-Ist-Vergleiche ermöglichen sollen.

Ist-, Normal- und Plankostenrechnungen können jeweils als **Voll- oder Teilkostenrechnungen** durchgeführt werden. Im System der Vollkostenrechnung werden die gesamten Kosten einer Periode auf die Kostenträger (Erzeugnisse, Produkte) verrechnet. Diese Vorgehensweise kann, je nach Gestaltung eines Kostenrechnungssystems, gegen das Verursachungsprinzip verstoßen. Diese Problematik versuchen die Systeme der Teilkostenrechnung zu vermeiden, indem lediglich ein Teil der Kosten auf die Kostenträger verrechnet wird. Im System der Teilkostenrechnung auf der Basis variabler Kosten (Grenzkostenrechnung) sind die variablen Kosten dieser Teil.

3 Datenquellen der Kostenrechnung

3.1 Überblick

Die bisherigen Ausführungen haben sich zunächst darauf konzentriert, ein grundlegendes Verständnis für kostenrechnerische Grundbegriffe und Grundsysteme der Kostenrechnung zu schaffen. Die folgenden Kapitel sollen – ohne Anspruch auf Vollständigkeit erheben zu wollen – wesentliche Informationsquellen der Kostenrechnung beschreiben. Berücksichtigung finden soll dabei die Tatsache, dass die Kostenrechnung in der betrieblichen Praxis mit zahlreichen anderen Systemen verknüpft und teilweise in integrierte Gesamtsysteme bzw. ERP-Systeme eingebunden ist, die alle wesentlichen Funktionen der Administration, der Disposition und der Führung unterstützen.

Bei einer funktionalen Betrachtung können als wesentliche Datenquellen der Kostenrechnung die in den folgenden Kapiteln beschriebenen – untereinander mehr oder weniger stark miteinander verzahnten – Aufgaben- bzw. Funktionsbereiche hervorgehoben werden:

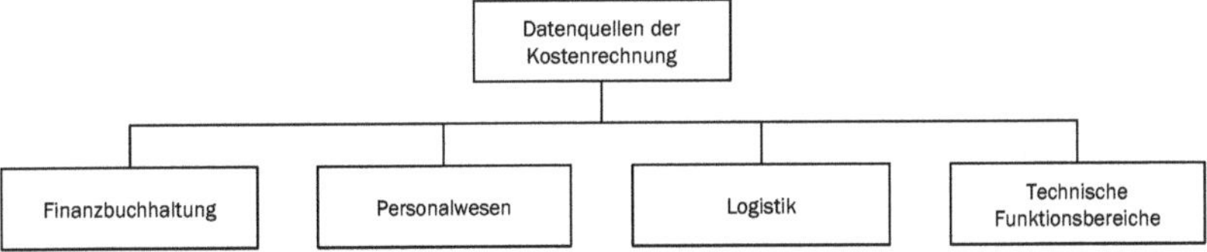

Abbildung 12: Überblick Datenquellen der Kostenrechnung

Ferner sind vor allem auch die direkt mit der Produktion in Zusammenhang stehenden Stammdaten sowie Zeitleistungen von besonderer Wichtigkeit für die Kostenrechnung. Da Zeitleistungsdaten aus unterschiedlichsten Quellen stammen können und Stammdaten der Produktion in verschiedensten Bereichen benötigt, genutzt und gepflegt werden, erfolgt deren Darstellung im Anschluss an die aufgaben- bzw. funktionsbereichsbezogenen Ausführungen.

3.2 Finanzbuchhaltung

Die Finanzbuchhaltung dient der Gewinnermittlung und Steuerbemessung und stellt über die Erfassung der tatsächlichen Aufwendungen der Unternehmung die Basis für die Kostenrechnung dar. Erfasst werden sämtliche finanziellen Geschäftsvorfälle auf Konten, wobei einer der wichtigsten Grundsätze besagt, dass keine Buchung ohne Beleg (Rechnungen, Lieferscheine, Frachtbriefe u.a.) durchgeführt werden darf.

3.2.1 Organisation der Bücher

Alle buchungspflichtigen Geschäftsvorfälle werden in der Finanzbuchhaltung in Büchern festgehalten. Unterscheiden lassen die folgenden Bücher:

- **Grundbuch**: Im Grundbuch bzw. Journal erfolgt eine chronologische Aufzeichnung der Geschäftsvorfälle.
- **Hauptbuch**: In der Hauptbuchhaltung (Sachbuchhaltung) bzw. auf dessen Konten erfolgt die sachliche Aufzeichnung des Buchungsstoffes. In ihr werden die Konten in Bestandskonten und Erfolgskonten unterteilt, deren Abschluss letztlich die Bilanz und Gewinn- und Verlustrechnung ergibt. Aus den Bestandskonten wird die Bilanz erstellt, während die Erfolgskonten in die Gewinn- und Verlustrechnung einfließen.
- **Nebenbücher**: Weil Grund- und Hauptbuch die Geschäftsvorfälle nur in knapper Form festhalten, werden diese durch eigenständig geführte Nebenbücher (**Nebenbuchhaltungen**) ergänzt. Sie ergeben sich durch die Aufgliederung bestimmter Sachkonten. Werden Nebenbuchhaltungen geführt, so sind die Salden der dort aufgeführten Konten zum Ende einer Abrechnungsperiode als Sammelbuchungen auf die entsprechenden Hauptbuchkonten zu übertragen.

Welche Teilbereiche aus der Hauptbuchhaltung ausgegliedert und als Nebenbuchhaltungen eigenständig geführt werden, hängt im Wesentlichen von dem zu bewältigenden Datenvolumen ab.

3.2.2 Nebenbuchhaltungen

Als Nebenbuchhaltungen, die wichtige Datenlieferanten für die Kostenrechnung darstellen, werden im Folgenden aufgeführt:

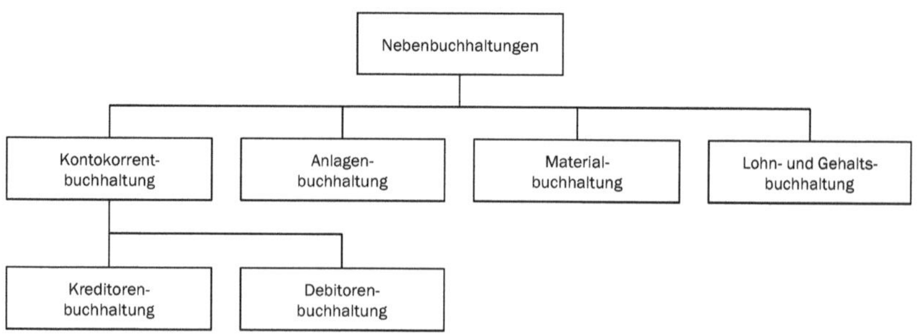

Abbildung 13: Nebenbuchhaltungen

Die **Kontokorrentbuchhaltung** (Debitoren- und Kreditorenbuchhaltung) ist eine besonders wichtige Form der Aufgliederung der Finanzbuchhaltung in Nebenbücher. Indem für jeden wichtigen Kunden und Lieferanten ein spezielles Konto eingerichtet wird, ermöglicht sie jederzeit die Forderungen und Verbindlichkeiten gegenüber den Geschäftspartnern aus den jeweiligen Kontenaufzeichnungen festzustellen.

In der **Kreditorenbuchhaltung** erfolgen die Buchungen von Gut- und Lastschriften (Rechnungseingänge, Zahlungsausgänge, Berichtigungen) auf den Lieferantenkonten. Sie verwaltet die Daten der Lieferanten. Sämtliche Rechnungen und Lieferungen werden in ihr lieferantenbezogen erfasst. Kreditorenbuchungen werden im Hauptbuch mitgebucht, wobei die einzelnen Kreditorenkonten (z.B. Verbindlichkeiten, Anzahlungen) in den Konten der Hauptbuchhaltung (Sachkonten) aufgeführt werden.

In der **Debitorenbuchhaltung** erfolgen die Buchungen von Gut- und Lastschriften (Rechnungsausgänge, Zahlungseingänge, Berichtigungen) auf den Kundenkonten. Sie verwaltet die buchhalterischen Daten der Kunden. Debitorenbuchungen werden ebenfalls im Hauptbuch mitgeführt, wobei in Abhängigkeit vom Geschäftsvorfall unterschiedliche Sachkonten (z.B. Forderungen, Anzahlungen) mitgebucht werden.

In der **Anlagenbuchhaltung**, die in anlagenintensiven Unternehmen teilweise als eigenständige Nebenbuchhaltung existiert, werden Sachanlagen wie z.B. Gebäude oder Maschinen bewertet und Abschreibungen nach unterschiedlichen Abschreibungsarten (z.B. steuerrechtlich, handelsrechtlich, kalkulatorisch) und Abschreibungsmethoden (z.B. linear, degressiv) ermittelt. Hinterlegt werden in Anlagenbuchhaltungssystemen beispielsweise technische Daten, die für den jeweiligen Abschreibungszweck ermittelten Anlagennutzungsdauern und Informationen über die Anschaffungskosten bzw. für kostenrechnerische Zwecke auch die Wiederbeschaffungskosten von Anlagen.

In der **Materialbuchhaltung** wird der wertmäßige Verbrauch von Materialien ermittelt. Sie weist besonders enge Verbindungen zu Materialwirtschaftssystemen auf.

In der **Lohn- und Gehaltsbuchhaltung** erfolgt die Erfassung der Lohn- und Gehaltszahlungen. Sie weist besonders enge Verbindungen zu Personalsystemen auf. In den bis dato aufgeführten Nebenbuchhaltungen werden die Produktionsfaktoren Werkstoffe und Betriebsmittel sowohl auf Bestandskonten als auch auf Erfolgskonten (Aufwandskonten, Ertragskonten) erfasst: die Anzahl der Gegenstände in ihrer wertmäßigen Höhe auf den jeweiligen Bestandskonten, ihr Verbrauch auf den jeweiligen Aufwandskonten. Die Buchungen auf Bestandskonten basieren auf der Tatsache, dass Gegenstände aufgrund von Verträgen in das Eigentum einer Firma gelangen können. Da dies bei Arbeitskräften, mit denen Verträge über die Nutzung ihrer Arbeitkraft abgeschlossen werden, nicht der Fall ist, fallen im Bereich der Lohn- und Gehaltsbuchhaltung keine Bestandsbuchungen an.

3.2.3 IT-gestützte Finanzbuchhaltungssysteme

Alle in den Nebenbuchhaltungen erfassten Aufwendungen und Erträge sind in das Hauptbuch zu übernehmen, indem die Abschlussbuchungen für Bilanz und Gewinn- und Verlustrechnungen vorgenommen werden. Um ein effizientes Zusammenspiel der Teilsysteme zu garantieren ist ein integriertes Anwendungssystem erforderlich, bei dem die vorgelagerten Module die benötigten Daten direkt in nachgelagerte Module einspielen und die einzelnen Funktionen aufeinander abgestimmt sind. Bei Zahlungen und Rechnungen anfallende Sachkontenbuchungen in der Debitoren- und Kreditorenbuchhaltung sollten beispielsweise automatisch in das Hauptbuch übernommen werden. Dies wird beispielsweise im R/3®-System von SAP® durch die sogenannte Mitbuchkontentechnik gewährleistet.

In ERP-Systemen sind Nebenbuchhaltungen teilweise nicht in die Finanzbuchhaltung, sondern in andere Komponenten integriert, beispielsweise die Lohn- und Gehaltsbuchhaltung in Personalsysteme, die Materialbuchhaltung oder Lagerbuchhaltung in Materialwirtschaftssysteme. Hauptanwendungen betrieblicher

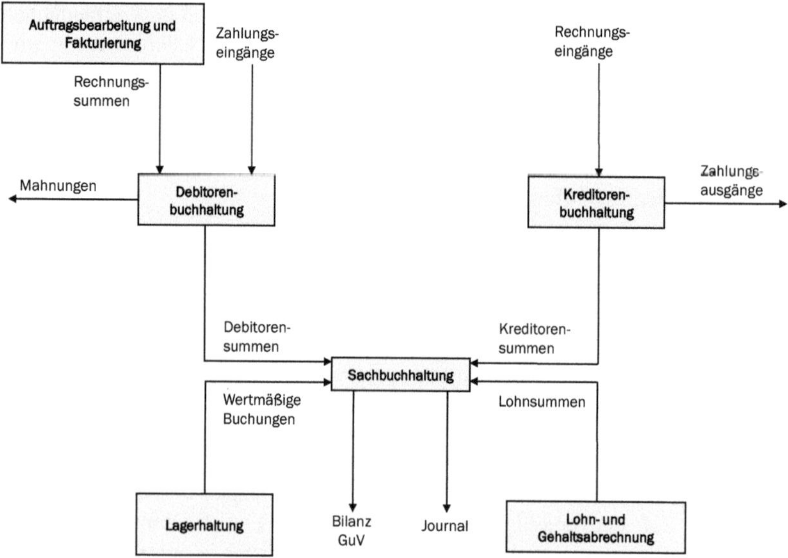

Abbildung 14: Teilsysteme und Schnittstellen der Finanzbuchhaltung

Finanzbuchhaltungssysteme sind vor allem die Kreditoren-, Debitoren- und die Sachbuchhaltung. Abbildung 14 zeigt die Schnittstellen dieser Hauptanwendungen sowie deren Schnittstellen zu den Arbeitsgebieten Fakturierung, Lagerhaltung und Lohn- und Gehaltsabrechnung.

3.2.4 Vernetzung von Finanzbuchhaltung und Kostenrechnung

Die Finanzbuchführung erfasst die tatsächlichen Aufwendungen eines Unternehmens. Diese werden teilweise bei der buchhalterischen Erfassung über eine Schnittstelle – sofern sie kostenrechnungsrelevant sind – unmittelbar als Istkosten in die Kostenrechnung übernommen. Bezug nehmend auf die Vernetzung von Finanzbuchhaltung und Kostenrechnung soll nachfolgend behandelt werden:

- mögliche Grundkonzeption
- Zusatzkontierung
- Organisation des Kontenplans

3.2.4.1 Mögliche Grundkonzeption

ERP-Systeme verfügen in der Regel über unterschiedliche Module, in denen die Kostenrechnung und die Finanzbuchführung abgewickelt werden.

Mit Bezug auf das Rechnungswesen verfügen moderne EDV-Systeme über eine Finanzbuchhaltung sowie ein Controlling- bzw. Kostenrechnungsmodul zur Abwicklung der Kostenrechnung. Diese beiden Teilmodule greifen auf einen Kontenplan zurück, der somit sowohl das interne als auch das externe Rechnungswesen umfasst. Der sogenannte Kostenrechnungskreis übernimmt den Kontenplan des zugeordneten Buchungskreises. Aus Sicht der Kostenrechnung stellen moderne EDV-Systeme in der Regel ein Einkreissystem dar, weil die Kostenrechnungskonten (Kostenarten) aus den Aufwandskonten der Finanzbuchführung übernommen und die für das interne Rechnungswesen relevanten Geschäftsvorfälle nicht ein zweites Mal erfasst werden müssen. Ein zweiter Rechnungskreis (Zweikreissystem) wird somit für die Kostenrechnung nicht aufgebaut.

Belegweise Verbindungen und laufende Abstimmungen sollen den engen Zusammenhang der beiden Rechnungssysteme sichern, wobei folgende Voraussetzungen für die Vernetzung aufgeführt werden:

- Finanzbuchhaltung und Kostenrechnung nutzen einen gemeinsamen Kontenplan
- Zusatzkontierungen (Sekundärkontierungen) bei der Belegerfassung
- Einzelbelegerfassung nach einem durchgängigen Prinzip

Der in den Modulen zum Einsatz kommende Kontenplan nimmt in modernen EDV-Systemen eine integrative Stellung zwischen Kostenrechnung und Finanzbuchhaltung ein. Für die sogenannten primären Kostenarten der Kostenrechnung muss im Kontenplan der Finanzbuchhaltung stets ein entsprechendes Aufwandskonto eingerichtet sein. Primäre Kosten- und Erlösarten bezeichnen dabei die kostenrechnungsrelevanten Aufwands- und Ertragskonten der Finanzbuchhaltung. Ist ein Aufwandskonto als Kostenart definiert, erfordern Buchungen auf dieses Konto stets eine kostenrechnungsrelevante Zusatzkontierung mit Angaben zum entsprechenden Kostenverursacher. Hierdurch wird z.B. bei Eingang einer Lieferantenrechnung in der Finanzbuchhaltung stets eine zeit- und wertgleiche Fortschreibung auf dem entsprechenden Kontierungsobjekt der Kostenrechnung erzielt.

Die Zusatzkontierung der Buchungen ist einerseits notwendig, um verursachungsgerechte Kostenbelastungen zu gewährleisten, und andererseits, um in der Kostenrechnung und der Finanzbuchhaltung mit gleichen Daten zu arbeiten und somit deren Abstimmbarkeit sicherzustellen. Abgrenzungskonten sind nur erforderlich für kalkulatorische Abgrenzungen und periodengerechte Kostenzuordnungen, die beispielsweise bei der Glättung von unregelmäßig auftretenden Aufwendungen (z.B. Weihnachts- und Urlaubsgeld) anfallen. Sie besitzen generell nur Relevanz, sofern auch kalkulatorische Kostenarten in der Kostenrechnung angesetzt werden.

3.2.4.2 Zusatzkontierung

Wie oben beschrieben soll durch die Zusatzkontierung der Transfer von Aufwendungen der Finanzbuchhaltung als Kosten in die Kostenrechnung erreicht werden. Bei der finanzbuchhalterischen Erfassung der kostenrechnerisch relevanten Geschäftsvorfälle muss dementsprechend zusätzlich

- die aufwandsverursachende Kostenstelle oder
- der aufwandsverursachende Kostenträger

angegeben werden. Die folgenden Ausführungen zur Zusatzkontierung beziehen sich beispielhaft auf typische Buchungsvorgänge der Kreditoren-, Anlagen- und Lohn- und Gehaltsbuchhaltung.

Ein typischer Buchungsvorgang der **Kreditorenbuchhaltung** resultiert aus der Lieferung von Waren durch einen Lieferanten. Ein solcher Geschäftsvorfall führt buchhalterisch entweder zur Mehrung des Aktivkontos Warenvorrat oder wird direkt als Aufwand verbucht. Bei der (zunächst) aus Sicht der Kostenrechnung relevanten Situation der direkten Verbuchung des Warenbezuges als Aufwand, soll über die Zusatzkontierung der Verursacher der Bestellung kostenrechnerisch belastet werden. Idealtypischerweise wird die verursachende Kostenstelle bzw. der Kostenträger bereits bei der Bestellung angegeben. Bei der

Rechnungsstellung kann der Lieferant diese Information der Rechnung beifügen, wodurch im Rahmen der finanzbuchhalterischen Erfassung des Aufwands (anhand der Rechnung) die gleichzeitige Belastung der Kostenstelle bzw. des Kostenträges ermöglicht wird.

Ein typischer die **Debitorenbuchhaltung** betreffender Geschäftsvorfall ist der zu Umsatzerlösen führende Verkauf von Waren an einen Kunden. Ebenso wie in der Kreditorenbuchhaltung sollten auch in der Debitorenbuchhaltung die relevanten Rechnungen und Gutschriften mit Zusatzkontierungen versehen werden. Zumeist werden dabei die Umsatzerlöse kostenträger- bzw. auftragsbezogen kontiert oder direkt in die Ergebnisrechnung des leistungserbringenden Unternehmensteilbereiches übernommen.

In der **Anlagenbuchhaltung** sollte die der Anlage zugeteilte Kostenstelle hinterlegt sein, damit die Abschreibung kostenrechnerisch verursachungsgerecht verbucht werden kann. Neben der Verrechnung der Abschreibungen auf Kostenstellen kann es im Falle von Einzelfertigungen auch zu der Situation kommen, dass Anlagen speziell für die Durchführung eines Auftrages beschafft werden. In diesem Fall kann der entsprechende Kostenträger mit der Abschreibung belastet werden. Für den Fall, dass in der Kostenrechnung mit kalkulatorischen Abschreibungen gearbeitet wird, sind Abgrenzungsbuchungen vorzunehmen.

Auch in der **Lohn- und Gehaltsbuchhaltung** sollten Voraussetzungen für eine verursachungsgerechte Fortschreibung der Aufwendungen auf dem jeweiligen Kontierungsobjekt der Kostenrechnung geschaffen werden. Dies ist in der Regel unproblematisch, da die Leistungen der Mitarbeiter eines Unternehmens eindeutig bestimmten Kostenstellen zuordenbar sind.

3.2.4.3 Organisation des Kontenplans

In der Praxis kann die Datenqualität des Kostenrechnungssystems durch die feste Zuweisung der Konten der Finanzbuchhaltung zu bestimmten Kostenträgern oder Kostenstellen erhöht werden.

Moderne EDV-Systeme bieten die Möglichkeit, kostenrechnerisch relevante Voreinstellungen zu definieren, die insbesondere zur Vermeidung von Eingabefehlern beitragen. Mittels dieser Voreinstellungen kann vorab festgelegt werden, auf welchen Kostenrechnungsteilbereich ein Konto verrechnet werden darf:

- Die Freigabe eines Kontos kann für einen oder für mehrere Kostenrechnungsteilbereiche erfolgen. Beispielsweise ist es möglich, vorab zu definieren, dass ein Konto der Finanzbuchhaltung nur in die Ergebnisrechnung oder sowohl auf Kostenstellen als auch auf Kostenträger verrechnet werden darf.

- Eine besonders starke Vordifferenzierung wird in der Finanzbuchhaltung erreicht, wenn Buchungen nur auf ausgewählte Teilbereiche, z.B. Kostenstellen, erfolgen dürfen und gleichzeitig innerhalb der Kostenstellen auch nur eine bestimmte Selektion von Kostenstellen belastet werden darf.

3.3 Personalwesen

Als Personalwesen oder Personalwirtschaft bezeichnet man die Bereitstellung und den zielgerichteten Einsatz von Personal bzw. Mitarbeitern in Betrieben. Eigenständige Personalabteilungen kümmern sich in größeren Betrieben insbesondere um die Personaladministration und, in der Regel gemeinsam mit den Fachabteilungen, um die Personalplanung, Personalbeurteilung, Personalentwicklung und Personalführung.

Informationssysteme im Personalbereich werden in der betrieblichen Praxis hauptsächlich zur Unterstützung der Personaladministration eingesetzt. Die wichtigsten Komponenten von Personaladministrationssystemen sind die Zeitwirtschaft und die Personalabrechnung. Gerade bei der Personalabrechnung kommt dabei der Stammdatenverwaltung eine besondere Bedeutung zu, da eine Vielzahl von Personaldaten laufend aktualisiert und gepflegt werden muss (z.B. Namen, Adressen, Bezügedaten, Kostenstellenangaben etc.).

Programme zur **Zeitwirtschaft** stellen die Grundlage der Personalabrechnung dar. Sie befassen sich mit der Ermittlung der Anwesenheitszeiten (und Abwesenheitszeiten) der Mitarbeiter, was insbesondere bei flexiblen Arbeitszeiten eine wichtige Voraussetzung für die monatliche Abrechnung ist.

Als wichtige Aufgaben von Programmen zur **Personalabrechnung** können genannt werden:

- Ermittlung der Bruttolöhne auf Basis von verschiedenen Lohnformen (z.B. Prämienlohn, Akkordlohn), Mehrarbeit, Zuschlägen oder Zulagen etc. oder die Ermittlung der Bruttogehälter anhand von Überstunden, Zuschlägen, Provisionen etc.
- Errechnung der Nettolöhne durch Abzug der Lohnsteuer, Kirchensteuer, Sozialversicherungsbeiträgen und sonstigen Abzügen
- Reisekostenabrechnungen

Die Personalbuchhaltung (Personalabrechnung) ist ein Nebenbuch der Finanzbuchhaltung (vgl. Abschnitt 4.2.). Die dort erfassten Bruttoentgelte können durch Zusatzkontierung als Istkosten in die Kostenrechnung transferiert werden.

Im weiteren Sinne zählen zu den Anwendungen der Personalwirtschaft auch Programme zur **Personalplanung**, z.B. zur Personalbedarfsplanung, Personaleinsatzplanung oder Personalkostenplanung. Beispielsweise unterstützt die Anwendung zur Personalwirtschaft in modernen EDV-Systemen die Personalkostenplanung und ermöglicht die Übernahme der geplanten Kosten auf die dem Personalstamm zugeordneten Kostenstelle.

3.4 Logistik

Im Zeitalter des Just-in-time, Just-in-sequence und Supply Chain Management ist die Logistik heute zu einem entscheidenden Wettbewerbsfaktor geworden. Die Zielsetzung der betriebswirtschaftlichen Logistik besteht in der Gestaltung, Regelung und Steuerung des Materialflusses eines Unternehmens. Im engeren Sinne liegt dabei der Fokus lediglich auf den Transport-, Umschlags- und Lagerungsvorgängen. Im weiteren Sinne befasst sich die Logistik mit der Gestaltung der Beziehung von den Lieferanten über das Unternehmen bis hin zu Kunden und der Aufgabe stets die Verfügbarkeit des richtigen Gutes, am richtigen Ort, in der richtigen Zeit, in der richtigen Menge und der richtigen Qualität sicherzustellen.

In Industrieunternehmen bezeichnet der Begriff Logistik die Regelung des Leistungserstellungsprozesses und beinhaltet die funktionsbereichsübergreifende Planung, Steuerung und Koordination von Material- und Informationsflüssen. Gemäß diesem Begriffsverständnis umfasst die Logistik Prozesse der Beschaffung, der Herstellung, des Vertriebs und der Lagerung von Gütern. Ihre klassischen Teilbereiche sind die Vertriebslogistik, die Produktionslogistik und die Distributionslogistik.

Integrierte Anwendungssysteme zur Logistik unterstützen die Planung, Steuerung und Koordination sämtlicher Geschäftsprozesse zwischen der Beschaffung und dem Absatz von Gütern. Sie dienen insbesondere der Unterstützung des Vertriebs, der Produktionsplanung und -steuerung sowie der Materialwirtschaft:

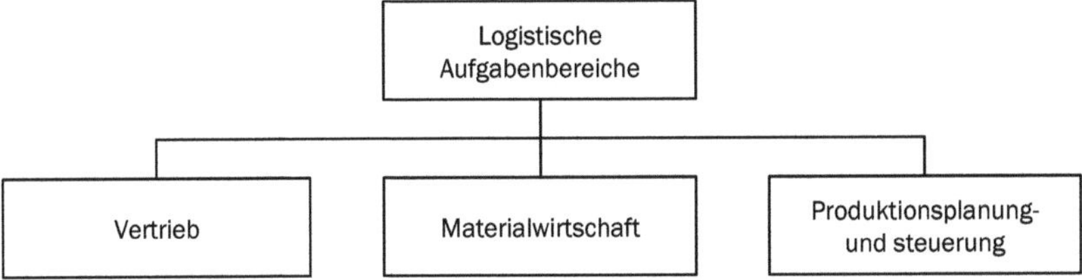

Abbildung 15: Logistische Aufgabenbereiche

3.4.1 Vertrieb

Ausgangspunkt der Auftragsabwicklungen in einem Unternehmen sind häufig die Tätigkeiten des Vertriebs. Kennzeichnende Aufgaben des Vertriebs sind vor allem die Vertriebsabwicklung sowie – zumeist in Zusammenarbeit mit anderen Funktionsbereichen wie z.B. Produktion, Marketing oder Controlling – die Absatzplanung.

3.4.1.1 Vertriebsabwicklung

Der Prozess der Vertriebsabwicklung kann vereinfacht wie folgt dargestellt werden.

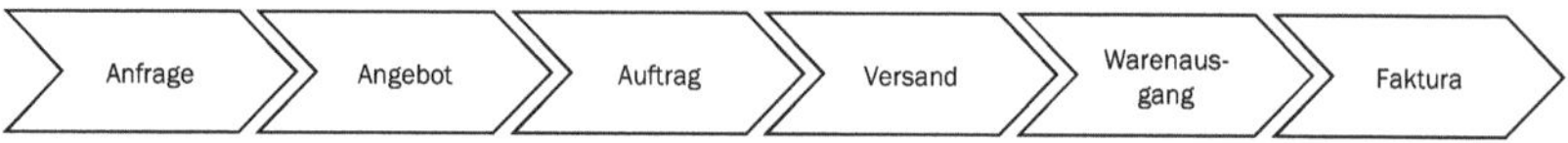

Für die effiziente Abwicklung des Vertriebsprozesses ist einerseits der Zugriff des Vertriebs auf die Daten anderer Bereiche erforderlich, anderseits werden zahlreiche Folgeaktivitäten im Unternehmen angestoßen. Aus Sicht der Kostenrechnung ist zunächst die gegebenenfalls auf eine Kundenanfrage folgende Angebotserstellung von Relevanz. Dabei sollten dem Vertrieb für die Kalkulation von Angebotspreisen Kosteninformationen zur Verfügung gestellt werden. Bei kundenwunschorientierter Fertigung werden diese Informationen in der Regel aus Vorkalkulationen gewonnen, für die auf die Grunddaten der Fertigung, insbesondere auf Stücklisten und Arbeitspläne zurückgegriffen werden muss.

Die Auftragsbearbeitung und -abwicklung beinhaltet insbesondere die Prüfung der Verfügbarkeit eines Artikels oder den Anstoß eines Fertigungsauftrags, die Versanddisposition (z.B. Erstellung von Lieferscheinen und Versandpapieren, Kommissionierung, Auswahl geeigneter Transportfahrzeuge, Erfassung des Warenausgangs) und die Erstellung von Rechnungen. Als Fakturierung bezeichnet man die auf der Basis von Artikelpreisen und speziellen Konditionen (Rabatte, Staffelpreise) erfolgende Rechnungsstellung für die jeweiligen Aufträge oder Lieferungen. Sie veranlasst die Buchung von Erträgen in der Debitorenbuchhaltung.

Auf der Basis von Angebotspreisen und der Fakturierung können für ein Kostenrechnungssystem Informationen über geplante Umsatzerlöse und tatsächliche Umsatzerlöse gewonnen werden. Diese können in die Kostenträgerrechnung übernommen und den dort erfassten Kostenträgerkosten gegenübergestellt werden, um im Rahmen einer Vollkostenrechnung den Gewinn oder im Rahmen einer Teilkostenrechnung den Deckungsbeitrag pro Auftrag auszuweisen.

3.4.1.2 Absatzplanung

Die **Absatzplanung** dient der Prognose der Absatzmengen und Absatzpreise sowie der Festlegung des Absatzprogramms. Sie erfolgt für die nächste Planungsperiode in Abhängigkeit von den Möglichkeiten der Produktion sowie der Nachfrage auf dem Absatzmarkt.

Basis der **Absatzprognose** sind Vergangenheitswerte und Prognosemodelle. Quantitative Prognosemodelle versuchen ausgehend von beobachtbaren Marktdaten und mittels mathematisch-statistischer Verfahren durch einen Lösungsalgorithmus exakte Prognosewerte zu ermitteln. Im einfachsten Falle werden dabei ausschließlich auf Basis von Vergangenheitsdaten Trendprognosen (z.B. linearer Trend oder exponentieller Trend) erstellt. Grundlegende Veränderungen auf den Absatzmärkten, beispielsweise neue Wachstumsschübe, werden bei derartigen Verfahren allerdings nicht antizipiert. Hierzu sind andere Prognosemodelle erforderlich, z.B. exponentielle Glättungen. Zukunftsorientierte Absatzplanungen können mit Hilfe von Wirkungsprognosen vorgenommen werden. Sie ermöglichen es eine Hochrechnung der Absatzmengen oder Umsätze unter Berücksichtigung der Wirkung der eingesetzten Marketinginstrumente vorzunehmen. Ermittelt wird dabei letztlich eine Marktreaktionsfunktion. Werden verschiedene Prognoseverfahren eingesetzt, ist es auch denkbar, durch arithmetische Mittelwerte oder definierte Gewichtungen die Ergebnisse der auf Basis verschiedener Verfahren ermittelten Prognosewerte zusammenzufassen.

Allgemein gültige Szenarien der Absatzplanung lassen sich letztlich nicht bestimmen. Wesentliche Einflussgrößen der Planung und Prognose unterscheiden sich z.B. je nach Produkt und Fertigungsweise des Unternehmens und einer eventuell vorhandenen oder nicht vorhandenen Marktanonymität.

Resultat der Absatzplanung ist der **Absatzplan**, der definiert, welche Mengen eines Produktes bzw. einer Produktgruppe nach den Erwartungen des Unternehmens in zukünftigen Perioden verkauft werden sollen. Dieser bildet die zentrale Grundlage für die Ableitung weiterer betrieblicher Teilpläne. So werden ausgehend vom Absatzplan die Produktionsmengen geplant, aus denen wiederum der Beschaffungsplan für die Bereitstellung der Produktionsfaktoren abgeleitet werden kann. Die Ergebnisse der Absatzplanung nehmen somit innerhalb der Kostenrechnung nicht nur Einfluss auf die Plan-Umsatzerlöse, sondern auch auf die Planung z.B. der Material- oder Personalkosten.

3.4.2 Materialwirtschaft

Für den Begriff der Materialwirtschaft hat sich in der Literatur noch kein einheitliches Begriffsverständnis durchgesetzt. Ihre Aufgaben können allerdings in der Planung, Steuerung, Verwaltung und Kontrolle der Materialbestände und -

bewegungen innerhalb eines Betriebes und zwischen dem Betrieb und seinen Marktpartnern gesehen werden. Insofern ist eine deutliche Gemeinsamkeit mit dem – allerdings noch weiter reichenden – Begriff Logistik gegeben. Im Folgenden werden unter dem Begriff der Materialwirtschaft die folgenden (interdependenten) Aufgabenfelder subsumiert.

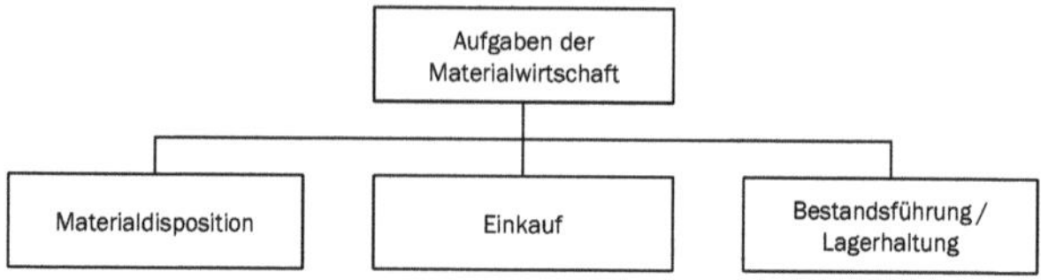

Abbildung 16: Aufgaben der Materialwirtschaft

3.4.2.1 Materialdisposition

Ausgangspunkt eines Beschaffungsprozesses bilden typischerweise die Tätigkeiten der Materialdisposition. Sie ermittelt, welches Material zu welchem Zeitpunkt und in welcher Menge benötigt wird. Die gängigsten Verfahren der Bedarfsplanung sind die verbrauchsgesteuerte und die plangesteuerte Disposition:

- Bei der plangesteuerten Disposition werden auf Basis der Absatz- und Produktionsplanung die Bedarfe ermittelt. Ausgangspunkt bildet hierbei die Stücklistenauflösung; es wird ausgehend vom Primärbedarf – dem z.B. vom Vertrieb oder der Marktforschung ermittelten Bedarf an Endprodukten – der Bedarf an untergeordneten Materialien, der Sekundärbedarf, ermittelt. Im Rahmen einer Nettobedarfsrechnung finden hierbei auch die vorhandenen Lagerbestände und fest eingeplante Bestände Berücksichtigung.
- Bei einer verbrauchsgesteuerten Disposition erfolgt die Bedarfsermittlung auf Basis von Vergangenheitsdaten. In diesem Zusammenhang sind verschiedene Prognosemodelle denkbar, bei denen auch aktuelle im Lager befindliche Teile oder gewünschte Sicherheitsbestände sowie Lieferzeiten der jeweiligen Lieferanten Berücksichtigung finden sollten.

Den Bedarf der fremd zu beziehenden Teile erhält schließlich der Einkauf.

3.4.2.2 Einkauf

Der Einkauf befasst sich mit der Beschaffung von Produkten und Dienstleistungen. Falls möglich bündeln hierbei Unternehmen ihre Einkaufsvolumen, um eine höhere Durchsetzungsfähigkeit ihrer Nachfrage zu erreichen. Insbesondere in Konzernen führt dies zur Implementierung eines strategischen Einkaufs, der die den operativen Tätigkeiten übergeordneten Interessen wahrnimmt.

Kennzeichnende Aufgaben des Einkaufs sind die Auswahl von Lieferanten, das Einholen von Angeboten, das Führen von Preisverhandlungen sowie die Vorbereitung, Abwicklung und Überwachung von Rahmenverträgen, Bestellungen und Auftragsvergaben.

Der Einkaufsprozess kann vereinfacht wie folgt dargestellt werden:

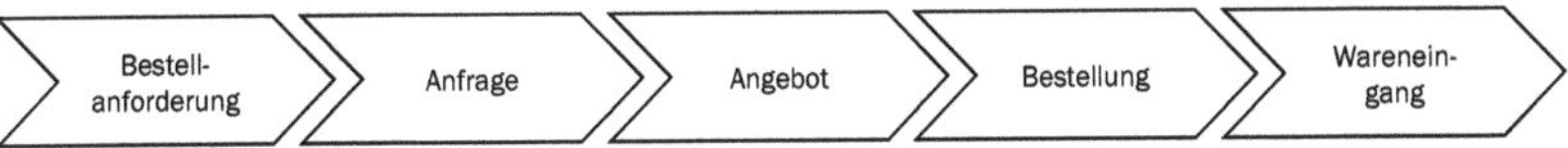

Die Bestellanforderung bezieht der Einkauf von der Materialdisposition. Im Anschluss daran werden, sofern keine Rahmenverträge mit entsprechenden Lieferanten existieren, Angebote verschiedener Lieferanten eingeholt und miteinander abgeglichen sowie letztlich die Bestellungen erstellt und die Ausführungen der Bestellungen überwacht. Letzteres beinhaltet z.B. die Überwachung, ob versprochene Liefertermine auch eingehalten wurden. Wesentlich sind im Zusammenhang mit der Bestellung insbesondere die Bestelldaten. Diese umfassen u.a. die für das Rechnungswesen wichtigen Angaben zum bestellten Material (Materialnummer), zur Bestellmenge, zum entsprechenden „ausgehandelten" Preis sowie Angaben dazu, welche Konten bei der Buchung einer Rechnung oder eines Wareneingangs zu belasten sind. Möglich ist es darüber hinaus auch, die Kosten einer Bestellung unmittelbar auf einen Kostenträger oder eine Kostenstelle zu kontieren.

Je nach betrieblichen Gegebenheiten, kann die aus Sicht des Rechnungswesens sehr wichtige Wareneingangserfassung als Aufgabe der Beschaffung bzw. des Einkaufs, der Lagerhaltung oder auch der Bestandsführung interpretiert werden. Sie wird im Folgenden als Aufgabe der Bestandsführung und Lagerverwaltung interpretiert.

3.4.2.3 Bestandsführung und Lagerverwaltung

Die Aufgabe der Wareneingangserfassung besteht im Wesentlichen in der Eingabe bzw. Erfassung des angelieferten Materials (Materialnummer), der entsprechenden Mengen und des Preises, gegebenenfalls auch einer beziehenden Kostenstelle oder eines Kostenträgers. Liegt eine Bestellung mit den entsprechenden Angaben bereits vor, so müssen die Wareneingangsdaten – sofern der Bezug zur Bestellung mittels EDV hergestellt werden kann – lediglich mit den Angaben auf Bestellformularen abgeglichen werden. Unabhängig davon werden die Ergebnisse der erforderlichen Wareneingangsprüfung mittels Wareneingangsscheinen dokumentiert.

Die Wareneingangsbearbeitung ist aus Sicht der Kostenrechnung bzw. des Rechnungswesens eine entscheidende Aufgabe, da mit dem Wareneingang auch die Bewertung des Materials durchgeführt wird (Materialbuchhaltung). Dies kann, vereinfacht und beispielhaft dargestellt, wie folgt geschehen:

Bei einem Wareneingang (mit Bezug zu einer offenen Bestellung) wird die tatsächlich gelieferte Menge mit der Bestellmenge abgeglichen und die tatsächlich gelieferte Menge als Wareneingang eingebucht. Ist noch keine Rechnung für das entsprechende Material eingegangen, dient der Bestellpreis als Grundlage der Buchungen des Wareneingangs auf den jeweiligen Bestandskonten. Der Bestellpreis multipliziert mit der tatsächlichen Wareneingangsmenge ergibt die Bestandsbuchung. Somit wird das Material zunächst mit dem geplanten Preis (Bestellpreis) bewertet. Kommt es zu Abweichungen zwischen den Bestellvereinbarungen und der vom Lieferanten erstellten Rechnung, erfolgt bei der Verbuchung der Lieferantenrechnung eine Nachbelastung oder -entlastung des Wareneingangs. Erfolgt dagegen der Rechnungseingang vor dem Wareneingang, dienen unmittelbar die Angaben auf den Rechnungen als Grundlage für die Bestandsbuchungen.

Die Bestandsführung und Lagerverwaltung ist selbstverständlich nicht ausschließlich für die Wareneingangserfassung verantwortlich. Allgemein können ihre Aufgaben wie folgt skizziert werden:

- Führung der Bestände, z.B. der Lager- oder Werkstattbestände sowie Führung der Bestellbestände und Reservierungen
- Prüfung und Erfassung der Lagerzugänge an eingekauften oder selbst erstellten Leistungen (z.B. mittels Wareneingangsscheinen) sowie der aus Verkauf oder Eigenverbrauch resultierenden Lagerabgänge (z.B. mittels Materialentnahmescheinen)
- Bewertung der gelagerten Roh-, Hilfs- und Betriebsstoffe sowie Halb- und Fertigfabrikaten und Handelswaren mit verschiedenen Preisen (z.B. Durchschnittspreis, Marktpreis, Selbstkosten) und Bewertungsverfahren (z.B. First-in-first-out; Last-in-first-out)
- Durchführung von Inventuren

3.4.3 Produktionsplanung und -steuerung

Aufgabe der **Produktionsplanung** ist die Festlegung des Produktionsprogramms sowie des mengenmäßigen und zeitlichen Produktionsablaufs und die Bereitstellung der dafür erforderlichen Werkstoffe, Betriebsmittel und Arbeitskräfte, um einen vorliegenden oder erwarteten Bedarf zu decken. Die **Produktionssteuerung** löst die hierfür erforderlichen Fertigungsaufträge aus und überwacht deren Durchlauf.

Bezug nehmend auf die Produktionsplanung und -steuerung werden im Folgenden behandelt:

- MRP-Konzept
- Ablauf der Produktionsplanung und -steuerung
- Betriebsdatenerfassung (in der Produktion)

3.4.3.1 MRP-Konzept

Produktionsplanungs- und Steuerungssysteme arbeiten zumeist nach einem Stufenplanungsplanungskonzept, das auf Weiterentwicklungen des in den späten 1950er Jahren entstandenen MRP-Konzeptes (Material Requirement Planning) basiert. Bei diesem Konzept stellen die Ergebnisse eines Planungsvorgangs stets die Basis für den nächsten Arbeitsschritt dar, wobei der Detaillierungsgrad der Planung sukzessive zunimmt, der zeitliche Planungshorizont dagegen abnimmt. Die Weiterentwicklung des MRP I-Konzeptes ist das derzeit meist in PPS-Systemen realisierte MRP II-Konzept (Manufacturing Ressource Planning), das die Produktionsplanung und -steuerung in die gesamte Logistikkette einbettet und die Produktionsprogrammplanung aus übergeordneten Planungsebenen (Geschäfts- und Absatzplanung) ableitet. Rückkopplungsmöglichkeiten zu vorhergehenden Planungsvorgängen, die allerdings in der Praxis selten genutzt werden, ergänzen den streng hierarchischen und sequentiellen Ablauf von MRP I. Darüber hinaus folgt MRP II dem Integrationsgedanken des Computer Integrated Manufacturing (CIM), bei dem die primär betriebswirtschaftlichen Informationsverarbeitungsaufgaben der PPS-Systeme und technische Informationsversorgungsaufgaben, wie z.B. die rechnergestützte Konstruktion (Computer

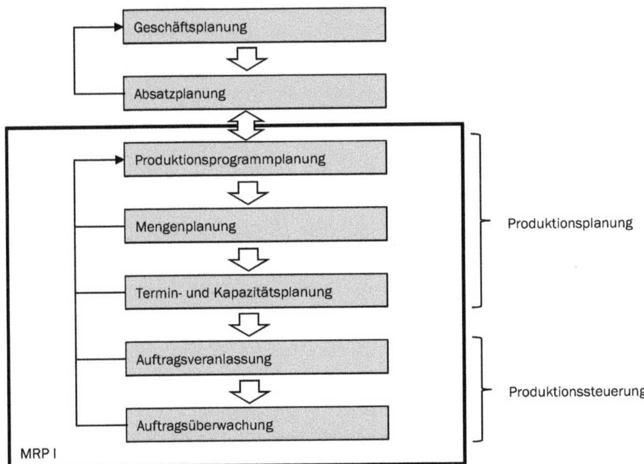

Abbildung 17: Produktionsplanung und -steuerung nach MRP II[3]

[3] Vgl. Hansen, R. / Neumann, G. (2005), S. 577.

Aided Design; kurz CAD) oder die rechnergestützte Arbeitsplanung (Computer Aided Planning; kurz CAP) über gemeinsam benutzte Grunddatenbestände z.B. für Stücklisten, Arbeitspläne und Material integriert werden sollen.

3.4.3.2 Ablauf der Produktionsplanung und -Steuerung nach MRP

Abbildung 17 veranschaulicht den Prozess der Produktionsplanung und Steuerung nach dem MRP-Konzept.

Die **Produktionsprogrammplanung** bestimmt auf Basis von Kundenaufträgen oder Absatzprognosen den Bedarf an Enderzeugnissen (Primärbedarf) der nächsten Planungsperiode.

Bei der anschließenden **Mengenplanung** wird per Stücklistenauflösung zunächst ohne und anschließend in einem zweiten Planungsschritt unter Berücksichtigung von Lagerbeständen der zu deckende Bedarf an Baugruppen, Einzelteilen oder Rohstoffen bestimmt (Sekundärbedarf). Resultat der Mengenplanung sind grob terminierte Produktionsaufträge für alle zu fertigenden Erzeugnisse und Bestellaufträge.

Im Rahmen der **Terminplanung** erfolgt anhand von Verfahren zur Losgrößenberechnung die Bestimmung von Fertigungs- und Montagelosen sowie anhand von Arbeitsplänen die Bestimmung von Anfangs- und Endterminen der Arbeitsgänge in der Produktion. Der Arbeitsplan bestimmt dabei z.B. die Vorgangsfolge, die Bearbeitungszeit und die zu verwendenden Werkzeuge. Die **Kapazitätsbedarfsermittlung und -abstimmung** ermittelt die zur Produktion erforderlichen Ressourcen und Kapazitäten, deren Belegungsreihenfolge durch die Arbeitsgänge schließlich im Rahmen der Reihenfolgeplanung bestimmt wird. Damit sind Termine und Kapazitäten geplant und die Aufträge können an die Fertigung weitergeleitet werden.

Durch die **Auftragsveranlassung** wird schließlich, sofern die erforderlichen Materialien und Betriebsmittel vorhanden sind, die Auftragsfreigabe erteilt. Die Freigabe kann z.B. in Abhängigkeit von Prioritätskennziffern erfolgen, wobei die Produktionssteuerung darauf achten sollte, nicht zu viele Produktionsaufträge gleichzeitig freizugeben, da sonst eine Überlastung der Produktion und in dessen Folge unnötige Kapitalbindungskosten entstehen würden. Die Auftragsveranlassung leitet schließlich zur Materialentnahme und zur Durchführung der Produktion über. Aus Sicht der Kostenrechnung spielen hierbei Materialentnahmescheine eine wichtige Rolle, da sie die Basis für die auftragsbezogene Kontierung des Materialverbrauchs darstellen.

Die **Auftragsüberwachung** dient der Sicherstellung des planmäßigen und störungsfreien Ablaufs der Fertigungsprozesse. Sie soll bei auftretenden Störungen umgehend Korrekturmaßnahmen einleiten, was die laufende Erhebung von Ist-Daten über Auftragsfortschritte, Personaleinsatz, Kapazitätsauslastung von

Maschinen, Bestände und Verbrauch von Materialien etc. und deren Abgleich mit den Soll-Daten der Planung erforderlich macht.

3.4.3.3 Betriebsdatenerfassung

Die im Rahmen der Auftragsüberwachung (siehe Kapitel 4.4.3.2) erforderliche Datenerhebung geschieht zumeist durch IT-gestützte Betriebsdatenerfassungs-erfassungssysteme (BDE-Systeme). Diese stellen durch Bereitstellung von Leistungsdaten entscheidende Datenquellen der Kostenrechnung dar. Rückmeldedaten können für die Kalkulation zur zukünftigen Kostenermittlung herangezogen werden und stellen eine wichtige Grundlage für die Lohn- und Gehaltsabrechnung dar. Ihre Erfassung kann manuell durch Mitarbeiter erfolgen, z.B. durch Eingabe von Mengen, Zeiten oder Ausschüssen an einer Erfassungsstation (z.B. Personal Computer oder BDE-Terminals) oder auch in maschineller Form durch ein automatisiertes Festhalten von Maschinendaten in der Produktion.

Die Rückmeldedaten können wie folgt klassifiziert werden:

- **Auftragsbezogene Daten**: Auftragsbezogene Daten beziehen sich insbesondere auf die (auftragsspezifischen) Maschinenlaufzeiten, die Dauer von Arbeitsvorgängen (Rüsten, Bearbeiten, Abrüsten, Warten), die produzierten Mengen (Gutmengen) und Ausschüsse. Für die Produktionssteuerung stellen sie die Basis für die Ermittlung des Auftragsfortschrittes dar.
- **Mitarbeiterbezogene Daten**: Mitarbeiterbezogene Daten stellen eine wesentliche Grundlage der Lohn- und Gehaltsabrechnung dar. Erfasst werden dabei insbesondere die Anwesenheitszeiten, Mengendaten (die z.B. beim Akkordlohn benötigt werden) sowie Qualitäts- oder Materialverbrauchsdaten (die z.B. beim Prämienlohn benötigt werden).
- **Betriebsmittelbezogene Daten**: Betriebsmittelbezogene Daten beziehen sich auf die Maschinenlaufzeiten sowie die Nutzungszeiten von Werkzeugen und Vorrichtungen.
- **Materialdaten**: Materialdaten beziehen sich auf die für die Durchführung eines Fertigungsauftrages tatsächlich benötigten Materialien. Die Produktionsplanung kann auf Basis der erfassten Materialdaten z.B. die zukünftig für einen Fertigungsauftrag benötigten Mengen besser planen.

Liegen nach den Fertigungsrückmeldungen die vom BDE-System bereitgestellten Leistungsdaten der Produktion sowie die entsprechenden Kostensätze vor, können durch die Kostenrechnung die Kosten des Auftragsfortschritts ermittelt werden.

3.5 Technische Unternehmensbereiche

Mit Bezug zur Kostenrechnung können auch die in den technischen Bereichen zu erfüllenden Aufgaben und die dort ablaufenden Prozesse nicht gänzlich außer Acht gelassen werden. Für die Kostenrechnung spielen dabei insbesondere die im Folgenden kurz aufgeführten Bereiche Entwicklung und Konstruktion sowie die Arbeitsplanung eine wichtige Rolle.

3.5.1 Entwicklung und Konstruktion

Die kennzeichnende Aufgabe der Entwicklung und Konstruktion ist die Erstellung der Konstruktionsunterlagen, welche die Grundlage für die spätere Fertigung bilden.

Kernphasen des Konstruktionsprozesses betreffen im Wesentlichen die Konzeption, den Entwurf und die Ausarbeitung der Produktkonstruktion. Der Anstoß des Prozesses geht dabei häufig nicht von einer Entwicklungs- oder Konstruktionsabteilung aus, sondern z.B. von der Vertriebsabteilung, falls ein Kunde direkt einen Entwicklungsauftrag erteilt, oder von der Marktforschung, falls für einen anonymen Markt produziert wird. Die Art der Konstruktion (z.B. Neukonstruktion oder Anpassungskonstruktion) bestimmt wesentlich, inwieweit auf bereits vorhandene Konstruktionsunterlagen zurückgegriffen werden kann und damit auch, welchen Aufwand die Erstellung der Konstruktionsunterlagen verursacht.

Mit Bezug auf die Datengewinnung ist aus kostenrechnerischer Sicht im Wesentlichen das Ergebnis der Entwicklungs- und Konstruktionstätigkeiten – die Konstruktionsunterlagen – von Interesse. Hierzu zählen Zeichnungen mit technischen Beschreibungen (Produktspezifikation) und vor allem Stücklisten. Die durch die Konstruktion erstellten Stücklisten können in unterschiedlichen Unternehmensbereichen unter Verwendung bereichsspezifischer Daten Anwendung finden. So werden beispielsweise Stücklisten in nachfolgenden Arbeitsprozessen als Basis für die Arbeitsplanerstellung oder für die Bedarfsplanung verwendet. Schließlich stellt die Stückliste auch eine zentrale Größe der Kostenrechnung dar, da durch sie die Architektur eines Fertigungsteiles und das sich hieraus ableitende Mengengerüst der Materialkosten beschrieben werden.

3.5.2 Arbeitsplanung

Die Arbeitsplanung überführt die von der Entwicklung und Konstruktion bereitgestellten Produktinformationen in konkrete Arbeitsanweisungen für die Fertigung und die Montage.

Kennzeichnende Aufgabe der Arbeitsplanung ist die Erstellung der Fertigungsunterlagen, insbesondere der Arbeitspläne. Ähnlich wie in der Konstruktion bestimmt dabei die Art der Arbeitsplanung (z.B. Neuplanung, Anpassungsplanung), inwieweit auf vorhandene Arbeitspläne zurückgegriffen werden kann und damit, welchen Aufwand die Erstellung der Arbeitspläne verursacht.

Der Arbeitsplan definiert schließlich die Arbeitsgänge sowie die Ablauffolge zur Fertigung eines Teils oder zur Montage von verschiedenen Teilen oder Baugruppen. Ferner sind im Arbeitsplan den jeweiligen Arbeitsgängen Fertigungsverfahren, Betriebsmittel und deren Kapazitätsbedarf zugeordnet.

Arbeitspläne finden in verschiedenen Teilbereichen des Unternehmens Anwendung. Sie stellen z.B. die Handlungsanweisung für die konkrete Produktionsdurchführung dar und werden für die Kapazitätsplanung und den Kapazitätsabgleich sowie die Durchlauf- und Kapazitätsterminierung im Rahmen der Produktionsplanung und -steuerung eingesetzt. Für die Kostenrechnung liefert der Arbeitsplan bedeutende Informationen für die Kalkulation.

3.6 Stammdaten der Produktion

Stammdaten bezeichnen zukunftsorientierte Daten, „die der Identifizierung, Klassifizierung und Charakterisierung von Sachverhalten dienen und unverändert über einen längeren Zeitraum hinweg zur Verfügung stehen“[4]. Aus Sicht der Kostenrechnung sind insbesondere die folgenden Stammdaten der Produktion von Bedeutung:

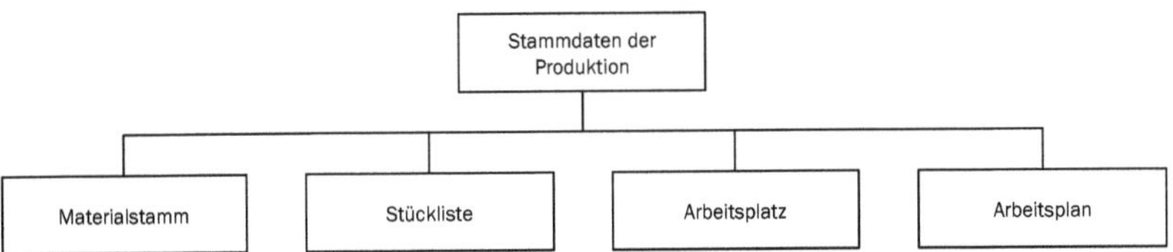

Abbildung 18: Stammdaten der Produktion

3.6.1 Materialstamm

Der Materialstamm ist für produzierende Unternehmen die zentrale Quelle zum Abruf materialspezifischer Daten. Da verschiedenste Abteilungen und Bereiche (z.B. Einkauf, Vertrieb, Materialdisposition, Buchhaltung, Controlling) aus unterschiedlichen Gründen Zugriff auf Materialdaten benötigen, ist die bereichs-

[4] Vgl. Hansen, R. / Neumann, G. (2005), S. 9

übergreifende Abstimmung durch eine logische und zentrale Datenbasis in Bezug auf den Aufbau des Materialstamms zwingend erforderlich. Für die Praxis ist dies eine echte Herausforderung.

Unterschieden werden kann bezüglich der Materialstammdaten zwischen solchen Daten (Attributen), die bereichsübergreifend maßgeblich sind, und solchen, die primär für einzelne Bereiche von Bedeutung sind. Bereichsübergreifende Bedeutung hat z.B. die Materialnummer – als eindeutiges Identifikationskriterium – und die Materialart. Materialarten sind vor allem Roh-, Hilfs- und Betriebsstoffe sowie auch Halbfabrikate, Fertigerzeugnisse und Handelswaren.

Speziell für das Rechnungswesen müssen im Materialstamm Angaben über die Bestandsbewertungsmethode sowie das materialspezifisch anzuwendende Kalkulationsverfahren verfügbar sein.

Dies bedeutet letztlich, dass im Materialstamm Preise oder Formeln zu hinterlegen sind, mit denen sämtliche Materialbewegungen in der Finanzbuchhaltung (Bestandsbewertung) – und in der Kostenrechnung (Kostenträgerrechnung, Kostenstellenrechnung) verbucht werden können. Als Wertansätze für das Material kommen dabei z.B. Standardpreise, letzte Einkaufspreise oder gleitende Durchschnittspreise infrage. Sind für die jeweiligen Materialbestände im Materialstamm Standardpreise hinterlegt (diese müssen bei eigengefertigten Erzeugnissen zunächst durch die Kostenrechnung ermittelt werden), so bewirkt dies, dass Materialbewegungen über einen längeren Zeitraum hinweg mit dem gleichen Preis bewertet werden. Werden Materialbestände mit dem gleitenden Durchschnittspreis bewertet, wird der aus dem jeweiligen Bestandskonto ersichtliche Materialwert durch die Menge der Lagerbestände dividiert. Bei jeder bewertungsrelevanten Materialbewegung kann sich somit der Materialpreis ändern. In diesem Fall muss im Materialstamm die entsprechende Berechnungsformel für das Material hinterlegt sein.

3.6.2 Stückliste

Eine Stückliste ist ein Verzeichnis über die Zusammensetzung von Materialien. Sie beschreibt, aus welchen Einzelteilen bzw. Baugruppen eine Baugruppe bzw. ein Endprodukt besteht und welche Mengen in das jeweils übergeordnete Material eingehen. Abbildung 19 gibt ein Beispiel.

Stücklisten sind – wie auch in Abbildung 19 dargestellt – zumeist mehrstufig strukturiert, sprich ein Material besteht aus verschiedenen anderen Materialien (Einzelteilen, Baugruppen), die sich ihrerseits wiederum aus zahlreichen anderen Materialien zusammensetzten können. Die Abbildung von Stücklisten erfolgt jedoch meist einstufig. Beispielsweise werden in der Stückliste des Endproduktes die darin eingehenden Baugruppen und Einzelteile aufgeführt. Setzten sich die Komponenten aus verschiedenen Einzelteilen zusammen, werden für diese wiederum eigene Stücklisten definiert (vgl. nochmals Abbildung 19).

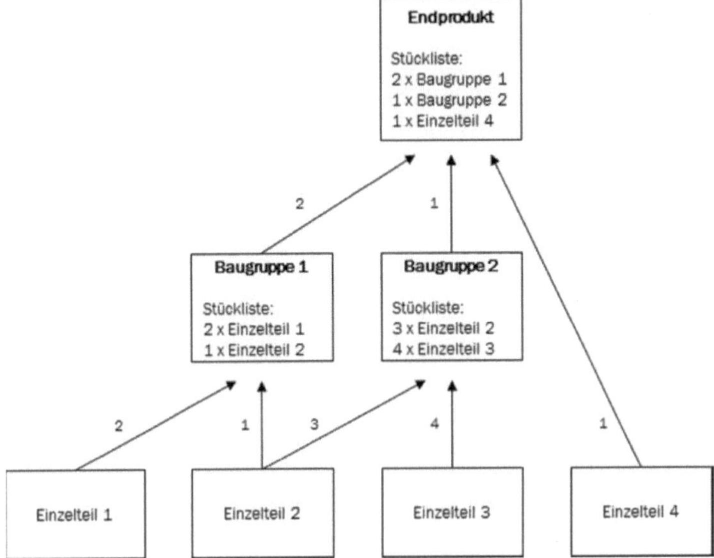

Abbildung 19: Erzeugnisstruktur mit Stückliste

Besondere Bedeutung haben Stücklisten zur Ermittlung des Sekundärbedarfs bei der Materialbedarfsplanung (Stücklistenauflösung) sowie für die Produktkostenermittlung. Durch die Multiplikation der Preise aus dem Materialstamm mit den Mengengerüsten aus der Stückliste können durch die Kostenrechnung die Materialeinzelkosten kalkuliert werden.

In der Prozessindustrie, beispielsweise der Chemieindustrie, werden statt Stücklisten sogenannte Rezepturen angewendet.

3.6.3 Arbeitsplätze

Ein Arbeitsplatz ist eine Organisationseinheit in einem Unternehmen, der über ein spezifisches Kapazitätsangebot und über spezielle Leistungsmerkmale verfügt. An ihm wird ein im Arbeitsplan enthaltener Vorgang, mehrere Vorgänge oder auch ein ganzer Auftrag ausgeführt. Ein Arbeitsplatz kann z.B. einer Maschine, einer Gruppe von Maschinen, einer Person oder einer Gruppe von Personen entsprechen.

Arbeitsplätze sind aus zweierlei Gründen eine bedeutende Größe in Industrieunternehmen. Zum ersten stellt der Arbeitsplatz für die Produktionsplanung eine zentrale Kapazitätsgröße dar, für den zu definieren ist, welche Leistungen (z.B. Maschinenstunden, Personalstunden) zu welcher Zeit von diesem erbracht werden können bzw. welches Kapazitätsangebot an diesem Arbeitsplatz zur Verfügung steht. Die Terminplanung benötigt diese Informationen, die den mittels Arbeitsplänen berechneten Durchführungszeiten eines Auftrages gegenübergestellt werden, um die Termine für die Durchführung der Vorgänge oder Aufträge bestimmen zu können. Die Kapazitätsplanung benötigt diese arbeitsplatzspezifischen Informationen, um zu ermitteln, inwieweit die zur Produktionsdurchführung benötigte Kapazität gedeckt ist. Zum zweiten ist der Arbeitsplatz eine zentrale Größe für die Personalplanung, die bestimmen muss, welcher Mitarbeiter mit welcher Qualifikation an einem Arbeitsplatz eingesetzt werden soll. Unmittelbar verbunden mit der Definition von Arbeitsplätzen sind darüber hinaus auch Auswirkungen auf die Behandlung der Kosten- und Leistungsarten und auf die Lohn- und Gehaltsabrechnung. Somit besitzen Arbeitsplätze auch eine besondere Relevanz für die Kostenrechnung.

Wichtig ist aus Sicht der Kostenrechnung die Möglichkeit, die an einem Arbeitsplatz erbrachten Leistungen kalkulieren zu können, wozu die Pflege entsprechender arbeitsplatzspezifischer Daten erforderlich ist. Diese Daten beziehen sich im Wesentlichen auf die Zuordnung des Arbeitsplatzes zu einer Kostenstelle, die an dem Arbeitsplatz erbrachten Leistungen bzw. Leistungsarten (z.B. Bearbeiten, Rüsten) und Formeln zur Berechnung arbeitsplatzspezifischer Kosten. Die an einem Arbeitsplatz erbrachten Leistungen werden dabei in der Regel mit einem Verrechnungssatz. (auch Stundensatz oder Tarif) bewertet. Der Verrechnungssatz beschreibt die Art der erbrachten Leistung und spiegelt zudem das monetäre Äquivalent der erbrachten Leistung wider.

In der Vorkalkulation kann der für einen Arbeitsplatz geplante Verrechnungssatz (z.B. Euro pro Personalstunde) beispielsweise benötigt werden, um – multipliziert mit einem Vorgabewert aus dem Arbeitsplan (z.B. Stunden pro Arbeitsgang) – die arbeitsplatzspezifischen Lohneinzelkosten für die Herstellung eines Erzeugnisses zu ermitteln.

3.6.4 Arbeitspläne

Ein Arbeitsplan beschreibt den Fertigungsablauf, bei dem Ausgangsmaterialien unter Verwendung der notwendigen Faktoreinsätze in ihren Endzustand transformiert werden. Unterschieden werden können Fertigungs- und Montagearbeitsarbeitspläne. Der Fertigungsarbeitsplan beschreibt, wie ein Werkstück im Hinblick auf seine zukünftige Verwendung bearbeitet und in seiner Form verändert werden soll. Der Montagearbeitsplan beschreibt, wie Einzelteile zu Baugruppen (Vormontage) und Baugruppen zu Endprodukten (Endmontage) zusammengefügt werden sollen.

Durch die Beschreibung des Fertigungsprozesses sind Arbeitspläne neben Stücklisten und Zeichnungen die zentralen Dokumente der Fertigung. Sie enthalten relevante Informationen für die Durchlauf- und Kapazitätsterminierung sowie die Kapazitätsplanung und – daraus resultierend – letztendlich auch für die Kalkulation. Wesentliche Informationen in Arbeitsplänen sind:

- das Ausgangsmaterial, also das in einem Fertigungsvorgang zu bearbeitende Werkstück, bzw. die zu montierenden Komponenten;
- die Arbeitsvorgänge sowie die Abfolge dieser Vorgänge. Eine Vorgangsfolge besteht aus mehreren Vorgängen, z.B. Aufrüsten, Bearbeiten, Abrüsten;
- die für die Vorgänge einzusetzenden Maschinen (z.B. manuell oder CNC-gesteuerte Maschinen) und Fertigungshilfsmittel (z.B. Werkzeuge, Vorrichtungen, Prüf- und Messmittel);
- Vorgabezeiten für die Durchführung eines Vorgangs, insbesondere Rüst-, Bearbeitungs- und Abrüstzeit.

Den im Arbeitsplan für die Fertigung eines Materials (z.B. eines Endproduktes) zugeordneten Vorgängen können wiederum die jeweiligen Arbeitsplätze, an denen die Vorgänge stattfinden, zugeordnet werden. In Kombination mit den arbeitsplatzspezifischen Verrechnungssätzen (Tarifen) stehen der Kostenrechnung dann, mit den im Arbeitsplan enthaltenen Vorgabezeiten, zwei zentrale Kalkulationsgrößen zur Ermittlung von Fertigungskosten (Maschinenkosten, Lohneinzelkosten) zur Verfügung.

3.7 Zeitleistungen

Eine aussagefähige Kostenrechnung ist neben den Wertgerüsten auch auf die Mengengerüste angewiesen, da erst durch sie aussagekräftige Werte gewonnen werden können. Zeitleistungen spielen hierbei für die Bewertung und Verrechnung von Leistungen eine besondere Rolle. Sie werden als Istdaten/Iststunden vor allem aus BDE-Systemen oder manuellen Aufzeichnungen sowie als Plandaten aus Planungen (z.B. Arbeitspläne) gewonnen. Vor allem präzise erfasste und dokumentierte Zeitdaten in modernen EDV-Systemen sind für die Kostenrechnung von großer Bedeutung. Wie in anderen, datenliefernden Systemen spielt auch bei den Zeitleistungen die Richtigkeit und Vollständigkeit der erfassten Stunden eine entscheidende Rolle, sind sie doch für die verursachungsgerechte Verrechnung und die Nachkalkulation von Stundensätzen von Bedeutung. Im Folgenden werden die Zeitleistungen zwischen Anwesenheitszeit (Summe der produktiven und unproduktiven Stunden) und der Arbeitszeit (produktive Stunden) unterschieden.

3.7.1 Gesamtstunden

Die Gesamtstunden (Anwesenheitszeit) bezeichnen im Folgenden undifferenziert den Aufenthalt von Personal im Betrieb, sowohl die produktiven Stunden für die Erbringungen von unternehmenstypischen Leistungen als auch die nicht produktiven Zeiten, wie z.B. Pausen. Diese in den Anwesenheitszeiten enthaltenen unproduktiven Stunden (auch Gemeinkostenzeiten bzw. Gemeinkostenstunden) sind nicht direkt Aufträgen zuordenbar und werden somit auch nicht unmittelbar für die Belastung von Kostenträgern herangezogen.

Auch wenn die unproduktiven Iststunden nicht für die Verrechnung von Kosten an Kostenträger verwendet werden, haben sie dennoch eine für das Controlling hohe Bedeutung, da sie bei der Analyse von Leerkosten auf Kostenstellen von Bedeutung sind.

3.7.2 Produktive Stunden

Die produktiven Stunden bezeichnen im Folgenden den in Zeiteinheiten gemessenen Ressourceneinsatz (z.B. von Mitarbeitern oder Maschinen) für die **Verrechnung** von Leistungen **von Kostenstellen an Kostenstellen** bzw. die Verrechnung **von Kostenstellen an Kostenträger**.

Produktive Stunden müssen in einem Kostenrechnungssystem sowohl als Plan- als auch als Iststunden ermittelt werden. Erfolgt die Ermittlung der produktiven Planstunden in der Regel im Zusammenhang mit der Unternehmensplanung, werden die produktiven Iststunden im laufenden Betrieb erfasst.

Die Erfassung der produktiven Iststunden kann je nach technischer Ausstattung auf unterschiedliche Weisen erfolgen. Im einfachsten Fall werden die Stunden von Hand auf Stundenrapporten erfasst und in regelmäßigen Abständen durch manuelle Eingaben in einem EDV-System einem Kontierungsobjekt belastet. Moderne Betriebsdatenerfassungssysteme (BDE-Systeme) sind hingegen in der Lage, durch die systemische Erfassung von Start- und Ende-Zeiten an Eingabeterminals die Zeitleistungen in Echtzeit auf die verursachenden Kontierungsobjekte zu beziehen.

Nachfolgend wird dies nochmals zusammenfassend dargestellt:

Abbildung 20: Zeitleistungen

3.8 Zusammenfassung

In den vorherigen Kapiteln wurden die wesentlichen Datenquellen eines Unternehmens skizziert. Diese stellen für jedes Kostenrechnungssystem die Grundlage der Datengewinnung dar. Die Richtigkeit und Vollständigkeit sind von zentraler Bedeutung, da ansonsten falsche Daten im Kostenrechnungssystem verarbeitet werden und die Datenqualität der erzeugten Ergebnisse leidet. In den zuvor angesprochenen Datenquellen werden sowohl Istkosten als auch Plankosten gewonnen, welche sich wie folgt zusammenfassen lassen:

- **Buchhaltung**: Die Buchhaltung kann in ein Haupt- und mehrere Nebenbücher unterschieden werden. Generell werden in der Buchhaltung sämtliche buchungspflichten Geschäftsvorfälle, inklusive den Aufwandsbuchungen, erfasst. Die für die Kostenrechnung relevanten Aufwandsbuchungen werden mittels Zusatzkontierung in die Kostenrechnung auf die entsprechenden Kontierungsobjekte übernommen.
- **Stückliste**: Eine Stückliste ist ein Verzeichnis über die Zusammensetzung von Materialien. Sie beschreibt, aus welchen Einzelteilen bzw. Baugruppen eine Baugruppe bzw. ein Endprodukt besteht und welche Mengen in das jeweils übergeordnete Material eingehen. Insofern liefern die Stücklisten für die Kostenrechnung (Kalkulationen) wichtige Informationen hinsichtlich der Planmengengerüste.
- **Materialstamm**: Der Materialstamm ist für produzierende Unternehmen die zentrale Quelle zum Abruf materialspezifischer Daten. Als Wertansätze für das Material kommen dabei z.B. Standardpreise, letzte

Einkaufspreise oder gleitende Durchschnittspreise infrage, welche die Wertgerüste für die Kalkulation darstellen.

- **Arbeitspläne**: Ein Arbeitsplan beschreibt den Fertigungsablauf, bei dem Ausgangsmaterialien unter Verwendung der notwendigen Faktoreinsätze in ihren Endzustand transformiert werden. Unterschieden werden können Fertigungs- und Montagearbeitsarbeitspläne. Der Fertigungsarbeitsplan beschreibt, wie ein Werkstück im Hinblick auf seine zukünftige Verwendung bearbeitet und in seiner Form verändert werden soll. Den im Arbeitsplan für die Fertigung eines Materials (z.B. eines Endproduktes) zugeordneten Vorgängen können wiederum die jeweiligen Arbeitsplätze, an denen die Vorgänge stattfinden, zugeordnet werden. In Kombination mit den arbeitsplatzspezifischen Verrechnungssätzen (Tarifen) stehen der Kostenrechnung dann, mit den im Arbeitsplan enthaltenen Vorgabezeiten, zwei zentrale Plankalkulationsgrößen zur Ermittlung von Fertigungskosten (Maschinenkosten, Lohneinzelkosten) zur Verfügung.
- **Zeitleistungen**: Die in Zeiteinheiten gemessene Arbeits- bzw. Anwesenheitszeit im Unternehmen, welche vor allem für die Berechnung von Planverrechnungssätzen oder für die Verrechnung von bewerteten Arbeitsleistungen verwendet werden, nennt man Zeitleistungen.

Kontextergebnis I – zusammenfassender Rückblick und Vorschau

Rückblick

Rückblickend können folgende inhaltliche Meilensteine zusammengefasst werden: ein Kostenrechnungssystem wurde systematisiert. Bei dieser Systematisierung wurde eine Dreidimensionalität eines Kostenrechnungssystems festgestellt, d.h. bei der Beantwortung von Fragen zu einer Kostenrechnung muss zu einer systematischen Allokation der Fragen **immer** der folgende Dreiklang berücksichtigt werden:

A. **Verrechnungsumfang** der Kosten – Ist ein **System** der **Voll-** oder der **Teilkostenrechnung** im Einsatz?

B. **Zeitbezug** der verarbeiteten Kosten – Arbeiten wir mit Plan-, Normal- oder Istkosten und woher werden die verwendeten Daten gewonnen (wobei in diesem Buch von einer hohen Datenqualität ausgegangen wird, was in der Praxis nicht immer zwangsläufig gewährleistet ist)?

C. **Teilbereich** der Kostenrechnung – Beziehen sich zu lösende Fragestellungen auf die Kostenartenrechnung, Kostenstellenrechnung, die Kostenträgerstückrechnung (Kalkulation) oder die Kostenträgerzeitrechnung (Ergebnisrechnung)? Auch können sich Fragestellungen auf Schnittstellenthemen zwischen einzelnen Teilbereichen beziehen.

Unabhängig davon, wie hoch das Prozessverständnis für ein Kostenrechnungssystem ist, ist es für sämtliche Fragestellungen zur Kostenrechnung notwendig, sich diesen grundlegenden Dreiklang immer vor Augen zu führen. Die Praxis zeigt, dass in regelmäßigen Abständen Fehler deshalb auftreten, weil die Aufgaben nicht sauber innerhalb des Kostenrechnungssystems beschrieben werden.

Die nachfolgende Cubedarstellung ist dazu gedacht, um eine grundsätzliche, exakte Allokation von Fragen zum Kostenrechnungssystem zu vereinfachen. Die Cubedarstellung ermöglicht er, sowohl Teilbereiche als auch Schnittstellen zwischen Teilbereichen darzustellen.

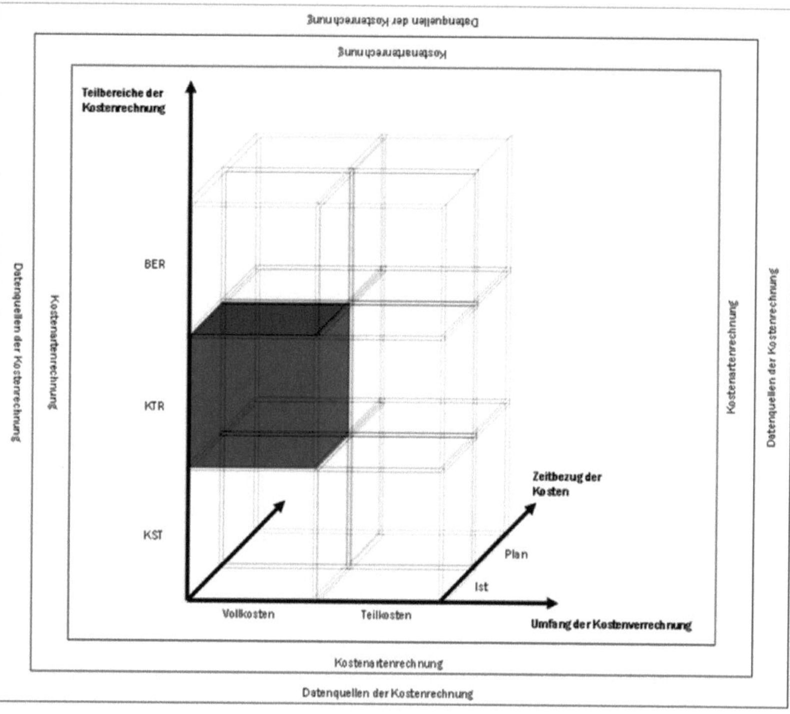

Abbildung 21: Kontextergebnis I – kostenrechnerischer Dreiklang

Die Kostenrechnung ist insofern noch eine „Black Box“, da die Zusammenhänge innerhalb des Kostenrechnungssystems noch unklar sind.

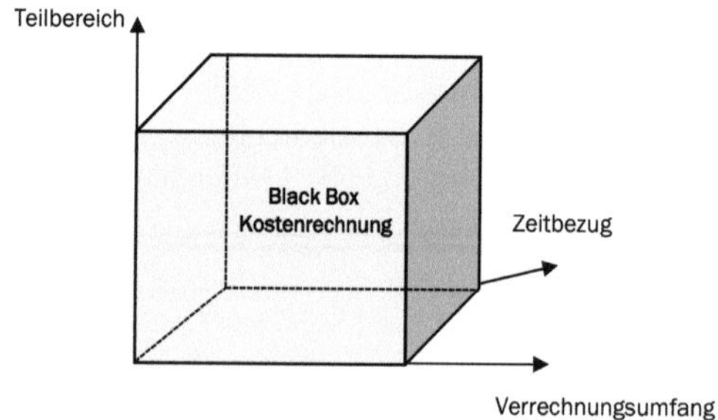

Zudem wurden in den vorherigen Kapiteln die Datenquellen ausführlich besprochen, mit welchen in der Kostenrechnung gearbeitet wird. Es besteht bis dato nur Kenntnis über die Datenquellen – Transportwege und Abrechnungszusammenhänge sind noch unklar.

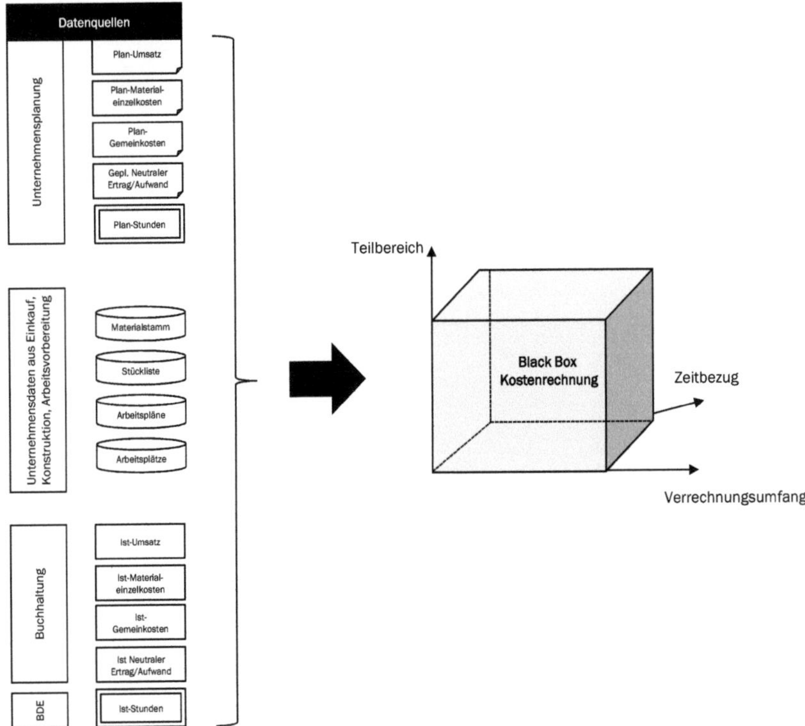

Abbildung 22: Kontextergebnis I – Datenquellen und „Blackbox" Kostenrechnung

Vorschau

Unabhängig davon, ob in der Kostenrechnung Plan- oder Istkosten verarbeitet werden, muss eine Gliederung dieser Kosten vorgenommen werden. Diese Gliederung erfolgt in der Kostenartenrechnung. Wie die Kosten in Kostenarten gegliedert werden können und wie diese in die Kostenrechnung übernommen werden, wird im Kapitel Kostenartenrechnung erläutert.

4 Teilbereiche der Kostenrechnung

4.1 Kostenartenrechnung

4.1.1 Wesen und Aufgaben der Kostenartenrechnung

Die Kostenartenrechnung steht durch die Erfassung und Gliederung sämtlicher in einer Abrechnungsperiode angefallenen Kosten am Anfang jeder Kostenrechnung. Die Kostenartenrechnung beantwortet die Frage: „Welche Kosten sind entstanden?" Generell ist die Kostenartenrechnung also nicht als eine besondere Form von Rechnung zu verstehen. Sie übernimmt lediglich die geordnete Erfassung der angefallenen Kosten und ist damit quasi das Bindeglied zwischen der Finanzbuchhaltung (sowie anderen Datenquellen) und der Kostenrechnung. Für die Kostenstellen- und Kostenträgerrechnung stellt die Kostenartenrechnung eine Art Datenlieferant dar, der die Gesamtkosten – entsprechend der betriebsindividuellen Erfordernisse – in einzelne Kostenarten aufgliedert und damit die Voraussetzungen für eine verursachungsgerechte Zurechnung der Kosten auf Kostenstellen und Kostenträger schafft. Dies verdeutlicht, dass die Qualität des gesamten Kostenrechnungssystems wesentlich von der Qualität der Kostenartenrechnung (und deren Datenquellen) abhängt.

Erfasst werden in der Kostenartenrechnung nur die primären Kosten. **Primäre Kosten** sind Kosten, die für Güter und Leistungen entstehen, die von außerhalb der Unternehmung bzw. von den Beschaffungsmärkten bezogen werden. Diese Kosten – zu denen auch kalkulatorische Kostenarten zählen – bilden die Grunddaten der Kostenrechnung. Als Pendant der primären Kosten können die sekundären Kosten bezeichnet werden. **Sekundäre Kosten** sind Kosten, die für Leistungen entstehen, die von innerhalb des Unternehmens bezogen werden. Sie resultieren aus der Inanspruchnahme von innerbetrieblichen Leistungen, z.B. Reparaturleistungen, die von der eigenen Werkstatt ausgeführt werden. Im abrechnungstechnischen Sinne erlangen die sekundären Kostenarten erst in der Kostenstellenrechnung eine Bedeutung.

Die Aufgaben der Kostenartenrechnung können wie folgt skizziert werden:

- Voraussetzungen schaffen für die verursachungsgerechte Zuordnung der Kosten auf Kostenstellen und Kostenträger
- Erfassung aller Kosten des Unternehmens und Identifizierung der entsprechenden Kostenarten
- Gliederung der Kosten nach ihrer Zurechenbarkeit in Einzelkosten und Gemeinkosten und nach ihrer Reagibilität auf Beschäftigungsschwankungen in fixe und variable Kosten

- Voraussetzungen schaffen für eine kostenartenorientierte Planung und Kontrolle

In kleineren Betrieben, die keine Kostenstellen- und Kostenträgerrechnung im Einsatz haben, fungiert die Kostenartenrechnung darüber hinaus teilweise auch als Instrument der Kostenkontrolle. So ermöglicht es die Kostenartenrechnung – im Falle einer systematischen Erfassung aller Kosten –, die Gesamtkosten, die absolute Höhe der relevanten Kostenarten sowie deren jeweilige Anteile an den Gesamtkosten zu erkennen und darauf basierend Zeitvergleiche anzustellen, die zumindest in Ansätzen zum Aufzeigen von Unwirtschaftlichkeiten geeignet sind.

4.1.2 Abstimmung von Finanzbuchhaltungskonten und Kostenarten

Um unnötigen Aufwand bei der Erfassung der primären Kosten zu vermeiden, ist es empfehlenswert, die Einteilung der Kostenarten und die daraus resultierende Entwicklung eines Kostenartenplans mit den Konten und dem Kontenplan der Finanzbuchhaltung abzustimmen. Zielsetzung im Rahmen der Kostenartenbildung sollte es letztlich sein, dass die in der Finanzbuchhaltung erfassten Aufwendungen soweit wie möglich unmittelbar – mittels Zusatzkontierungen – als Kosten in die Kostenrechnung übernehmen zu können. Daher ist es sinnvoll, bereits bei der Definition von Finanzbuchhaltungskonten die Anforderungen der Kostenrechnung hinsichtlich der Kostenarten zu berücksichtigen. Beispielsweise sollten zur Abgrenzung von neutralen Aufwendungen bereits in der Finanzbuchhaltung Instandhaltungsaufwendungen getrennt werden in „Instandhaltungsaufwendungen für betriebsnotwendige Gebäude“ und „Instandhaltungsaufwendungen für nicht betriebsnotwendige Gebäude“. Sinnvoll ist es darüber hinaus auch, die Konten in der Finanzbuchhaltung soweit möglich so zu definieren, dass die entsprechenden Kostenarten entweder nur fixen oder variablen Charakter aufweisen sowie entweder als Einzelkosten- oder als Gemeinkostenarten klassifiziert werden können. Falls möglich sollte auch eine intelligente Steuerung der Zusatzkontierung bzw. Erfassungsobjekte schon bei der Anlage der Kostenarten vorgenommen werden, d.h. Kostenarten, deren Kontierungsobjekt z.B. immer eine Kostenstelle ist, sollte die Zusatzkontierung Kostenträger ausgeschlossen sein.

Die primären Kostenarten sollten letztlich in engem Zusammenhang mit den Sachkonten in der Finanzbuchhaltung stehen. Die primären Kosten- und Erlösarten werden aus den Aufwands- und Ertragskonten der Finanzbuchhaltung übernommen, die Übernahme der Primärkosten aus der Finanzbuchhaltung wird mittels Zusatzkontierungen sichergestellt. Über Abgrenzungskonten können Zusatzkosten und Anderskosten verbucht werden.

Der Detaillierungsgrad der primären Kostenarten hängt letztlich vom Detaillierungsgrad der Konten der Finanzbuchhaltung ab. Die Kostenartenrechnung bietet die Möglichkeit, auf die Verdichtung der für die Kostenrechnung verwendeten Konten Einfluss zu nehmen. So können beispielsweise in der Finanzbuchhaltung verwendete Aufwandskonten 1:1 als Kostenarten in der Kostenartenrechnung verwendet werden. Sollten die in der Buchhaltung verwendeten Aufwandskonten für die Kostenrechnung zu differenziert sein, besteht in modernen EDV-Systemen in der Regel die Möglichkeit, mehrere Zweckaufwandskonten aus Gründen der Übersichtlichkeit in der Kostenrechnung zu einer Kostenartengruppe zu verdichten – in diesem Fall bestünde eine n:1 Beziehung zwischen den Zweckaufwandskonten und den Kostenarten.

4.1.3 Prinzipien der Kostenartenbildung

Bei der Einteilung der Kostenarten und damit auch bei der Bildung von Finanzbuchhaltungskonten sollten grundsätzlich zwei wesentliche Prinzipien beachtet werden:

- Prinzip der Eindeutigkeit
- Prinzip der Einheitlichkeit

Mit dem Prinzip der Eindeutigkeit ist angesprochen, dass Kostenarten eindeutig zu definieren sind. Gemeint ist damit zunächst, dass die Kostenarten so gewählt werden sollten, dass sie eine eindeutige Zurechnung der Kosten erlauben. Dies ist beispielsweise nicht der Fall, sofern eine Kostenart „Stromkosten" und eine Kostenart „Lagerkosten" parallel geführt werden. Stromkosten sind schließlich Kosten, die auch innerhalb eines Lagers typischerweise anfallen. Eine eindeutige Zuordnung der anfallenden Stromkosten zu einer Kostenart wäre somit nicht mehr möglich. Darüber hinaus liegt im genannten Falle durch die Kostenart „Lagerkosten" auch eine nach Möglichkeit zu vermeidende Vermischung von Kostenstelle und Kostenart vor. Des Weiteren ist aufzuführen, dass gemäß dem Prinzip der Eindeutigkeit Kostenarten nach Möglichkeit so zu bilden sind, dass „Sonstige Kosten" nicht mehr anfallen.

Das Prinzip der Einheitlichkeit weist darauf hin, dass Kostenarten über einen längeren Zeitraum hinweg – am besten über Jahre – Gültigkeit besitzen sollten. Bestimmte Kosten sollten dementsprechend auch stets der gleichen Kostenart (bzw. demselben Konto) zugeordnet werden. Welche Geschäftsvorfälle wie zu verbuchen sind, sollte zwischen Finanzbuchhaltung und Kostenrechnung geklärt werden. Kontierungsvorgaben in der Finanzbuchhaltung können die einheitliche Verbuchung auf bestimmten Konten und damit letztlich auch die einheitliche Zuordnung von Geschäftsvorfällen zu bestimmten Kostenarten sicherstellen.

Ergänzend ist stets auch das Prinzip der Wirtschaftlichkeit bei der Bildung von Kostenarten zu beachten. Je feiner die Gliederung der Kostenarten erfolgt und je mehr die Grundsätze der Eindeutigkeit und Einheitlichkeit verwirklicht sind, desto aufwendiger wird tendenziell auch die Kostenerfassung.

4.1.4 Kostenartenplan

In einem Kostenartenplan – einem „erschöpfenden Katalog aller Kostenarten, die in dem jeweiligen Betrieb auftreten können" – sollten schließlich die genannten Prinzipien der Kostenartenbildung und weitere, stets sehr betriebsspezifische Überlegungen ihren Niederschlag finden. Zumeist erfolgt die Gliederung der Kosten dabei in erster Linie nach der Art der verbrauchten Leistung (produktionsfaktorbezogen):

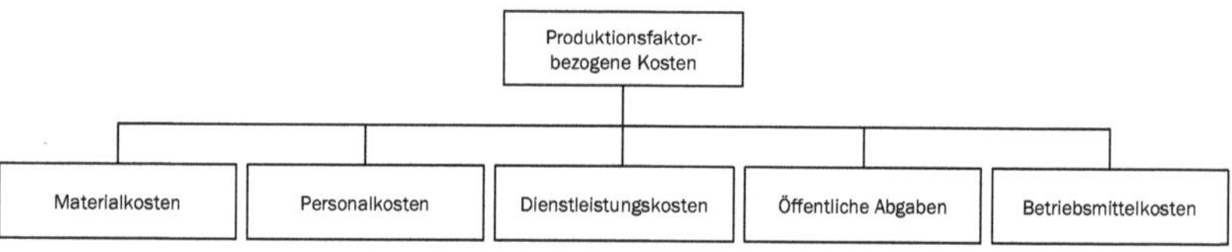

Abbildung 23: Produktionsfaktorbezogene Kosten

Diese (grobe) Gliederung der Kostenarten ist prinzipiell bereits durch die Verbuchungen in der Finanzbuchhaltung vorgegeben. In weiteren Schritten der Kostenartenuntergliederung werden zumeist anschließend auch andere Unterscheidungen, z.B. die Trennung von fixen und variablen Kostenarten oder von Einzel- und Gemeinkostenarten berücksichtigt.

Ein Grundkonzept für die Ausgestaltung eines Kostenartenplans liefert der „Gemeinschaftskontenrahmen der Industrie" (GKR), der sowohl eine Gliederungsempfehlung für die Konten der Finanzbuchhaltung als auch für die Kostenarten der Kostenrechnung vorhält. Unterteilt ist der GKR in zehn verschiedene Klassen:

Klasse 0 – Anlagevermögen und langfristiges Kapitel
Klasse 1 – Finanzumlaufvermögen und langfristige Verbindlichkeiten
Klasse 2 – Neutrale Aufwendungen und Erträge
Klasse 3 – Stoffe Bestände
Klasse 4 – Kostenarten
Klasse 5 – Frei für Kostenrechnung (Kostenstellenverrechnungen)
Klasse 6 – Frei für Kostenrechnung (Kostenträger)
Klasse 7 – Bestände an fertigen und unfertigen Erzeugnissen
Klasse 8 – Erträge
Klasse 9 – Abschlusskonten

Die Klassen 5 und 6 sind für Kostenstellen- und Kostenträgerkontierungen freigehalten. Die **Kontenklasse 4** enthält ein Gliederungsschema für einen Kostenartenplan, das hier verkürzt wiedergegeben ist:

40 - 42	Roh-, Hilfs- und Betriebsstoffverbrauch	
43	Löhne und Gehälter	
	431	Fertigungslöhne
	432	Hilfslöhne
	439	Gehälter
44	Sozialkosten und andere Personalkosten	
	440	Gesetzliche Sozialkosten
	447	Freiwillige Sozialkosten
45	Instandhaltung, verschiedene Leistunge und dgl.	
	450	Instandhaltungskosten (Maschinen, Gebäude etc.)
	455	Allgemeine Dienstleistungen
	456	Entwicklungs-, Versuchs- und Konstruktionskosten
46	Steuern, Gebühren, Beiträge, Versicherungsprämien und dgl.	
	460	Steuern
	464	Abgaben und Gebühren, Rechts- und Beratungskosten
	468	Beiträge
	469	Versicherungsprämien
47	Mieten, Verkehrs-, Büro, Werbekosten und dgl.	
	470	Miete (Raumkosten)
	472	Verkehrskosten (Transport-, Versand-, Reise-, Portokosten)
	476	Bürokosten
	477	Werbe- und Vertreterkosten
	470	Finanzspesen und sonstige Kosten
48	Kalkulatorische Kosten	
	480	Verbrauchsbedingte Abschreibungen
	481	Betriebsbedingte Zinsen
	482	Betriebsbedingte Wagnisse
	483	Unternehmerlohn
	484	Sonstige kalkulatorische Kosten
49	Innerbetriebliche Kosten- und Leistungsverrechnung, Sondereinzelkosten Sammelverrechnungen	

Abbildung 24: Gekürzte Fassung der Klasse 4 des Gemeinschaftskontenrahmens der Industrie (GKR)

Der GKR ist letztlich nur als Rahmenschema zu verstehen und muss nicht zwingend angewendet werden. So kann der innerhalb des GKR aufgeführte Kostenartenplan nach betriebsindividuellen Anforderungen umgegliedert und es können Kostenarten hinzugefügt oder entfernt werden. Die Gliederungstiefe des Kostenartenplans hängt in starkem Maße von der Größe und Art des Unternehmens sowie den betriebsspezifischen Vorstellungen im Hinblick auf die Genauigkeit der Kostenkontrolle und Kalkulation ab.

4.1.5 Erfassung ausgewählter Kostenarten

Die wichtigste Aufgabe der Kostenartenrechnung ist die (vollständige) Erfassung der im Unternehmen angefallenen Kosten. Abgesehen von den Plan-Kostenarten ist die zentrale Datenquelle dabei die Finanzbuchhaltung, also die Hauptbuchbuchhaltung und die ihr vorgelagerten Nebenbuchhaltungen, aus denen ein Großteil der Aufwendungen unverändert als Istkosten mittels Zusatzkontierungen in die Kostenrechnung transferiert werden kann (Grundkosten).

Nachfolgend soll auf die Erfassung der *folgenden Kostenarten* und deren Spezifika eingegangen werden:

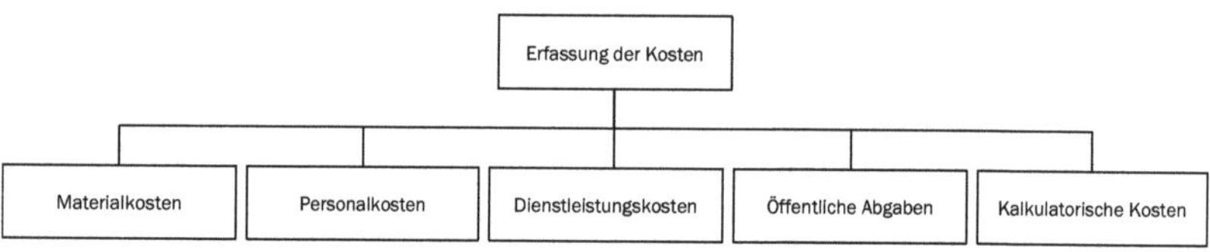

Abbildung 25: Übersicht Kostenarten

4.1.5.1 Materialkosten

Materialkosten (Stoffkosten) bilden bei vielen produzierenden Unternehmen den anteilsmäßig größten Kostenblock. Sie entstehen durch den Verbrauch von Roh-, Hilfs- und Betriebsstoffen.

- **Rohstoffe** (einschließlich Fertigteile) gehen als Hauptbestandteil in die Erzeugnisse ein. Ihr Verbrauch ist den Erzeugnissen direkt zuordenbar. Rohstoffkosten sind dementsprechend Einzelkosten (Materialeinzelkosten), die kostenträgerbezogen kontiert werden können.
- **Hilfsstoffe** gehen ebenfalls unmittelbar in die Erzeugnis ein, sind jedoch lediglich ein Nebenbestandteil der Enderzeugnisse. Sie sind dementsprechend ebenfalls Einzelkosten. Allerdings werden sie häufig aus Gründen der Wirtschaftlichkeit, da ihr wertmäßiger Anteil an den Erzeugniskosten typischerweise sehr gering ist, wie Gemeinkosten behandelt (unechte Gemeinkosten) und dementsprechend kostenstellenbezogen kontiert. Beispiele für Hilfsstoffe sind Nägel, Schrauben, Lacke, Leim und Verpackungsmaterial.
- **Betriebsstoffe** gehen nicht unmittelbar in die Erzeugnisse ein, werden allerdings im Rahmen des Leistungserstellungsprozesses zur Produktion

der Enderzeugnisse benötigt. Betriebsstoffkosten sind typische Erzeugnisgemeinkosten, die (fast) immer kostenstellenbezogen kontiert werden. Beispiele für Betriebsstoffe sind Kraftstoffe, Strom, Schmierstoffe, Gas, Wasser und Poliermittel.

Die Erfassung der Materialkosten erfolgt in zwei Stufen: Zunächst werden die Materialverbrauchsmengen ermittelt und daran anschließend bewertet.

4.1.5.1.1 Erfassung des Materialverbrauchs

Zentrale Datenquelle bei der Erfassung der Materialverbrauchsmengen ist aus Sicht der Kostenrechnung die Bestandsführung und Lagerverwaltung (Materialwirtschaft), die u.a. die Materialbestände führt und Materialbewegungen abbildet (siehe Kapitel 4.4.2.3).

Drei Methoden zur Erfassung des Materialverbrauchs haben sich im Wesentlichen herausgebildet:

- Inventurmethode
- Skontrationsmethode
- Retrograde Methode

Welche Methode letztlich angewandt wird, hängt in starkem Maße von der Art des Materials und den betriebsspezifischen Gegebenheiten ab. Auch die Kombination mehrerer Methoden, die dann sehr exakte Materialverbrauchsanalysen zulässt, ist häufig anzutreffen.

4.1.5.1.1.1 Inventurmethode

Bei der Inventurmethode wird der Verbrauch des entsprechenden Materials aus dem Anfangsbestand und dem Endbestand sowie den Zugängen einer Periode abgeleitet. Der Anfangsbestand zuzüglich der Zugänge und abzüglich des Endbestandes wird dem Verbrauch gleichgesetzt. Anfangsbestand und Endbestand werden per **Inventur** – also per körperlicher Bestandsaufnahme – am Anfang bzw. Ende einer Rechnungsperiode ermittelt. Der Zugang an Materialien ergibt sich aus den von den Lieferanten erstellten **Lieferscheinen** oder besser, aus den von der Lagerverwaltung und Bestandsführung (Materialwirtschaft) im Rahmen der Wareneingangsbearbeitung auf **Wareneingangsscheinen** erfassten tatsächlichen Wareneingangsmengen.

Für eine aussagekräftige Kostenrechnung ist das Inventurverfahren aufgrund einiger Nachteile in den wenigsten Fällen geeignet:

- Der Verbrauch des betreffenden Materials ist nicht auf Kostenstellen oder Kostenträger zurechenbar, da der Verbrauch lediglich in Summe ermittelt wird. Der Verbraucher (Kostenstelle, Kostenträger) lässt sich mit der Inventurmethode nicht ermitteln.

- Lagerverluste, z.B. durch Diebstahl oder Schwund, sind nicht feststellbar; Differenzen zwischen tatsächlichem Verbrauch und Soll-Verbrauch können dementsprechend auch nicht analysiert werden.
- Die Verbrauchsmengen sind ausschließlich durch Inventur ermittelbar. Die laut Gesetzgebung nur einmal im Jahr erforderliche Inventur zu bilanziellen Zwecken ist für die unterjährig durchgeführte Kostenrechnung allerdings nicht ausreichend. Folgerichtig sind zusätzliche (monatliche) Inventuren erforderlich, die mit entsprechendem Arbeitsaufwand verbunden sind.

Vorteilhaft ist die Inventurmethode dementsprechend auch nur, wenn der Verbraucher des jeweiligen Materials von vornherein bekannt ist (z.B. falls ausschließlich eine Kostenstelle das Material benötigt), die Gefahr von Lagerverlusten praktisch ausgeschlossen ist und regelmäßige Inventuren kaum Arbeitsaufwand verursachen. Diese Bedingungen werden allerdings nur in wenigen Fällen erfüllt sein.

4.1.5.1.1.2 Skontrationsmethode

Im Gegensatz zur Inventurmethode erfolgt bei der Skontrationsmethode (auch: Fortschreibungsmethode) nicht nur die Erfassung der Lagerzugänge, sondern auch der Lagerentnahmen. Die Erfassung der Lagerentnahmen kann mittels Materialentnahmescheinen vorgenommen werden. Der Materialverbrauch ergibt sich aus der Summe der Entnahmemengen laut den Materialentnahmescheinen.

Ein **Materialentnahmeschein** soll insbesondere Auskunft darüber geben, wann welches Material in welcher Menge von wem (Kostenstelle) oder wofür (Kostenträger) aus dem Lager entnommen wurde. Zentrale Angaben auf Materialentnahmescheinen sind dementsprechend z.B.:

- Datum der Entnahme
- Materialart bzw. Materialnummer
- Materialmenge
- Kostenstellennummer
- Auftragsnummer

Durch die belegweise Erfassung der mit dem Materialverbrauch gleichgesetzten Lagerentnahmen ist die Skontrationsmethode das genauste Verfahren zur Ermittlung der Verbrauchsmengen. Sämtliche Nachteile der Inventurmethode werden beseitigt. Vorteile der Skontrationsmethode sind dementsprechend:

- Die Angabe der Auftragsnummer auf Materialentnahmenscheinen schafft die Voraussetzung für kostenträgerbezogene Kontierungen von Einzelkostenmaterialien (Rohstoffen). Im Falle der Gemeinkostenmaterialien (Hilfs- und Betriebsstoffe) wird durch die Kostenstellennummer die Belastung der Kostenstellen ermöglicht. Die Verbraucher sind somit bei diesem Verfahren eindeutig bestimmbar.

- Durch die Differenz von Sollbestand bzw. buchmäßigem Bestand (Anfangsbestand gemäß Inventur + Zugänge lt. Wareneingangsbelegen – Abgänge laut Materialentnahmescheinen) und dem per Inventur ermittelten Endbestand werden die Verluste durch Schwund, Diebstahl etc. ersichtlich. Eine Inventur muss damit auch bei der Skontrationsmethode noch durchgeführt werden, allerdings nicht monatlich. Die für den Jahresabschluss erforderliche Inventur ist zumeist ausreichend. Ferner ist als weiterer Vorteil aufzuführen, dass bei diesem Verfahren die Inventur nicht zwingend als Stichtagsinventur (am Bilanzstichtag), sondern auch als permanente Inventur ausgestaltet sein kann.

Durch den Einsatz von Materialwirtschaftssystemen, die Funktionen der Lagerverwaltung und Bestandsführung abdecken, können die mengenmäßigen Lagerentnahmen – ebenso wie Wareneingänge oder andere bestandsveränderte Transaktionen, z.B. Umlagerungen, Umbuchungen, Reservierungen oder Rücklieferungen – auch relativ problemlos dokumentiert werden. Der Nachteil einer aufwendigen belegweisen Abbildung von Verbrauchsmengen kann somit durch den Einsatz von adäquater Software deutlich gemindert werden. Dennoch ist die detaillierte Erfassung der Materialentnahmen bzw. allgemein des Materialflusses, stets – selbst in Zeiten des elektronischen Datenaustausches innerhalb von Supply Chains – mit einem gewissen „Schreibkram" verbunden.

4.1.5.1.1.3 Retrograde Methode

Eine weitere Möglichkeit zur Ermittlung der Verbrauchsmengen ist die Retrograde Methode bzw. die Rückrechnung. Hierbei wird der Materialverbrauch aus den erstellten Halb- und Fertigfabrikaten abgeleitet. Grundvoraussetzung für die Anwendung der Retrograden Methode ist, dass die Menge der produzierten Halb- und Fertigfabrikate und insbesondere auch die einzelnen, in das Endprodukt eingehenden Materialarten bekannt sind:

- Die Menge der produzierten Halb- und Fertigfabrikate kann in der Produktion durch Rückmeldungen von Fertigungsaufträgen über BDE-Systeme oder manuelle Erfassungen festgehalten werden. Bei entsprechender Softwareunterstützung besteht dabei im Übrigen auch die Möglichkeit, gleichzeitig mit Fertigungsrückmeldungen eine Einbuchung des Wareneingangs der entsprechenden Fabrikate in ein Fertigwaren- oder Baugruppenlager zu bewirken. Die entsprechenden Daten über die Menge der produzierten Halb- und Fertigfabrikate können somit letztlich entweder bereits in der Produktion über Fertigungsrückmeldungen oder auch erst beim Wareneingang der Produkte durch die Lagerhaltung und Bestandsführung erfasst werden.

- **Stücklisten** liefern die Daten über die in das Halb- oder Fertigfabrikat eingehenden Materialmengen. Die im Rahmen dieses Verfahrens nicht erfassbaren Ausschüsse oder Abfälle können z.B. über – auf Erfahrungswerten basierende – prozentuale Zuschläge berücksichtigt werden.

Der Verbrauch eines Materials lässt sich somit wie folgt ermitteln:

Materialverbrauch = (lt. Stückliste in das Fabrikat eingehende Menge des Materials + prozentualer Zuschlag für Ausschuss und Abfälle) x Anzahl der hergestellten Fabrikate

Deutlich wird somit, dass im Rahmen der Retrograden Methode keine Erfassung von Ist-Verbrauchsmengen, sondern von **Soll-Verbrauchsmengen** erfolgt. Der Vergleich von Soll-Ist-Differenzen setzt dementsprechend voraus, dass zusätzlich die Ist-Verbrauchsmengen mittels Materialentnahmescheinen und/oder Inventuren ermittelt werden.

Nachteilig ist darüber hinaus, dass anhand von Stücklisten nur die Ermittlung des Verbrauchs an Einzelkostenmaterial möglich ist. Der Soll-Verbrauch von nicht eindeutig produktbezogenem Gemeinkostenmaterial, z.B. Schmierstoffen, ist aus Stücklisten nicht ersichtlich.

4.1.5.1.2 Bewertung des Materialverbrauchs

Nach der Erfassung der Materialmengen muss im nächsten Schritt das Material mit einem Preis bewertet werden, um die Kosten bezogen auf die jeweilige Kostenart ermitteln und auf die jeweiligen Kostenstellen oder Kostenträger kontieren zu können. Generell kommen in diesem Zusammenhang verschiedenste – innerhalb der Kostenrechnung frei wählbare – Verfahren in Betracht. Aufgeführt werden im Folgenden überblicksartig:

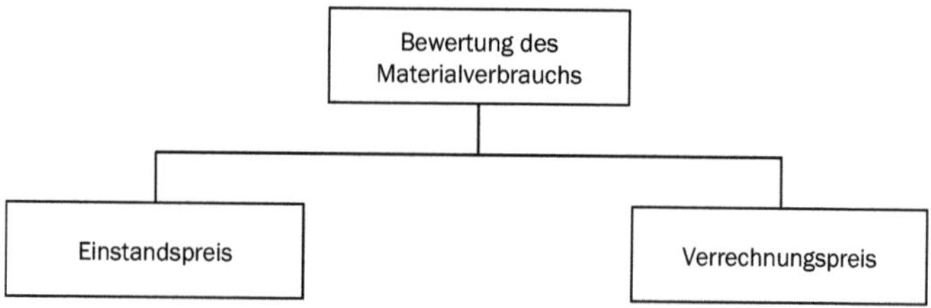

4.1.5.1.2.1 Einstandspreis

Bei einstandspreisorientierten Verfahren der Materialverbrauchsbewertung wird der Materialverbrauch mit dem bei der Beschaffung zu zahlenden Preis, dem Einstandspreis (Beschaffungspreis, Anschaffungspreis), bewertet. Der Einstandspreis ist dementsprechend auch als Istpreis zu charakterisieren. Neben dem **Einkaufspreis** umfasst dieser unmittelbare **Bezugskosten**, z.B. für Fracht, Zoll, Verpackung und Transportversicherung, vermindert um Preisnachlässe, z.B. Rabatte, Boni oder Skonti. Der wertmäßige Materialzugang wird in der Finanzbuchhaltung auf Bestandskonten, der bewertete Verbrauch auf Aufwandskonten erfasst.

Für die Bewertung des Materialverbrauchs – verstanden als zentrale Aufgabe der Materialbuchhaltung (siehe die Kapitel Nebenbuchhaltungen und Materialwirtschaft) – auf Basis von Einstandspreisen, kommen unterschiedliche Ansätze in Betracht. Aufgeführt werden im Folgenden:

- durchschnittliche Einstandspreise
- fiktive Einstandspreise

Durchschnittliche Einstandspreise können auf zwei verschiedene Arten ermittelt werden. Unterscheiden lassen sich einerseits die nachträgliche und andererseits die gleitende Durchschnittsbewertung.

Bei der nachträglichen Durchschnittspreisermittlung wird zum Periodenende ein arithmetischer Durchschnittspreis ermittelt, der sich aus der Summe der wertmäßigen Zugänge (einschließlich des Anfangsbestandes) dividiert durch die Summe der mengenmäßigen Zugänge (einschließlich des Anfangsbestandes) ergibt. Der **nachträgliche Durchschnittspreis** ist in diesem Fall erst nach Ende der Abrechnungsperiode bekannt, d.h. Abgänge bzw. Verbräuche können auch erst am Ende der Periode nachträglich mit diesem Preis bewertet werden. Die grundsätzliche Rechenweise verdeutlicht das folgende Beispiel:[5]

Datum			Wert in €		Wert in €
01.01.	Anfangsbestand	100 kg à 10€	1.000		
05.01.	Zugang	400 kg à 11€	4.400		
09.01.	Abgang			300 kg à 11€	3.300
19.01.	Abgang			100 kg à 11€	1.100
25.01.	Zugang	100 kg à 12€	1.200		
31.01.	Endbestand			200 kg à 11€	2.200

Der nachträgliche Durchschnittspreis, zu dem die Abgänge bzw. Verbräuche bewertet werden, ermittelt sich für das Beispiel wie folgt:

$$Nachträglicher\ \varnothing - \text{Preis} = \frac{Summe\ der\ Zugänge\ (inkl.AB) in\ €}{Summe\ der\ Zugänge\ (inkl.AB) in\ kg} = \frac{6.600€}{600kg} = 11€$$

Die zweite Möglichkeit besteht darin, das Material mit einem **gleitenden Durchschnittspreis** zu bewerten. Hierbei wird nach jedem Zugang ein neuer

[5] Vgl. Schweitzer, M. / Küpper, H. (1995), S. 107.

Durchschnittspreis ermittelt. Für das gleiche Beispiel führt dies zu unterschiedlichen Werten für den Materialverbrauch bzw. die Abgänge und den Materialendbestand:

Datum			Wert in €		Wert in €
01.01.	Anfangsbestand	100 kg à 10€	1.000		
05.01.	Zugang	400 kg à 11€	4.400		
	Zwischenbestand	500 kg à 10,80€			
09.01.	Abgang			300 kg à 10,80€	3.240
19.01.	Abgang			100 kg à 10,80€	1.080
	Zwischenbestand	100 kg à 10,80€	1.080		
25.01.	Zugang	100 kg à 12€	1.200		
31.01.	Endbestand			200 kg à 11,40€	2.280

Der gleitende Durchschnittspreis wird somit laufend an die Schwankungen des Beschaffungspreises angepasst. Gegenüber dem periodischen Durchschnittspreis ist er letztlich zeitnaher und spiegelt eher die tatsächlichen Beschaffungspreise wider.

Wird die entsprechende Formel zur Berechnung des gleitenden Durchschnittspreises im Materialstamm hinterlegt, können sämtliche mittels Materialentnahmescheinen erfassten Abgänge bzw. Verbräuche unmittelbar mit der Entnahme – sofern die entsprechenden Verknüpfungen zwischen Materialstamm und Materialentnahmescheinen in der EDV bestehen – auf Kostenstellen oder Kostenträger kontiert werden.

Von **fiktiven Einstandspreisen** ist die Rede, da bei diesen bei der Bestimmung des Materialpreises von bestimmten – unterstellten und nicht zwingend den tatsächlichen Gegebenheiten entsprechenden – **Verbrauchsfolgen** ausgegangen wird. Aufgeführt werden nachfolgend überblicksartig die folgenden – handelsrechtlich zulässigen – Verfahren zur Ermittlung fiktiver Einstandspreise:

- Lifo-Verfahren
- Fifo-Verfahren

Beim **Lifo-Verfahren** (Last in, first out) wird unterstellt, dass die zuletzt angeschafften Materialien zuerst verbraucht werden. Der Verbrauch wird dementsprechend mit dem **Einstandspreis der zuletzt beschafften Materialien** bewertet. Unterscheiden lassen sich Perioden-Lifo und Permanentes Lifo.

Beim **Perioden-Lifo** wird die gesamte Verbrauchsmenge der Periode mit den Preisen der letzten Zugänge der jeweiligen Periode bewertet. Der Endbestand wird dementsprechend mit den Preisen des Anfangsbestandes und gegebenenfalls den Preisen der ersten Zugänge der Periode bewertet. Rechnerisch kann dies wie folgt dargestellt werden:

Datum			Wert in €		Wert in €
01.01.	Anfangsbestand	100 kg à 10€	1.000		
05.01.	Zugang	400 kg à 11€	4.400		
09.01.	Abgang			100 kg à 12€ 200 kg à 11€	3.400
19.01.	Abgang			100 kg à 11€	1.100
25.01.	Zugang	100 kg à 12€	1.200		
31.01.	Endbestand			100 kg à 11€ 100 kg à 10€	2.100

Im Gegensatz dazu wird beim **Permanten Lifo** jeder einzelne Verbrauch mit dem bzw. den zuletzt gezahlten Einstandspreisen bewertet:

Datum			Wert in €		Wert in €
01.01.	Anfangsbestand	100 kg à 10€	1.000		
05.01.	Zugang	400 kg à 11€	4.400		
09.01.	Abgang			300 kg à 11€	3.300
19.01.	Abgang			100 kg à 11€	1.100
25.01.	Zugang	100 kg à 12€	1.200		
31.01.	Endbestand			100 kg à 12€ 100 kg à 10€	2.200

Zuletzt aufgeführt sei schließlich noch das **Fifo-Verfahren** (First in, first out), bei dem davon ausgegangen wird, dass die zuerst angeschafften Materialien auch zuerst verbraucht werden. Der Materialverbrauch wird dementsprechend mit den Einstandspreisen der zuerst beschafften Materialien, der Endbestand mit den Einstandspreisen der zuletzt beschafften Materialien bewertet.

Datum			Wert in €		Wert in €
01.01.	Anfangsbestand	100 kg à 10€	1.000		
05.01.	Zugang	400 kg à 11€	4.400		
09.01.	Abgang			100 kg à 10€ 200 kg à 11€	3.200
19.01.	Abgang			100 kg à 11€	1.100
25.01.	Zugang	100 kg à 12€	1.200		
31.01.	Endbestand			100 kg à 11€ 100 kg à 12€	2.300

Die Verfahren zur Ermittlung der fiktiven Anschaffungspreise besitzen letztlich primär Bedeutung bei der bilanziellen Bestandsbewertung. In der Kostenrechnung sind sie dagegen nur von geringerer Relevanz. Nachteilig ist bei diesen Verfahren, ebenso wie bei den allerdings häufig angewandten Durchschnittspreisverfahren, dass Schwankungen der Beschaffungspreise in vollem Umfang in die Kostenrechnung eingehen. Werden schließlich Verbrauchsmengen ständig mit unterschiedlichen Preisen bewertet, ist eine sinnvolle Kostenkontrolle kaum mehr möglich.

4.1.5.1.2.2 Festpreis

Um eine sinnvolle Kostenkontrolle zu ermöglichen, ist es in der Praxis häufig sinnvoll mit Festpreisen zu arbeiten. Diese sollten nach Möglichkeit über einen längeren Zeitraum (z.B. ein Jahr) konstant gehalten werden sollten.

Festpreise (Planpreise, Standardpreise) sind ein reines Instrument der Kostenrechnung, bei deren Festlegung für die jeweilige Materialart unterschiedlichste Aspekte Berücksichtigung finden können, z.B. durchschnittliche Beschaffungspreise vergangener Perioden, erwartete Preisentwicklungen oder sonstige Bewertungskriterien. Ihr Ansatz ist charakteristisch für die **Standardkostenrechnung**, in der man sowohl geplante als auch tatsächliche Verbrauchsmengen mit dem Festpreis bewertet. Durch die Konstanz der Preise und die damit einhergehende Eliminierung von Marktpreisschwankungen können Plan- und Istverbrauchsmengen über einen längeren Zeitraum hinweg vergleichbar gemacht werden. Damit wird in der Standardkostenrechnung bei der Bewertung des Materialverbrauchs in besonders starkem Maße die Mengenkomponente der Kosten hervorgehoben; die mengenmäßigen Verhältnisse werden klar ersichtlich.

Da Festpreise nicht aktivierbare kalkulatorische Werte enthalten, können diese in der Finanzbuchhaltung nicht für die bilanzielle Bewertung im Rahmen des Jahresabschlusses verwendet werden. Ihr Ansatz bewirkt somit eine Differenz zwischen den in der Finanzbuchhaltung und der Kostenrechnung angesetzten Materialaufwendungen bzw. Materialkosten, deren Abweichungen auf Preisdifferenzkonten erfasst werden können.

4.1.5.2 Personalkosten

Personalkosten umfassen sämtliche Kosten, die durch den Einsatz der menschlichen Arbeitskraft im Betrieb entstehen. Dabei können unterschieden werden:

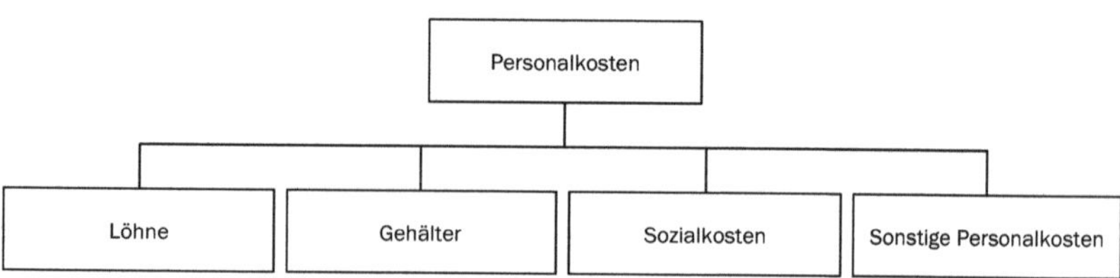

Abbildung 26: Übersicht Personalkostenarten

Die Erfassung der Personalkosten erfolgt in der Lohn- und Gehaltsbuchhaltung, einem Nebenbuch der Finanzbuchhaltung. Der Transfer der Aufwendungen in die Kostenrechnung wird über Zusatzkontierungen auf Kostenstellen oder Kostenträger erreicht (vgl. Abschnitt 4.3 und 4.2).

Wichtig in Bezug auf die Feststellung der **Bruttolöhne** sind **Lohnscheine**, die alle Angaben für die Kontierung auf Kostenstellen oder Kostenträger enthalten sollen, also beispielsweise:

- Personalnummer
- Art der Tätigkeit
- Dauer der Tätigkeit
- Zahl der geleisteten Einheiten oder Stunden
- Anwesenheitszeit
- Kostenstellenummer
- Kostenträgernummer

Diese mitarbeiterbezogenen Daten können auf Lohnscheinen manuell erfasst, oder auch aus Rückmeldedaten der Produktion und BDE-Systemen übernommen werden. Welche Daten auf Lohnscheinen zur Ermittlung des Lohns erfasst werden müssen, hängt von der konkreten Lohnform (z.B. Zeitlohn, Akkordlohn) ab.

Als Grundlage für die Erfassung der **Bruttogehälter** dienen **Personalstammsätze** (die z.B. den Mitarbeiter einer Kostenstelle zuordnen). Zulagen (z.B. Spesen) werden über gesonderte Belege abgerechnet.

4.1.5.2.1 Löhne

Löhne sind das Entgelt, dass der Arbeitgeber dem Arbeiter für geleistete Arbeit zu zahlen verpflichtet ist. Sie können nach der Art der Verrechnung in Fertigungslöhne und Hilfslöhne unterschieden werden. Diese Unterscheidung bezieht sich auf die Klassifizierung der Löhne als Einzel- oder Gemeinkostenarten und damit auf die Differenzierung der Arbeitsleistungen in solche, die unmittelbar der Herstellung eines Produktes dienen, und solche, die nur mittelbar einen Produktbezug aufweisen.

- **Fertigungslöhne** sind klassifiziert als **Einzelkosten**, die unmittelbar einem Kostenträger zurechenbar sind. Sie werden daher auch als Lohneinzelkosten bezeichnet. Der Arbeiter arbeitet (z.B. fräst, sägt, schleift etc.) in diesem Fall direkt am Werkstück selbst. Obwohl die Fertigungslöhne unmittelbar auf Kostenträger kontiert werden könnten, werden sie in der Praxis häufig (zunächst!) auf Kostenstellen verrechnet.
- **Hilfslöhne** sind klassifiziert als **Gemeinkosten**, die nicht unmittelbar einem Kostenträger zurechenbar sind. Dementsprechend können sie le-

diglich auf Kostenstellen verrechnet werden. Beispielsweise können dies Löhne für Lagerarbeiter, Reinigungspersonal oder Pförtner, aber auch für Vorarbeiter oder Meister sein.

Entscheidend für die Art der Erfassung und Berechnung der Löhne ist letztlich die gewählte Lohnform, welche die Bemessungsgrundlage für die Entlohnung der Arbeitstätigkeit festlegt. Als **Lohnformen** sollen nachfolgend aufgeführt werden:

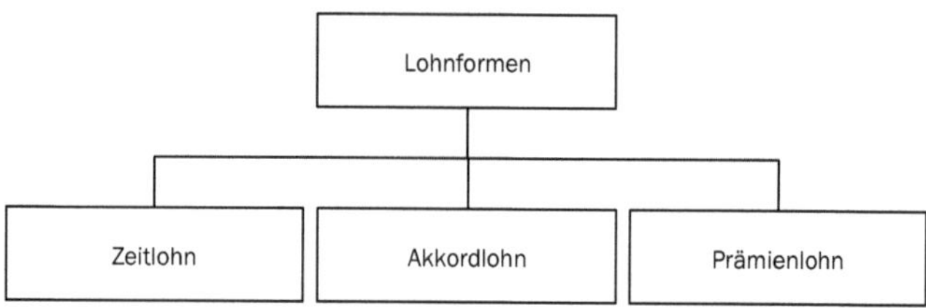

4.1.5.2.1.1 Zeitlohn

Der **Zeitlohn** wird in konstanter Höhe pro Zeiteinheit unabhängig von der in dieser Zeit hervorgebrachten Arbeitsleistung bezahlt; er kann beispielsweise als Stundenlohn (z.B. 15 €/h), Wochenlohn, Monatslohn oder Jahreslohn ausgestaltet sein. Hilfslöhne werden überwiegend in Form von Zeitlöhnen verrechnet; als Bemessungsgrundlage dient dabei die Anwesenheitszeit des entsprechenden Mitarbeiters (vgl. Kapitel 3.7 Zeitleistungen zur Definition der Anwesenheitszeit). Dementsprechend stellt die Erfassung der Anwesenheitszeiten die Grundlage der Abrechnung dar. Sie kann beispielsweise manuell über Zeitlohnscheine, automatisch über Zeitleistungserfassungssysteme oder auch durch Übernahme aus der Betriebsdatenerfassung erfolgen.

Auch wenn sich die Stundenlöhne einzelner Mitarbeiter unterscheiden, beispielsweise aufgrund unterschiedlicher Qualifikation der Mitarbeiter oder unterschiedlichen Anforderungen in Bezug auf die jeweilige Tätigkeit, verwendet man für die Planung der (Zeit-)Lohnkosten zumeist kostenstellenbezogene Durchschnittssätze.

4.1.5.2.1.2 Akkordlohn

Akkordlöhne werden in Abhängigkeit von der erbrachten Arbeitsleistung ausbezahlt. Unterscheiden lassen sich der Stückakkord und der Zeitakkord.

Beim **Geldakkord** (Stückakkord) ergibt sich der Akkordlohn als Produkt aus der innerhalb eines bestimmten Zeitraums abgelieferten Leistungsmenge und einem Stücklohn. Die Berechnung des Stundenlohns kann beim Geldakkord wie folgt vorgenommen werden:

$$Stundenlohn\ (€) = \frac{gefertigte\ Einheiten}{Stunden}\ x\ \frac{Lohn\ (€)}{Mengeneinheit}$$

Hinter dieser Formel verbirgt sich eine nicht unmittelbar erkennbare Zeitvorgabe, eine Sollzeit, die für die Abwicklung bestimmter Arbeitsabläufe angesetzt wird.

Beispiel
Für eine bestimmte Tätigkeit in einer Fertigungskostenstelle wurde ein Akkordzeitsatz von 20 € je Vorgabestunde definiert. Ferner wurde im Rahmen einer Zeitstudie für die Bearbeitung eines bestimmten Werkstücks eine Vorgabezeit von 10 Minuten pro Stück definiert; dies ist die Zeit, die ein Arbeiter bei normaler Arbeitsgeschwindigkeit und einem normalem Leistungsgrad von 100 % für ein Werkstück benötigen sollte. Aus diesen Angaben (Akkordzeitsatz und Stückvorgabezeit) resultiert der Lohn je Mengeneinheit, der Akkordstücksatz von 20 €/ Stunde x 10 Min./Stück / 60 Min./Stunde = 3,33 € je Werkstück.
Fertigt ein Mitarbeiter in einer 8-Stunden-Schicht 54 Werkstücke, so resultiert hieraus ein Leistungslohn für die entsprechende Schicht von 54 Werkstücke x 3,33 € = 180 €. Dieser Wert, dividiert durch die Zahl der in der Schicht geleisteten Stunden, im Beispiel 8 Stunden, ergibt den tatsächlich erzielten Stundenlohn von 22,50 €. Dieses Ergebnis ist nun auf den höheren individuellen Leistungsgrad (von 112,5 % = 54 Werkstücke / 48 Werkstücke) des Mitarbeiters zurückzuführen, der die für die 8-Stunden-Schicht geltende Vorgabe von 48 gefertigten Einheiten (= 8 x 60 Minuten / 10 Min./Stück) um 6 Einheiten übertroffen hat.

Besser ersichtlich ist die Zeitvorgabe beim **Zeitakkord**, der die in der Praxis vorrangig genutzte Form des Akkords ist. Der Stundenlohn lässt sich beim Zeitakkord wie folgt ermitteln:

$$Stundenlohn\ (€) = \frac{Gefertigte\ Einheiten}{Stunde}\ x\ \frac{Vorgabezeit\ (min)}{Einheit}\ x\ \frac{Lohn\ (€)}{Minute}$$

Beispiel
Entsprechend den obigen Angaben fertigte der Mitarbeiter 54 Stück des entsprechenden Werkstücks in einer Achtstundenschicht. Die zu vergütende Vorgabezeit für diese Stückzahl beträgt 54 Stück x 10 Min./Stück = 540 Minuten (bzw. 9 Stunden). Multipliziert mit dem Akkordzeitsatz von 0,33 € je Vorgabeminute (bzw. 20 € Stunde, s.o.) resultiert hieraus der Leistungslohn von 540 Minuten x 0,33 € / Minute = 180 € für die 8-Stunden-Schicht und damit ein erzielter Leistungslohn von 22,50 € je Stunde. Dieser Wert ist nun wiederum auf den höheren individuellen Leistungsgrad (von 112,5 % = 9

Stunden / 8 Stunden) des Mitarbeiters zurückzuführen, der die 54 Mengeneinheiten bereits nach 8 Stunden und nicht erst nach der für diese Menge geltenden Vorgabezeit von 9 Stunden gefertigt hatte.

Wie die Beispiele verdeutlichen, führen Geld- und Zeitakkord zu den gleichen Ergebnissen. In der Praxis wird der Zeitakkord bevorzugt, insbesondere da bei Tarifänderungen für den Zeitakkord lediglich die Akkordzeitsätze der Mitarbeiter angepasst werden müssen, wohingegen beim Geldakkord die aufwendiger zu berechnenden Akkordstücksätze – möglicherweise für ein Vielzahl von Werkstücken – umgerechnet werden müssen.

Akkordlöhne können ausgestaltet sein als Einzelakkord, der sich nur auf die Leistung einer Person bezieht oder auch als Gruppenakkord, nach dem mehrere Personen gemeinsam entlohnt werden. Für jegliche Form von Akkordlöhnen gilt letztlich, dass diese prinzipiell nur angewendet werden sollten bei dauerhaft gleichartigen und repetitiven Tätigkeiten, die exakt messbar sind und darüber hinaus dem Arbeiter die Möglichkeit zur positiven Beeinflussung der Leistungsmengen geben. Die für die Ermittlung der Akkordlöhne erforderlichen Leistungsdaten können über Akkordlohnscheine manuell erfasst oder auch aus Rückmeldedaten der Produktion übernommen werden.

4.1.5.2.1.3 Prämienlohn

Schließlich bleibt als weitere Lohnform insbesondere noch der **Prämienlohn** zu erwähnen, der beispielsweise gewährt wird, wenn die tatsächliche Leistung des Arbeitnehmers über der Normalleistung liegt (Mengenleistungsprämie) oder Ausschuss und Nacharbeit unter einem Soll-Wert liegen (Qualitätsprämie). Prämienlöhne ergänzen einen Grundlohn, der zumeist ein Zeitlohn ist, und können als Einzel- oder auch Gruppenprämien gewährt werden. Die Erfassung der relevanten Leistungsdaten kann manuell über Prämienlohnscheine erfolgen oder es können Rückmeldedaten der Produktion übernommen werden.

4.1.5.2.2 Gehälter

Gehälter sind zumeist fixe Gemeinkosten, die für kaufmännische und technische Angestellte in Form von Zeitlöhnen ausbezahlt werden. Sie lassen sich dementsprechend auch zumeist nicht unmittelbar einem bestimmten Kostenträger zurechnen. Ausnahmefälle bestätigen die Regel. Sind Angestellte beispielsweise unmittelbar an der Produktion beteiligt, können ihre Gehälter gegebenenfalls auch als Einzelkosten verrechnet werden. Auch die Gehälter von Produktmanagern oder Meistern, deren Arbeit ausschließlich Bezug zu einem Produkt aufweist, können gegebenenfalls unmittelbar bestimmten Kostenträgern zugerechnet werden.

4.1.5.2.3 Sozialkosten

Sozialkosten sind die über die Bruttolöhne und -gehälter hinausgehenden Kosten, die für

- gesetzliche,
- tarifliche oder
- freiwillige

Sozialleistungen des Arbeitgebers anfallen.

Zu den **gesetzlichen Sozialkosten** zählen vor allem Arbeitgeberanteile zur Renten-, Kranken-, Arbeitslosen- und Pflegeversicherung sowie Beiträge zur gesetzlichen Unfallversicherung. Für die für Lohnfortzahlung im Krankheitsfall fallen ebenfalls gesetzlich bedingte Sozialkosten an.

Tarifliche Sozialkosten resultieren aus tarifvertraglich vereinbarten Arbeitgeberleistungen, die über die gesetzlichen Verpflichtungen hinausgehen.

Freiwillige Sozialkosten haben ihren Ursprung in Betriebsvereinbarungen zwischen Arbeitgeber und Arbeitnehmern oder resultieren aus individualvertraglichen Vereinbarungen. Unterschieden werden kann in diesem Zusammenhang zwischen direkten und indirekten Sozialkosten:

- Direkte freiwillige Sozialkosten sind primäre Kosten, die aus direkten Leistungen des Arbeitgebers an die Arbeitnehmer resultieren, beispielsweise freiwilligen Pensionszusagen oder Jubiläumszahlungen.
- Indirekte freiwillige Sozialkosten sind sekundäre Kosten, die aus indirekt dem Arbeitnehmer zugute kommenden Leistungen resultieren. Dies sind beispielsweise Kosten für betriebseigene Kinderkrippen oder Sportanlagen, deren primäre Kosten (z.B. für Personal oder Betriebsmittel) auf Kostenstellen erfasst und anschließend weiterverrechnet werden. Letzteres geschieht allerdings nicht in der Kostenartenrechnung, sondern der Kostenstellenrechnung.

Die Grenzen zwischen gesetzlichen, tariflichen und freiwilligen Sozialkosten sind fließend. Beispielsweise kann sich eine Urlaubsentlohnung aus einem gesetzlichen Mindestbetrag, tariflich vereinbarten und freiwillig vom Unternehmen geleisteten Bestandteilen zusammensetzen. Die auf diesen Betrag zu zahlenden Sozialversicherungsbeiträge haben wiederum gesetzlichen Charakter.

Als Problem bei der Erfassung der Personalkosten ergibt sich, dass bestimmte Zahlungen im Personalbereich aperiodisch bzw. nur in bestimmten Monaten anfallen, z.B. Urlaubs- und Weihnachtsgeld oder 13. Monatseinkommen. Derlei Kosten sollten durch Abgrenzungsbuchungen auf das ganze Jahr verteilt werden, da andernfalls einzelne Monate, z.B. der November/Dezember (Weihnachtsgeld) oder typische Urlaubsmonate einer übermäßigen und ungerechtfertigten Belastung unterlägen. In diesem Fall würde in den Monaten, in denen keine aperiodischen Zahlungen anfallen, ein zu hohes Betriebsergebnis ausgewiesen, während in den Monaten, in denen diese Zahlungen anfallen, ein zu niedriges Betriebsergebnis ausgewiesen würde. Empfehlenswert ist daher eine Periodisierung dieser Kosten, die dazu führt, dass die Erfassung der entsprechenden Kostenarten unterjährig als Anderskostenarten erfolgt, um Schwankungen auszugleichen. Eine Abstimmung der Abgrenzungsbuchungen erfolgt entweder unterjährig mit der Erfassung der tatsächlichen Kosten oder zum Jahresende.

4.1.5.2.4 Sonstige Personalkosten

Sonstige Personalkosten resultieren zumeist aus Veränderungen im Personalbereich. Beispielhaft können aufgeführt werden:

- Kosten für die Anwerbung neuer Mitarbeiter (z.B. für Inserate)
- Beihilfen zu Umzugskosten
- Vorstellungskosten
- Abfindungskosten

Klassischerweise sind die sonstigen Personalkosten den Gemeinkosten zuzurechnen.

4.1.5.3 Dienstleistungskosten

Dienstleistungskosten resultieren aus Leistungen, die das Unternehmen von außenstehenden Dienstleistern bezieht. Das Spektrum möglicher Kostenarten ist in diesem Sinne auch schier unendlich; beispielhaft genannt seien Transport-, Werbe-, Versicherungs-, Beratungs-, Prüfungs- und Mietkosten, Leasinggebühren oder aus Forschungs- und Entwicklungsleistungen resultierende Kosten. Auch Kosten für Wasser, Strom und Gas werden teilweise unter die Dienstleistungskosten subsumiert, obgleich sie streng genommen Betriebsstoffkosten bzw. Materialkosten sind. Ferner können auch Instandhaltungskosten (Instandsetzungskosten, Inspektionskosten, Wartungskosten) als Dienstleistungskosten angesetzt werden; allerdings sind aus innerbetrieblichen Instandhaltungsleistungen resultierende (sekundäre) Instandhaltungskosten nicht den Dienstleistungskosten zuzurechnen, da sie von internen Dienstleistern erbracht werden.

Erfassungsprobleme ergeben sich bei den Dienstleistungskosten in der Regel nicht, da die für ihre Erfassung notwendigen Belege in Form von Rechnungen in der Finanzbuchhaltung vorliegen. Zusatzkontierungen gewährleisten dementsprechend den Transfer der Dienstleistungskosten in die Kostenrechnung.

Einzig die Abgrenzung aperiodisch anfallender Aufwendungen, z.B. nur einmal jährlich zu entrichtender Versicherungsbeiträge kann als Problembereich in

Bezug auf die Erfassung der Dienstleistungskosten aufgeführt werden. Rechentechnisch geht man hierbei so vor, wie bei der Periodisierung von Personalnebenkosten (z.B. den Urlaubslöhnen oder dem Weihnachtsgeld). Die unregelmäßig anfallenden Aufwendungen werden vorab der Höhe nach geschätzt und (monatlich) kalkulatorisch verrechnet. Der Abgleich der kalkulatorischen Werte und der tatsächlichen Aufwendungen wird über ein Abgrenzungskonto erreicht, dem die kalkulatorischen Werte gutgeschrieben und die tatsächlichen Aufwendungen belastet werden. Werden die Konten abgeschlossen, können etwaige Salden auf dem Abgrenzungskonto als zu viel oder zu wenig verrechnete Dienstleistungskosten beispielsweise in die Ergebnisrechnung übernommen werden.

4.1.5.4 Öffentliche Abgaben

Öffentliche Abgaben umfassen die in Form von Gebühren, Beiträgen und Steuern zu leistenden Zahlungen an die öffentliche Hand. Inwieweit Öffentliche Abgaben und insbesondere Steuern den Charakter von Kosten aufweisen, wurde und wird in der Wissenschaft kontrovers diskutiert; auf eine ausführliche Wiedergabe dieser Diskussion wird an dieser Stelle verzichtet.

Gebühren fallen für die Inanspruchnahme von Leistungen öffentlichrechtlicher Institutionen an, beispielsweise für technische Abnahmen von Betriebsstätten durch die Gewerbeaufsicht. **Beiträge** werden von der Unternehmung an bestimmte Selbstverwaltungsorgane, beispielweise Industrie- und Handelskammern, bezahlt. Sofern Gebühren oder Beiträge der Aufrechterhaltung der Betriebsbereitschaft oder unmittelbar der Leistungserstellung dienen, handelt es sich um öffentliche Abgaben mit Kostencharakter, die in der Kostenrechnung berücksichtigt werden sollten.

Als **Steuern**, denen der Charakter von Kosten zugewiesen wird, können beispielhaft die Kraftfahrzeugsteuer, die Grundsteuer (die allerdings streng genommen nur Kostencharakter hat, sofern der Grundbesitz für die Leistungserstellung erforderlich ist, was beispielsweise bei vermieteten Gebäuden ggf. nicht der Fall ist) und Verbrauchssteuern (z.B. Mineralöl-, Brandwein-, Tabaksteuer) aufgeführt werden. Steuern deren Bemessungsgrundlage der Gewinn bzw. das Einkommen darstellt, also insbesondere die (vom Anteilseigner zu entrichtende) Einkommenssteuer und die (vom Unternehmer zu entrichtende) Körperschaftssteuer wird meist der Kostencharakter abgesprochen. Bemessungsgrundlage für die Erhebung der Gewerbeertragssteuer ist der steuerrechtliche Gewinn aus Gewerbetrieb (§ 7 S.1 Gewerbesteuergesetz); teilweise wird empfohlen, diese als Kostensteuer in der Kostenrechnung zu berücksichtigen, teilweise jedoch auch, sie als Gewinnsteuer nicht in die Kostenrechnung einfließen zu lassen. Die Entscheidung bleibt letztlich jedem Unternehmer selbst überlassen.

4.1.5.5 Kalkulatorische Kosten

Kalkulatorische Kosten sind – wie bereits dargestellt – jene Kosten, denen entweder kein Aufwand (Zusatzkosten) oder Aufwand in anderer Höhe (Anderskosten) gegenübersteht.

Für den Ansatz kalkulatorischer Kosten in der Kostenrechnung spricht, dass dadurch Unregelmäßigkeiten und Zufälligkeiten ausgeschaltet werden können und auch der Werteverzehr jener Produktionsfaktoren Berücksichtigung findet, der – aufgrund handels- oder steuerrechtlicher Vorschriften – in der Finanzbuchhaltung nicht zu Aufwendungen führt. Letztlich kann somit dem Grundsatz der Kostenrechnung entsprochen werden, sämtliche Kosten verursachungs- und periodengerecht in der für sie geeigneten Höhe zu erfassen. Als Gegenargument wider den Ansatz kalkulatorischer Kosten sei jedoch exemplarisch aufgeführt, dass es z.B. keinen Sinn ergibt, mühsam kalkulatorische Zinsen zu ermitteln, wenn diese am Markt bzw. im Rahmen von Preisverhandlungen sowieso nicht durchsetzbar sind. Auf die Auseinandersetzung mit dem Thema der kalkulatorischen Kosten sollte allerdings keinesfalls verzichtet werden.

Neben den bereits angesprochenen periodisierten Personalzusatzkosten (z.B. den periodisierten Urlaubslöhnen oder Weihnachtsgeldern) zählen insbesondere die folgenden Kostenarten zu den kalkulatorischen Kosten:

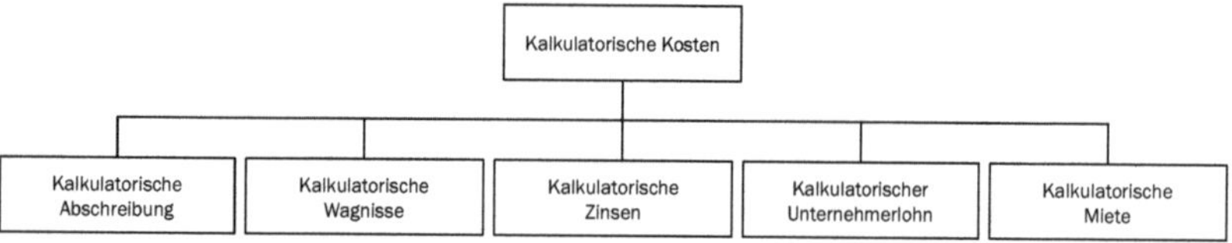

Abbildung 27: Übersicht kalkulatorische Kostenarten

Kalkulatorische Abschreibungen und kalkulatorische Wagnisse sind prinzipiell als Anderskosten, denen ein Aufwand in anderer Höhe in der Finanzbuchhaltung gegenübersteht, zu qualifizieren. Der kalkulatorischen Miete und dem kalkulatorischen Unternehmerlohn stehen (aus rechtlichen Gründen) keine Aufwendungen in der Finanzbuchhaltung gegenüber; sie sind dementsprechend Zusatzkosten. Gleiches gilt für die kalkulatorischen Eigenkapitalzinsen. Fremdkapitalzinsen werden hingegen auch in der Finanzbuchhaltung verbucht, jedoch kann deren Höhe von den in der Kostenrechnung angesetzten Werten abweichen; demnach sind die kalkulatorischen Fremdkapitalzinsen Anderskosten.

4.1.5.5.1 Kalkulatorische Abschreibungen

Im Hinblick auf die kalkulatorischen Abschreibungen sollen im Folgenden drei Fragestellungen behandelt werden:

- Welche Abschreibungsarten können unterschieden werden (Abschreibungsarten)?
- Wie kann die Höhe der kalkulatorischen Abschreibungen ermittelt werden (Vorgehensweise bei der Ermittlung kalkulatorischer Abschreibungen)?
- Wie können die kalkulatorischen Abschreibungen buchhalterisch abgegrenzt werden (buchhalterische Behandlung kalkulatorischer Abschreibungen)?

Die Berechnung der kalkulatorischen (und ebenso der bilanziellen) Abschreibungen erfolgt in der **Anlagenbuchhaltung**, in der sämtliche relevanten Daten für jede einzelne Anlage erfasst und verwaltet werden müssen; dies sind beispielsweise Daten wie Anlagenummer, Kostenstellenzuordnung, Anschaffungstag, Anlagenkonto, Anschaffungskosten nach § 255 HGB, Wiederbeschaffungskosten, voraussichtliche Nutzungsdauer, Abschreibungsmethode, Abschreibungssatz, Abschreibungsbetrag, aktueller Buchwert u.a.

4.1.5.5.1.1 Abschreibungsarten

Durch **planmäßige Abschreibungen** wird der ordentliche Nutzungsverzehr des Anlagevermögens in Form von Kosten in der Kostenrechnung und in Form von Aufwand in der Gewinn- und Verlustrechnung periodisch erfasst. Als Anlagevermögen gelten nach § 266 HGB immaterielle Vermögensgegenstände (z.B. Konzessionen, gewerbliche Schutzrechte, Lizenzen), Sachanlagen (z.B. Grundstücke, Gebäude, technische Anlagen, Betriebs- und Geschäftsausstattung) sowie Finanzanlagen (z.B. Anteile an verbundenen Unternehmen, Beteiligungen). Die späteren Ausführungen beschränken sich jedoch – unter Verwendung des Begriffs Betriebsmittel – auf Sachanlagen, die der Abnutzung unterliegen, also z.B. Gebäude oder Maschinen.

Weiterhin wird der Begriff Abschreibungen auch für unplanmäßige bzw. außerordentliche Wertminderungen des Anlage- und des Umlaufvermögens verwendet. Solche **außerplanmäßige Abschreibungen** können beispielsweise die Ursache plötzlicher und unerwarteter Katastrophenschäden sein oder auch durch sinkende Wertpapierkurse, Wertminderungen von Beständen oder Forderungsverluste bedingt sein.

Bilanzielle Abschreibungen müssen dem Prinzip der nominellen Kapitalerhaltung des Unternehmens gerecht werden (Anschaffungswertprinzip). Die historischen Anschaffungs- oder Herstellungskosten (§ 255 HGB) bilden die Wertobergrenze bei der Bemessung der Abschreibungen; höhere Wiederbeschaffungskosten dürfen nicht angesetzt werden. Maßgeblich sind die Vorschriften des Handelsrechtes (§ 253 HGB) sowie des Steuerrechtes (§ 7 EStG). Die handelsrechtliche Nutzungsdauer der abzuschreibenden Vermögensgegenstände kann sich an den bilanzpolitischen Zielen ausrichten – zumindest sofern die Grundsätze ordnungsgemäßer Buchführung gewahrt bleiben. Im Steuerrecht sollte sich die Nutzungsdauer an den sogenannten AfA[6]-Tabellen ausrichten; dies sind erschöpfenden Auflistungen, welche die Nutzungsdauer für sämtliche nur erdenklichen Anlagegüter angeben und den Abschreibungszeitraum nach unten hin begrenzen. Die steuerrechtliche Zulässigkeit von Abschreibungsverfahren ist in § 7 EStG sehr exakt definiert; handelsrechtlich müssen die Abschreibungsverfahren den Grundsätzen ordnungsgemäßer Buchführung genügen. Aus steuerlichen Gründen wird mit bilanziellen Abschreibungen häufig die Zielsetzung verbunden sein, in den Jahresabschlüssen möglichst hohe Abschreibungen und damit niedrige Gewinne auszuweisen.

Zielsetzung der **kalkulatorischen Abschreibungen** ist es, möglichst verursachungsgerecht den tatsächlichen Werteverzehr des Abschreibungsobjektes abzubilden. Für ihre Bemessung existieren keine gesetzlichen Regelungen; sie richtet sich auch nicht an gesetzlichen Vorschriften oder bilanzpolitischen Zielen, sondern an den Informationsbedürfnissen der internen Informationsempfänger aus. Die Wahl des Abschreibungsverfahrens steht dem Unternehmen ebenso frei wie die Bestimmung der Nutzungsdauer des Betriebsmittels oder das Vornehmen von Abschreibungen an Vermögensgegenständen, die bilanziell bereits vollständig abgeschrieben sind (Abschreibungen unter null). Auch eine Bindung an das handels- und steuerrechtliche Anschaffungswertprinzip besteht nicht. Vielmehr sollten die kalkulatorischen Abschreibungen dem Grundsatz der substanziellen Kapitalerhaltung folgen. Abschreibungen auf Basis der Anschaffungskosten können diesem Grundsatz nur gerecht werden, sofern sich die Preise der entsprechenden Betriebsmittel zumindest der Tendenz nach konstant verhalten. Hingegen droht, falls Anschaffungs- oder Herstellungskosten die Abschreibungsgrundlage bilden, bei steigenden Wiederbeschaffungskosten die Betriebssubstanz angegriffen zu werden, da bis zum Ausscheiden der Betriebsmittel möglicherweise nicht die für deren Wiederbeschaffung erforderlichen Abschreibungsbeträge verdient wurden.

Die kalkulatorischen Abschreibungen sollen lediglich den planmäßigen (ordentlichen) Werteverzehr an Betriebsmitteln erfassen. Außerplanmäßige (außerordentliche) Werteverzehre, die z.B. durch unvorhersehbare Katastrophen hervorgerufen werden, finden in der Kostenrechnung durch den Ansatz kalkulatorischer Wagnisse Berücksichtigung.

Nach Haberstock und anknüpfend an die vorangegangen Ausführungen kann folgende Systematisierung der Abschreibungen vorgenommen werden:

---

[6] AfA steht für Absetzung für Abnutzung und entspricht dem handelsrechtlichen Begriff der planmäßigen Abschreibungen. Vgl. Wöhe, G./ Kußmaul, H. (2006), S. 237.

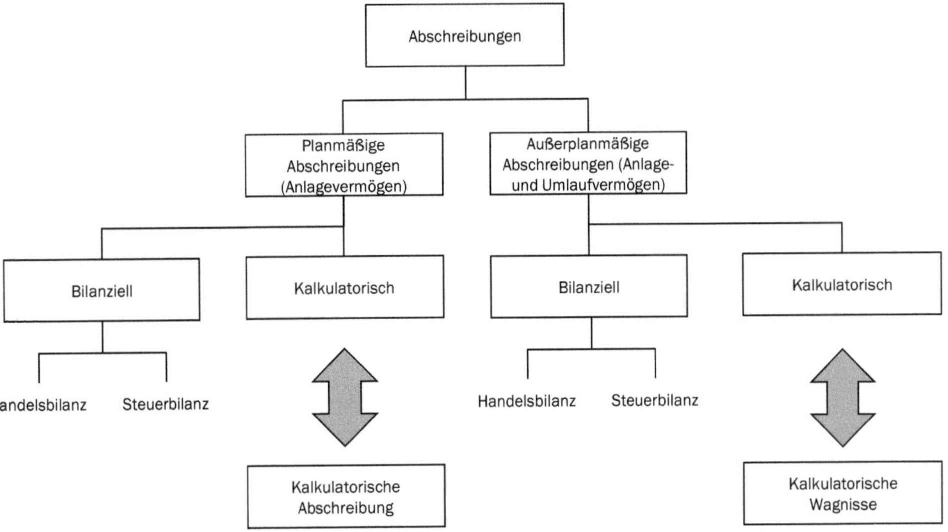

Abbildung 28: Systematisierung der Abschreibungen

4.1.5.5.1.2 Vorgehensweise bei der Ermittlung kalkulatorischer Abschreibungen

Die grundsätzliche Vorgehensweise bei der Ermittlung der kalkulatorischen Abschreibungen lässt sich durch drei Schritten beschreiben:

- Bestimmung der Ursache des Wertverlustes (und darauf aufbauend Schätzung der Betriebsleistung und / oder der Nutzungsdauer)
- Bestimmung des Basiswertes
- Bestimmung der Abschreibungsmethode

Bestimmung der Ursache des Wertverlustes

Der Wertverzehr von Betriebsmitteln lässt sich auf unterschiedliche Ursachen zurückführen. Diese reichen von Wertminderungen durch Katastrophen (die allerdings an dieser Stelle keine Berücksichtigung finden sollen, da durch kalkulatorische Abschreibungen nur der ordentliche Werteverzehr von Betriebsmitteln erfasst soll!) über Wertminderungen aufgrund von Nachfrageverschiebungen bis hin zu Wertminderungen aufgrund technischen Fortschrittes. In der Literatur sind diesbezüglich unterschiedlichste Kategorisierungen vorgeschlagen worden. Hier sei folgende Unterscheidung bezüglich der Ursachen des Wertverlustes von Betriebsmitteln aufgeführt:

- Werteverlust aufgrund von Gebrauchsverschleiß
- Werteverlust aufgrund von Zeitverschleiß

Dies führt letztlich zu der Unterscheidung zwischen Zeitabschreibungen, die fixer Natur sind, und Gebrauchsabschreibungen, die variabler Natur sind (Abbildung 29):

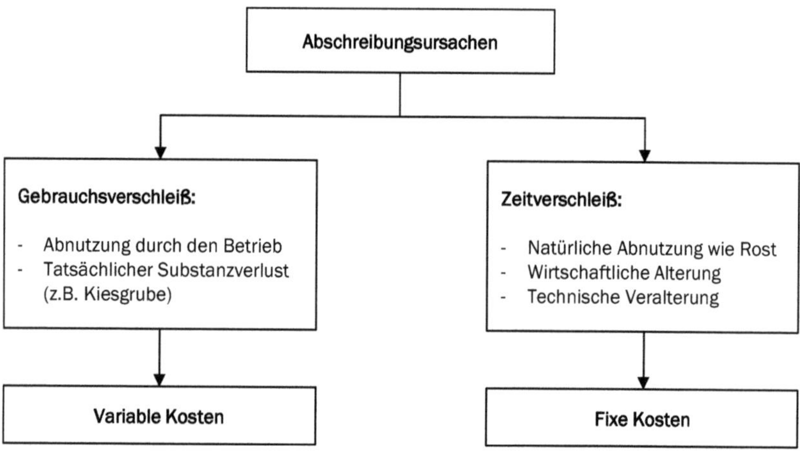

Abbildung 29: Abschreibungsursachen

Liegt die Ursache des Werteverzehrs in einem Gebrauchsverschleiß, ist der erste Schritt zur Ermittlung der kalkulatorischen Abschreibungen die Schätzung der gesamten Betriebsleistung des Betriebsmittels (z.B. in Kilometern oder Betriebsstunden). Im Falle des Zeitverschleißes ist die Schätzung der voraussichtlichen wirtschaftlichen Nutzungsdauer erforderlich. Häufig sind sowohl Gebrauchs- als auch Verbrauchsverschleiß ursächlich für den Wertverlust von Betriebsmitteln. Daher scheint es sinnvoll, eine Aufspaltung der Abschreibungen in fixe und variable Bestandteile vorzunehmen. In der Praxis dürfte dies jedoch in vielen Fällen nur sehr schwer umsetzbar sein.

Bestimmung des Basiswertes

Der zweite Schritt zur Ermittlung der kalkulatorischen Kosten besteht in der Ermittlung des abzuschreibenden Basiswertes. Als mögliche Basiswerte kommen in Betracht:

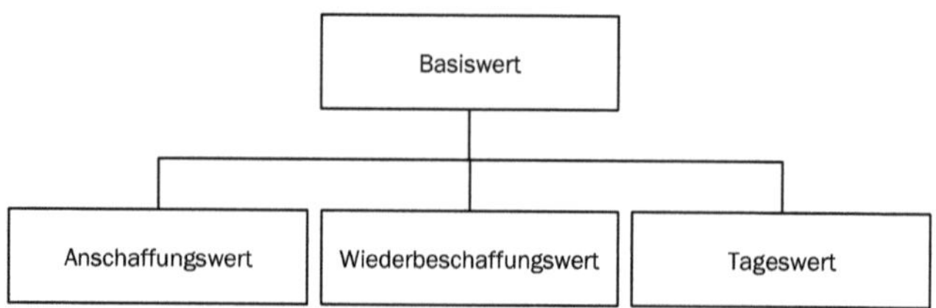

Bei Anwendung des **Anschaffungswertes** wird in der Kostenrechnung der Wertansatz der bilanziellen Abschreibungen verwendet – die historischen Anschaffungs- oder Herstellungskosten (§ 255 HGB). Die Anschaffungskosten, die bei gekauften Anlagegütern angesetzt werden, entsprechen dem Anschaffungspreis zuzüglich Anschaffungsnebenkosten (z.B. Verpackungskosten, Transportkosten, Versicherungskosten, Einfuhrzölle, Montagekosten) und abzüglich Anschaffungspreisminderungen (z.B. Skonti, Gutschriften). Die Herstellungskosten werden bei selbst erstellten Anlagegütern angesetzt. Die Problematik des Ansatzes von Anschaffungswerten wurde bereits aufgeführt: Steigen diese im Zeitablauf, ist nicht gewährleistet, dass über die auf ihrer Basis ermittelten Abschreibungsbeträge die Ersatzbeschaffung aus den aufgelaufenen Abschreibungswerten erfolgen kann.

Um die Erwirtschaftung der Ersatzbeschaffung bis zum Ende des Abschreibungszeitraumes zu gewährleisten, ist es erforderlich, den **Wiederbeschaffungswert** für diesen Zeitpunkt zu bestimmen und in die Abschreibungen einfließen zu lassen. Zu dessen Berechnung kann auf Preisindizes oder auch auf Schätzungen zurückgegriffen werden. Die Problematik ist darin zu sehen, dass es insbesondere bei langlebigen Investitionsgütern (z.B. bei Maschinen, die über 15 Jahre, oder bei Gebäuden, die über 40 Jahre abgeschrieben werden) kaum möglich ist, eine hinreichend genaue Prognose über die künftigen Preisentwicklungen abzugeben. Behelfen kann man sich indem nicht der Wiederbeschaffungswert des Ersatzzeitpunktes, sondern der Wiederbeschaffungswert des aktuellen Jahres – der **Tageswert** – als Grundlage für die Abschreibung verwendet wird. Hierbei ergibt sich i.d.R. der Effekt, dass die kumulierten Abschreibungen zum Ende der Nutzungsdauer zwar den Anschaffungswert übersteigen, den Wiederbeschaffungswert jedoch nicht erreichen. Die Erhaltung der Betriebssubstanz ist dann nicht gewährleistet. Ein Nachteil ist ferner, dass die Abschreibungshöhe jedes Jahr neu ermittelt werden muss. Damit einher geht ein gewisser Verlust an Übersichtlichkeit.

Sofern z.B. aufgrund der betrieblichen (Des-)Investitionsstrategie die Anlagegüter regelmäßig deutlich vor Ablauf der technisch-wirtschaftlichen Nutzungsdauer verkauft werden oder auch mit (nennenswerten) Schrotterlösen zu rechnen ist, kann es auch sinnvoll sein einen gegebenenfalls anfallenden Restwert bei der Berechnung des Abschreibungsausgangswertes einzubeziehen. Dieser Ausgangswert bzw. das Abschreibungsvolumen ergibt sich dann als Differenz aus Basiswert und planmäßigem Verkaufswert; die Abschreibungsdauer entspricht dann dem Zeitraum der zwischen Erwerb und planmäßigem Zeitpunkt des Verkaufs liegt.

Bestimmung der Abschreibungsmethode

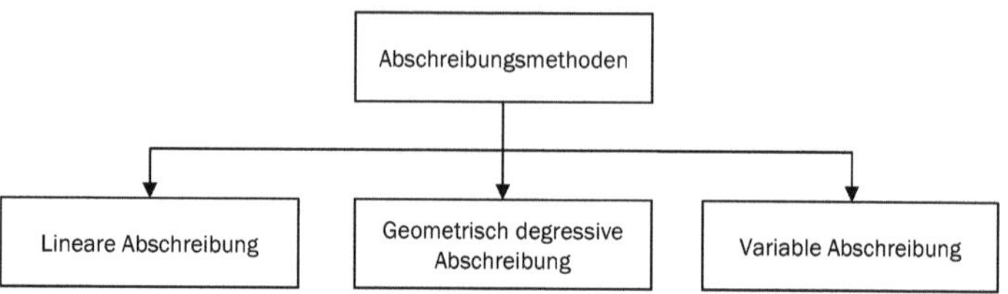

Die Berechnung der Abschreibungen kann nach verschiedenen Methoden durchgeführt werden. Aufgeführt werden im Folgenden:

Praktisch kaum von Relevanz ist die hier nicht aufgeführte progressive Abschreibung, die von im Laufe der Nutzungsdauer steigenden Werteverzehrehren ausgeht.

Die lineare, die geometrisch-degressive sowie die variable Abschreibung können wie folgt beschrieben werden:

Die **lineare Abschreibung** ist eine zeitabhängige Abschreibung. Sie geht von einem gleichmäßigen Werteverzehr im Laufe der Nutzungsdauer aus. Abgeschrieben wird stets ein gleichbleibender Prozentsatz vom Basiswert (abzüglich eines eventuell erwarteten Verkaufswertes), was gleichbedeutend damit ist, dass der Basiswert in gleichen Beträgen auf die Nutzungsdauer verteilt wird.

$$Lineare\ Abschreibung = \frac{Basiswert - Verkaufswert}{Nutzungsdauer}$$

Beispiel

Eine neue Maschine wird zum Wert von 300.000 € erworben. Die Anschaffungskosten bilden den Basiswert. Die Nutzungsdauer wurde auf 6 Jahre geschätzt. Ein Verkaufswert wird nicht angesetzt:

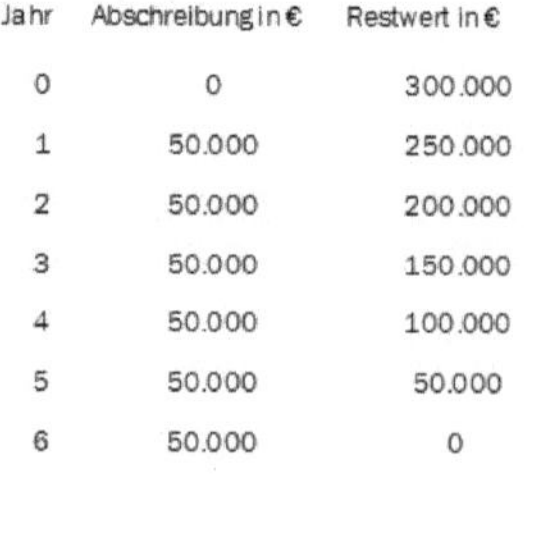

Jahr	Abschreibung in €	Restwert in €
0	0	300.000
1	50.000	250.000
2	50.000	200.000
3	50.000	150.000
4	50.000	100.000
5	50.000	50.000
6	50.000	0

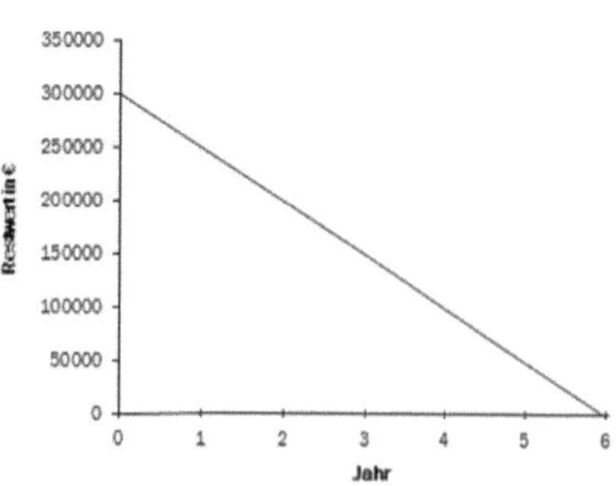

Wird für dieselbe Maschine bei gleicher Nutzungsdauer noch mit einem Verkaufswert in Höhe von 60.000 € gerechnet, ergibt sich folgendes Bild:

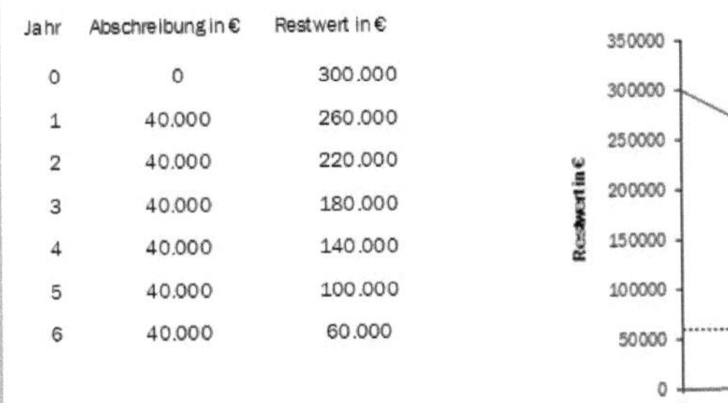

Jahr	Abschreibung in €	Restwert in €
0	0	300.000
1	40.000	260.000
2	40.000	220.000
3	40.000	180.000
4	40.000	140.000
5	40.000	100.000
6	40.000	60.000

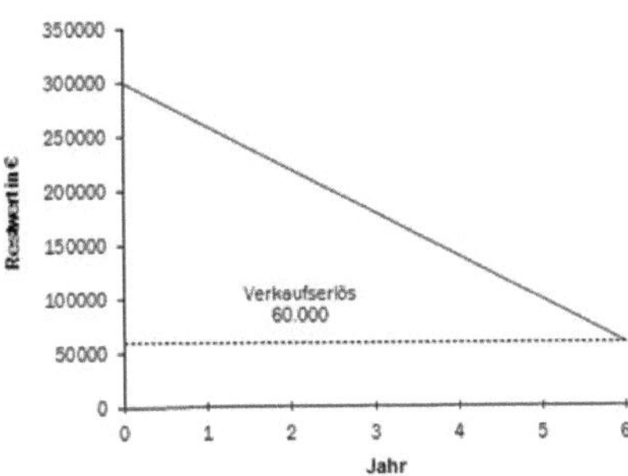

In der Praxis ist die lineare Abschreibung das am häufigsten verwendete Verfahren. Ihr Vorteil liegt neben der einfachen rechentechnischen Handhabung darin, dass sie die Kosten gleichmäßig auf die Nutzungsdauer verteilt. Nachteilig ist, dass lineare Abschreibungen zeitproportional und nicht beschäftigungsabhängig verlaufen. Daher sind sie fixe, nicht direkt zurechenbare Gemeinkosten.

Die **degressive Abschreibung** geht von einem anfänglich höheren und im Zeitablauf abnehmenden Werteverzehr aus. Unterscheiden lassen sich hierbei die geometrisch-degressive und die arithmetisch-degressive Abschreibung. Letztere sei jedoch unterschlagen, da ihr kaum eine Bedeutung in der Kostenrechnung zukommt.

Bei der geometrisch-degressiven Abschreibung wird jährlich ein gleichbleibender Prozentsatz des Restbuchwertes abgeschrieben. Daher gelangt man allein mit dieser Methode – ohne einen Übergang zur linearen Methode – auch nie zum Restbuchwert von null. Rechnerisch kann der Abschreibungsbetrag wie folgt ermittelt werden:

Abschreibung = Restwert x Abschreibungssatz in %

Der Abschreibungssatz kann in Abhängigkeit des für das Ende der Nutzungsdauer angestrebten Restbuchwertes nach folgender – hier nicht näher erläuterten – Formel ermittelt werden:

$$p = 100\,x\,(1 - \sqrt[N]{\frac{RW}{AK}})$$

Hierbei gilt:

p = Abschreibungssatz

N = Nutzungsdauer

RW = Restbuchwert zum Ende der Nutzungsdauer

AK = Anschaffungskosten

Beispiel

Die oben aufgeführte Maschine (Nutzungsdauer 6 Jahre, Anschaffungskosten 300.000 €) soll in 6 Jahren geometrisch-degressiv bis auf den gewünschten Verkaufswert von 53.393,6 € abgeschrieben werden. Der hierfür erforderliche Abschreibungssatz p beträgt gemäß obiger Formel 25 %.

(Anmerkung: Steuerrechtlich ist die geometrisch-degressive Abschreibung nur zulässig für bewegliche Wirtschaftsgüter des Anlagevermögens. Ferner dürfen maximal der zweifache Satz der linearen Abschreibung und maximal 20 % der Anschaffungs- oder Herstellungskosten abgeschrieben werden (§ 7 Abs. 2 EStG). Der hier zur Anwendung kommende Abschreibungssatz von 25 % ist dementsprechend steuerrechtlich nicht zulässig – in der Kostenrechnung jedoch nicht zu beanstanden.)

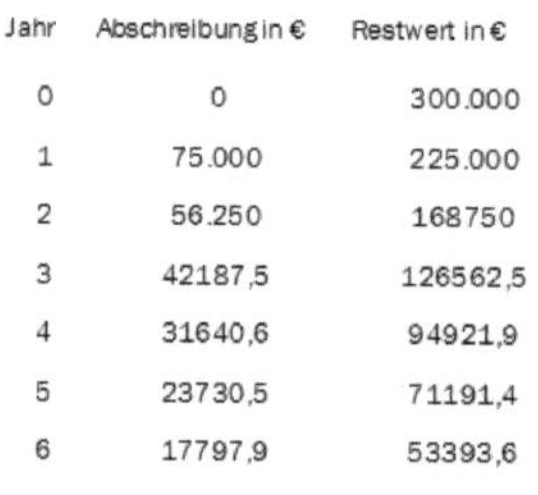

Jahr	Abschreibung in €	Restwert in €
0	0	300.000
1	75.000	225.000
2	56.250	168750
3	42187,5	126562,5
4	31640,6	94921,9
5	23730,5	71191,4
6	17797,9	53393,6

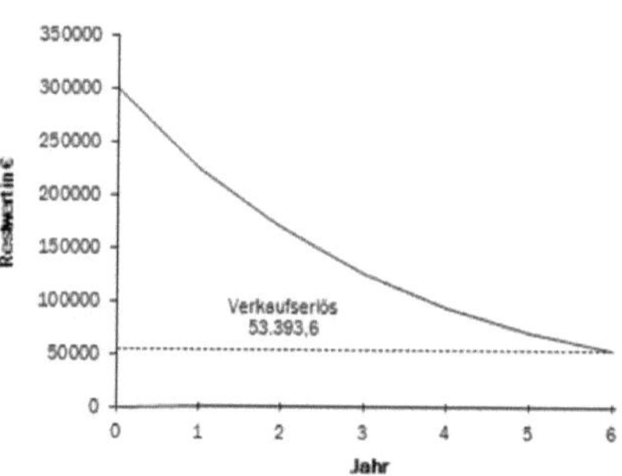

Positiv in Bezug auf die geometrisch-degressive Abschreibungen ist hervorzuheben, dass der Wertminderungsverlauf vieler neu beschaffter Betriebsmittel tatsächlich degressiv verläuft (man denke an Kraftfahrzeuge). Negativ ist anzumerken, dass die Abschreibungen in den ersten Abschreibungsperioden zu besonders hohen, nicht durch die Leistungserstellung bedingten Kosten führen, während die späteren Abschreibungsperioden einer geringeren Fixkostenbelastung unterliegen. Der Kostenanfall verläuft somit höchst ungleichmäßig. Allerdings wird dieser negative Effekt tendenziell durch die in den Anfangsjahren eher geringer ausfallenden Instandhaltungs- und Wartungskosten ausgeglichen, wodurch sich in Summe ein gleichmäßiger Kostenverlauf ergeben kann.

Variable Abschreibung

Mittels variabler Abschreibungen wird der Versuch unternommen, den Werteverzehr der Betriebsmittel auf Basis der Inanspruchnahme zu erfassen. Maßgeblich für die Bemessung der Abschreibung ist dementsprechend auch der Umfang der Beanspruchung des Betriebsmittels, der beispielsweise in produzierten Stücken, gefahrenen Kilometern oder Betriebsstunden gemessen wird. Rechnerisch lässt sich die Höhe der variablen Abschreibung einer Periode ermitteln, indem der Basiswert des Betriebsmittels (ggf. abzüglich eines Verkaufswertes) durch dessen geschätzte (lebenszyklusbezogene) Gesamtleistung geteilt und dieser Wert anschließend mit der Periodenleistung multipliziert wird:

$$Variable\ Abschreibung = \frac{Basiswert}{Gesamtleistung}\ x\ Periodenleistung$$

Beispiel

Für obige Maschine (Anschaffungskosten 300.000 €) wird angenommen, dass ihr Wertverzehr ausschließlich auf die Inanspruchnahme von Betriebsstunden zurückzuführen ist. Erfahrungswerte zeigen, dass bei ihr mit einer Gesamtleistung von 10.000 Stunden zu rechnen ist. Die Periodenleistung beträgt 1.800 h, 2.200 h, 2.100 h, 1.500 h, 1.300 h und 1.100 h. Hieraus ergeben sich folgende Abschreibungs- und Restwerte:

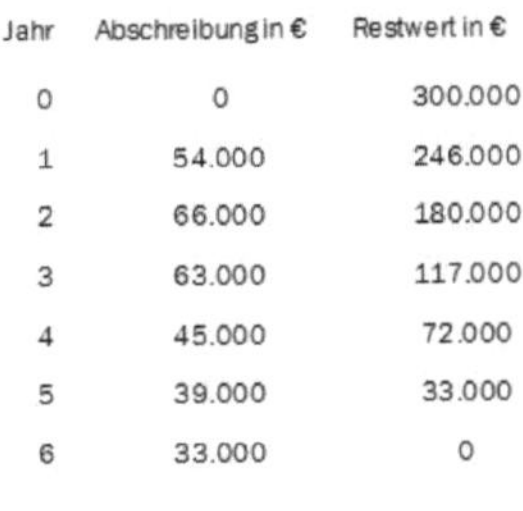

Jahr	Abschreibung in €	Restwert in €
0	0	300.000
1	54.000	246.000
2	66.000	180.000
3	63.000	117.000
4	45.000	72.000
5	39.000	33.000
6	33.000	0

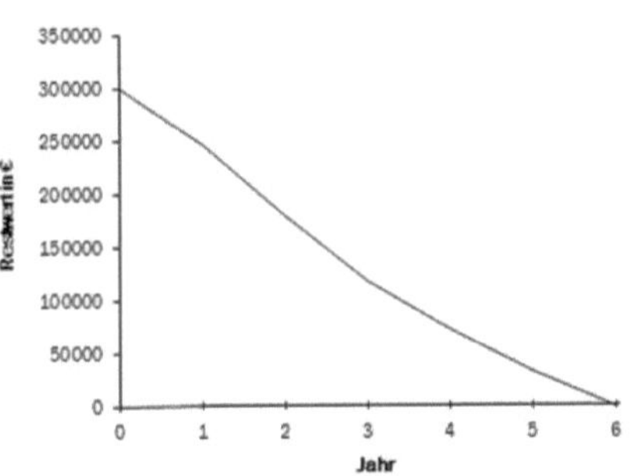

Prinzipiell bleibt festzustellen, dass die variable Abschreibungen als nahezu ideal für kostenrechnerische Zwecke erscheint, da sie die Voraussetzungen für die verursachungsgerechte Verrechnung der Kosten als Einzelkosten schafft. Die Problematik der variablen Abschreibungen besteht in der Schätzung des Leistungspotentials und der Messung der tatsächlichen Periodenleistungen. Ferner ist bei ausschließlich variablen Abschreibungen zu kritisieren, dass diese die fixen Kosten des Zeitverschleißes variabilisieren.

4.1.5.5.1.3 Buchhalterische Behandlung kalkulatorischer Abschreibungen

Weil buchhalterische und bilanzielle Abschreibungen betragsmäßig differieren können, sind, ähnlich wie beispielsweise bei der Periodisierung von Urlaubslöhnen, die auftretenden Bewertungsdifferenzen über Abgrenzungen zu berücksichtigen. Zu diesem Zweck wird im Einkreissystem ein Abgrenzungskonto eingerichtet. Das folgende Beispiel mag die grundsätzliche Vorgehensweise verdeutlichen.

Beispiel

Von einer Maschine mit Anschaffungskosten von 300.000 € werden in der Kostenrechnung im ersten Abschreibungsjahr 50.000 € abgeschrieben. Die bilanzielle Abschreibung liegt bei dem steuerrechtlich zulässigen Höchstbetrag von 60.000 € (Nutzungsdauer lt. AfA-Tabelle 5 Jahre). Buchhalterisch können die kalkulatorischen und die bilanziellen Abschreibungen (bei Anwendung des GKR) wie folgt erfasst werden:

0 Maschine (MA)

AW	300.000	BA❷	60.000
		Schluss-bilanzkonto	240.000

2 Bilanzabschreibung (BA)

MA❷	60.000	NE❺	60.000

4 Kalk. Abschreibung (KA)

VKA❶	50.000	BE❸	50.000

2 Verrechnete kalk. Abschreibung (VKA)

NE ❹	50.000	KA❶	50.000

9 Betriebsergebnis (BE)

KA❸	50.000	GuV❻	50.000

9 Neutrales Ergebnis (NE)

BA❺	60.000	VKA❹	50.000
		GuV❼	10.000

9 Unternehmensergebnis (GuV)

BE❻	50.000	Schluss-bilanzkonto	60.000
NE❼	10.000		

❶ Verbuchung der Kalkulatorischen Abschreibungen gemäß dem Buchungssatz Klasse 4 an Klasse 2. Dieser Buchungssatz ermöglicht es der Kostenrechnung ab der Klasse 4 mit den kalkulatorischen Kosten zu rechnen, sie also z.B. auf eine Kostenstelle zu verrechnen. In Klasse 2 finden sich nun auf dem Abgrenzungskonto die verrechneten kalkulatorischen Abschreibungen.

❷ Verbuchung der bilanziellen Abschreibung. Die bilanzielle Abschreibung wird nicht an die Kostenrechnung übergeleitet, also weder einem Kostenträger noch einer Kostenstelle belastet.

❸ Abschluss der kalkulatorischen Abschreibung auf das Betriebsergebnis. Vorher durchläuft die Kostenart jedoch im Einkreissystem noch die gesamte Kostenstellen- und Kostenträgerrechnung. Die kalkulatorischen

Abschreibungen finden sich schlussendlich – bei Anwendung des Umsatzkostenkostenverfahren insgesamt nach Kostenträgern gegliedert – auf der Sollseite des Betriebsergebnisses wieder.

❹ u. ❺ Abschluss des Abgrenzungskontos auf die Habenseite des neutralen Ergebnisses (Abgrenzungssammelkonto) und Abschluss der bilanziellen Abschreibung auf die Sollseite des neutralen Ergebnisses.

❻ u. ❼ Abschluss von Betriebsergebnis und neutralem Ergebnis auf das GuV-Konto.

Als Ergebnis bleibt festzuhalten: Die auf der Soll-Seite des Betriebsergebnisses gebuchte kalkulatorische Abschreibung und die auf der Habenseite des neutralen Ergebnisses verbuchte „verrechnete kalkulatorischen Abschreibung" haben sich gegenseitig ausgeglichen. Die kalkulatorische Abschreibung ist durch die Abgrenzungsbuchung erfolgsneutral; die GuV weist die bilanzmäßige Abschreibung in der gewünschten Höhe aus. Gleichzeitig sind durch den Buchungssatz „Klasse 4 an Klasse 2" die Interessen der Kostenrechnung gewahrt, die im Betriebsergebnis die kalkulatorische Abschreibung ausweisen kann.

Im GKR werden sämtliche kalkulatorischen Kosten stets mittels des Abgrenzungsbuchungssatzes Klasse 4 an Klasse 2 gebucht.

4.1.5.5.2 Kalkulatorische Zinsen

Zinsen sind der Gegenwert für überlassenes Kapital. In der Finanzbuchhaltung werden sie für das dem Unternehmen bereitgestellte Fremdkapital in Form von Aufwendungen erfasst. In der Kostenrechnung erfolgt jedoch keine Verrechnung aufwandsgleicher, sondern kalkulatorischer Zinsen. Neben Fremdkapitalzinsen berücksichtigen diese auch Eigenkapitalzinsen.

Die Sinnhaftigkeit der Verzinsung des Eigenkapitals ergibt sich insbesondere aus dem Opportunitätskostencharakter der Eigenkapitalzinsen: Eigenkapital verursacht zwar keine realen Zinszahlungen an den Eigenkapitalgeber, jedoch entgeht dem Eigenkapitalgeber durch die Kapitalbereitstellung ein Nutzen, da er die Möglichkeit hätte, eine andere, zinsbringende Investition zu tätigen. Daher wird das Eigenkapital zu Opportunitätskosten – den Kosten des entgangenen Gewinns – bewertet. Eine explizite Unterscheidung zwischen Eigen- und Fremdkapitalzinsen wird in der Kostenrechnung jedoch nicht vorgenommen. Vielmehr werden unterschiedslos Zinsen auf das betriebsnotwendige (Eigen- und Fremd-)Kapital verrechnet, da nicht die Herkunft, sondern die Höhe des eingesetzten Kapitals kostenrechnerisch relevant ist.

Für die Berechnung der kalkulatorischen Zinsen sind zunächst erforderlich:

- Ermittlung des betriebsnotwendigen Kapitals
- Ermittlung des kalkulatorischen Zinssatzes

Auf Basis dieser Angaben werden schließlich als Produkt aus kalkulatorischem Zinssatz und betriebsnotwendigem Kapital die kalkulatorischen Zinsen ermittelt:

Kalkulatorische Zinsen = betriebsnotwendiges Kapital x kalkulatorischer Zinssatz

4.1.5.5.2.1 Ermittlung des betriebsnotwendigen Kapitals

„Das **betriebsnotwendige Kapital** ist der abstrakte Gegenwert aller betrieblich genutzten Vermögensgüter.[7]" Bei dessen Ermittlung geht man von der Aktivseite (Mittelverwendung) der Bilanz aus und bestimmt zunächst das **betriebsnotwendige Vermögen**. Allerdings sind die aus der Handels- oder Steuerbilanz ersichtlichen Aktiva nicht mit dem betriebsnotwendigen Vermögen gleichzusetzen, da

- die Aktiva in der Bilanz nach den für die Kostenrechnung nicht maßgeblichen und gegebenenfalls nicht geeigneten handels- und steuerrechtlichen Vorschriften bewertet sind und
- in der Bilanz nicht betriebsnotwendige Vermögenspositionen ausgewiesen werden.

Dementsprechend sind zur Ermittlung des betriebsnotwendigen Vermögens zunächst die nicht betriebsnotwendigen Bestandteile des bilanzmäßigen Vermögens zu eliminieren: Beispiele für nicht betriebsnotwenige Vermögenspositionen sind u.a. der aktivierte Geschäftswert, fremdgenutzte Bauten, vermietete und verpachtete Anlagen, nicht betriebsnotwendige Beteiligungen (Finanzanlagen), unbrauchbare Bestände und Rechnungsabgrenzungsposten. Nach dieser Selektion verbleiben das abnutzbare und nicht abnutzbare Anlagevermögen sowie das betriebsnotwendige Umlaufvermögen, die in Summe das betriebsnotwendige Vermögen ergeben:

	Nicht abnutzbares Anlagevermögen
+	Abnutzbares Anlagevermögen
=	Betriebsnotwendiges Anlagevermögen
+	Betriebsnotwendiges Umlaufvermögen
=	Betriebsnotwendiges Vermögen

[7] Götzinger, M. / Michael, H. (1985), S. 75

Für diese identifizierten Größen des betriebsnotwendigen Vermögens ist es erforderlich, geeignete, die Kapitalbindung widerspiegelnde Wertansätze zu finden. Bei der Bewertung der Vermögensteile geht man differenziert vor.

Das **nicht abnutzbare Anlagevermögen** (vor allem Grundstücke) kann mit Anschaffungskosten oder Tageswerten angesetzt werden. Zwischen diesen beiden Wertansätzen sind beträchtliche Unterschiede möglich; so können im Rahmen kalkulatorischer Bewertungen über den Ersatz der bilanziellen Wertansätze (Anschaffungskosten) durch Tageswerte erhebliche stille Reserven aufgedeckt werden.

Das **abnutzbare Anlagevermögen** kann mit Restwerten (Restwertverzinsung) oder mit Durchschnittswerten (Durchschnittswertverzinsung) angesetzt werden:

– Bei der **Restwertverzinsung** werden die kalkulatorischen Restwerte am Ende der Abrechnungsperiode (bei verfeinerten Methoden auch mittlere Restwerte) als Basis für die Kapitalverzinsung herangezogen. Da sich der Restwert eines Anlagegutes und damit die Kapitalbindung im Zeitablauf durch (über Umsätze in das Unternehmen zurückfließende) Abschreibungen reduziert, sinken, bezogen auf ein einzelnes Anlagegut, gleichzeitig auch die kalkulatorischen Zinsen. Die in der Kostenrechnung gewünschte gleichmäßige Zinsbelastung ergibt sich bei der Restwertmethode nur, wenn das gesamte Anlagevermögen betrachtet wird und es eine gemischte Altersstruktur aufweist – also nicht auf einmal alle Anlagegüter neu zu beschaffen sind.
– Durch Anwendung der **Durchschnittswertverzinsung** wird unabhängig von der Altersstruktur des Anlagevermögens eine gleichmäßige Zinsbelastung erzielt. Der Durchschnittswert entspricht – unter der Annahme linearer Abschreibungen – dem halben Basiswert (Anschaffungs-, Tages-, Wiederbeschaffungswert) eines betrachteten Anlagegutes; unter Berücksichtigung eines Resterlöses dem Mittel von Ausgangswert und Resterlös. Dieser Durchschnittswert repräsentiert das über die Nutzungszeit durchschnittlich gebundene Kapital. Die Konstanz des als Basis für die Errechnung der kalkulatorischen Zinsen verwendeten Durchschnittswertes gewährleistet eine konstante Zinsbelastung des einzelnen Anlagegutes. Aus diesem Grund und der einfachen Anwendung wegen, ist die Durchschnittswertmethode gegenüber der Restwertmethode zu bevorzugen.

Die folgende Abbildung verdeutlicht nochmals den Unterschied von Restwert- und Durchschnittswertverzinsung:

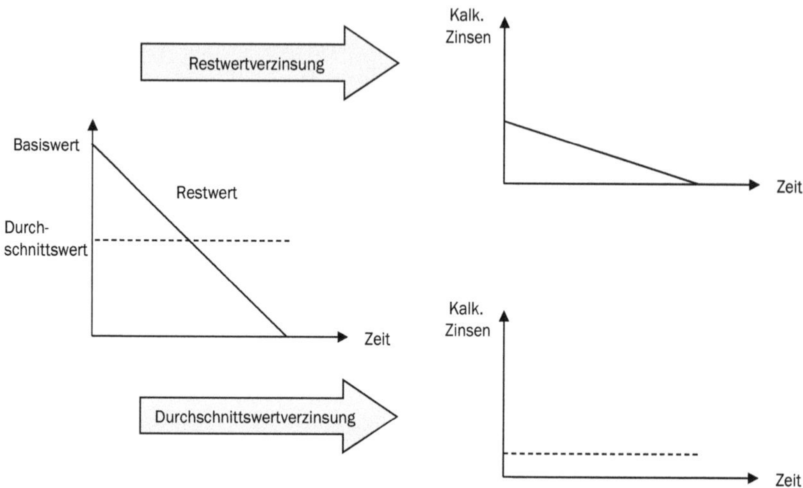

Abbildung 30: Restwert- und Durchschnittswertverzinsung

Das **betriebsnotwendige Umlaufvermögen** ist mit den Werten anzusetzen, die im Laufe einer Periode durchschnittlich gebunden sind. Häufig verwendet man dabei den Durchschnitt von am Jahresanfang und Jahresende ermittelten Wertansätzen der jeweiligen Vermögenspositionen. Wesentlich genauer können Bestandsschwankungen egalisiert werden, wenn die Monatsbestände als Basis der Durchschnittsermittlung Verwendung finden.

Mit dem betriebsnotwendigen Anlage- und Umlaufvermögen sind die Komponenten des betriebsnotwendigen Vermögens bestimmt. Soll nun das betriebsnotwendige Kapital bestimmt werden, verringert man das betriebsnotwendige Vermögen um das sogenannte **Abzugskapital**. Hierunter versteht man das dem Unternehmen zinsfrei zur Verfügung stehende Kapital, beispielsweise Kundenanzahlungen und (zinslose) Lieferantenschulden. Die Berücksichtigung von Abzugskapitalien ist umstritten, weil davon auszugehen ist, dass die Verzinsung des „zinsfrei" zur Verfügung stehenden Kapitals nicht ausbleibt, sondern verdeckt erfolgt, beispielsweise indem die Zinsen vorab in die Kalkulationen eingepreist werden.

Das **betriebsnotwendige Kapital** kann somit wie folgt berechnet werden:

	Nicht abnutzbares Anlagevermögen (zu vollen Anschaffungs- oder Tageswerten)
+	Abnutzbares Anlagevermögen (zu halben Basiswerten)
=	Betriebsnotwendiges Anlagevermögen
+	Betriebsnotwendiges Umlaufvermögen (zu kalkulatorischen Durchschnittswerten)
=	Betriebsnotwendiges Vermögen
-	Abzugskapital
=	Betriebsnotwendiges Kapital

4.1.5.5.2.2 Ermittlung des kalkulatorischen Zinssatzes

In der betriebswirtschaftlichen Literatur werden zahlreiche mögliche Vorgehensweisen zur Ermittlung des „richtigen“ kalkulatorischen Zinssatzes diskutiert. So finden insbesondere auch finanzwirtschaftliche und investitionstheoretische Modelle Eingang in die kostenrechnerischen Überlegungen; insbesondere das im Rahmen wertorientierter Steuerungsverfahren viel diskutierte Capital Asset Pricing Model (CAPM) sei hier erwähnt, auf eine ausführliche Diskussion wird jedoch verzichtet.

In der Kostenrechnungsliteratur wird es im Sinne einer pragmatischen Vorgehensweise zumeist als ausreichend angesehen, als Zinssatz den landesüblichen Zinssatz für festverzinsliche (risikofreie) Wertpapiere – gegebenenfalls erhöht um einen Risikoaufschlag – anzusetzen. Der Unternehmung steht die Wahl des Zinssatzes letztlich frei. Allerdings muss stets auch hinterfragt werden, ob die angesetzte Kapitalverzinsung am Markt tatsächlich durchsetzbar ist.

4.1.5.5.2.3 Berechnung der kalkulatorischen Zinsen

Mit der Bestimmung des betriebsnotwendigen Vermögens und dem kalkulatorischen Zinssatz ist die Grundlage für die Berechnung der kalkulatorischen Zinsen geschaffen. Diese ergeben sich nun aus dem Produkt von kalkulatorischem Zinssatz und betriebsnotwendigem Kapital.

Beispiel

Das folgende Beispiel skizziert die beschriebene Vorgehensweise zur Ermittlung des betriebsnotwendigen Vermögens und der Berechnung der kalkulatorischen Zinsen. Hierzu sei zunächst ein Blick auf die Bilanz des Jahres 2008 eines Industriebetriebes gerichtet. Von dieser ausgehend erfolgt die Errechnung der betriebsnotwendigen Vermögens und des betriebsnotwendigen Kapitals:

Aktiva		Passiva	
A. Anlagevermögen		A Eigenkapital	500.000
- Grundstück der Fabrikhalle	200.000	B. Rückstellungen	200.000
- Grundstück mit Privatwohnungen	100.000	C. Verbindlichkeiten	
- Maschinen	800.000	- Darlehen	800.000
- Betriebs- und Geschäftsausstattung	80.000	- Erhaltene Anzahlungen	30.000
B. Umlaufvermögen		- Verbk. aus Lieferungen und Leistung	100.000
- Forderungen aus Lieferungen und Leistung	200.000		
- Roh-, Hilfs- und Betriebstoffe	180.000		
- Guthaben bei Kreditinstituten	20.000		
C. Aktive Rechnungsabgrenzungsposten	50.000		
Summe	1.630.000		1.630.000

Ferner gilt:

- Das Grundstück, auf dem die Fabrikhalle steht, ist in der Bilanz unterbewertet. Der Tageswert liegt laut Schätzung eines Sachverständigen bei 300.000 €.
- Die Anschaffungskosten der Maschinen betrugen 1.800.000 €, die Anschaffungskosten der Betriebs- und Geschäftsausstattung 200.000 €.
- Die Forderungen lagen in der Vorjahresbilanz bei 260.000 €. Der Durchschnittsbestand an Roh-, Hilfs- und Betriebsstoffen beträgt laut Materialwirtschaft 160.000 €. Das Guthaben bei Kreditinstituten ist im Jahresdurchschnitt konstant bei 20.000 €.
- Die erhaltenen Anzahlungen lagen in der Vorjahresbilanz bei 130.000 €. Die Verbindlichkeiten aus Lieferungen lagen in der Vorjahresbilanz bei 180.000 €. Der Durchschnittswert wird als Abzugskapital berücksichtigt.

Anhand dieser Angaben kann die Berechnung des betriebsnotwendigen Kapitals vorgenommen werden. Der Zins für risikofreie Anleihen (4 %) zuzüglich eines Risikoaufschlages von 2 % wird als kalkulatorischer Zinssatz angesetzt.

	€	€
Grundstück der Fabrikhalle		300.000
+ Maschinen	1.800.000 / 2 =	900.000
+ Betriebs- und Geschäftsausstattung	200.000 / 2 =	100.000
+ Forderungen aus Lieferungen und Leistung	(260.000 + 200.000 / 2) =	230.000
+ Roh-, Hilfs- und Betriebstoffe		160.000
+ Guthaben bei Kreditinstituten		20.000
= Betriebsnotwendiges Vermögen		1.710.000
- Erhaltene Anzahlungen	(130.000 + 30.000) / 2 =	80.000
- Verbk. aus Lieferungen und Leistung	(180.000 + 100.000) / 2 =	140.000
= Betriebsnotwendiges Kapital		1.490.000
x Kalkulatorischer Zinssatz		7%
= Kalkulatorische Zinsen		104.300

Im Rahmen einer praktischen Anwendung ist es erforderlich, detailliertere Analysen vorzunehmen, um die ermittelten kalkulatorischen Zinsen – die fixe Gemeinkosten sind – auch den Kostenstellen belasten zu können. Diese Belastung erfolgt im Rahmen der Kostenstellenrechnung, in der die Zinskosten auf die verschiedenen Kostenstellen aufzuteilen sind. Hierzu seien einige Beispiele für die mögliche Verteilung der kalkulatorischen Zinsen auf die Kostenstellen aufgeführt:

- Zinskosten auf Gebäude lassen sich in der Regel nicht einer einzigen Kostenstelle zuordnen; sie können aber auf Basis des Raumanteils (m^2) der Kostenstellen (gemäß den Angaben Anlagenkartei) verteilt werden.
- Maschinen, Werkzeuge und sonstige Anlagen, und damit auch deren Zinskosten, lassen sich zumeist anhand der Anlagenkartei (Anlagenbuchhaltung) eindeutig den (Fertigungs-)Kostenstellen zuordnen.
- Die Zinsen auf Bestände an Roh-, Hilfs- und Betriebsstoffen lassen sich dem Materialbereich zurechnen.
- Zinsen für in Forderungen auf Lieferungen und Leistungen oder Beständen an Fertigteilen gebundenes Kapital (abzüglich Kundenanzahlungen) lassen sich dem Vertriebsbereich zuordnen.

4.1.5.5.3 Kalkulatorische Wagnisse

Als Wagnis bezeichnet man die Möglichkeit des Verlustes oder des Schadens, die mit einem Vorhaben verbunden ist. In Bezug auf die kalkulatorischen Wagnisse soll eingegangen werden auf:

- Wagnisarten
- Berechnung kalkulatorischer Wagniskosten

Wagnisarten

Die unternehmerische Tätigkeit ist stets mit bestimmten Risiken oder Gefahren verbunden, die das eingesetzte Kapital bedrohende Verluste bedingen können. Die zeitliche Verteilung oder die Höhe solcher Wagnisverluste lässt sich nicht exakt vorhersehen. Zu unterscheiden ist zunächst zwischen zwei Arten von Wagnissen:

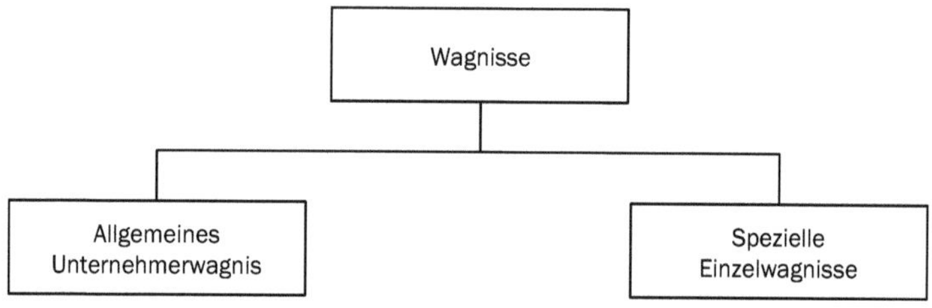

- Das **allgemeine Unternehmerwagnis** steht im Zusammenhang mit grundlegenden Bestimmungsgrößen des Unternehmenserfolges wie der gesamtwirtschaftlichen Entwicklung. So können sich z.B. aufgrund von plötzlichen Nachfrageverschiebungen oder -rückgängen, technischem Fortschritt oder Inflation (Wagnis-)Verluste ergeben, die das Unternehmen als Ganzes gefährden. Das allgemeine Unternehmerwagnis ist nicht kalkulierbar und soll aus dem Gewinn gedeckt werden; es stellt damit auch keine Kostenart dar.
- **Spezielle Einzelwagnisse** sind unmittelbar mit der Leistungserstellung in den Kostenstellen oder Bereichen des Betriebes verbunden. Sie sollen als betriebsbedingter Werteverzehr durch den Ansatz kalkulatorischer Wagnisse in der Kostenrechnung Berücksichtigung finden.

Spezielle Einzelwagnisse fallen sowohl zeitlich als auch der Höhe nach unregelmäßig an, sind jedoch aufgrund von Erfahrungswerten vorhersehbar und berechenbar. Zu den **Einzelwagnisarten** zählen:

Wagnisart	Beispiele
Anlagewagnis	Verluste an Anlagegütern durch besondere Schadensfälle (Blitzeinschlag, Wasser), Fehleinschätzungen der Nutzungsdauer im Anlagevermögen
Beständewagnis	Verluste im Umlaufvermögen durch besondere Schadensfälle (Blitzeinschlag, Wasser), Schwund, Verderb, Diebstahl
Entwicklungswagnis	Verluste durch fehlgeschlagene Forschungs- und Entwicklungsarbeiten
Fertigungswagnis	Verluste (Mehrkosten) durch Material-, Konstruktions- und Arbeitsfehler, Ausschuss, Nacharbeit
Gewährleistungswagnis	Verluste durch Ersatzlieferungen und freiwillige oder garantierte Nachbesserungen, Preisnachlässe wegen Mängelrügen
Vertriebswagnis	Verluste durch Forderungsausfälle, Währungsverluste

Die tatsächlichen Wagnisverluste werden in der Finanzbuchhaltung bei ihrem Anfall als Aufwand erfasst. In der Kostenrechnung sollten Einzelwagnisse jedoch aufgrund der Ungleichmäßigkeit ihres Anfalls kalkulatorisch erfasst werden. Der Ansatz von kalkulatorischen Wagniskosten – als eine Art Selbstversicherungsprämie für nicht versicherte betriebliche Risiken – bewirkt eine Glättung bzw. Normalisierung des in der Finanzbuchhaltung unregelmäßig anfallenden, wagnisbedingten Aufwandes.

Sofern die Einzelwagnisse versichert sind, wird das Risiko auf eine Versicherungsgesellschaft übertragen; die Fremdversicherungsprämien gehen dann als Dienstleistungskostenart in die Kostenrechnung ein. Folgerichtig muss in diesem Fall auch der Ansatz kalkulatorischer Wagniskosten unterbleiben, da andernfalls eine Doppelerfassung erfolgen würde.

Berechnung der Wagniskosten

Bei der Ermittlung der Höhe der kalkulatorischen Wagnisse wird man sich zumeist an Erfahrungswerten oder durchschnittlichen Belastungen der vergangenen Jahre ausrichten. Rechentechnisch bietet es sich hierbei an, zunächst einen **Wagniszuschlag** zu ermitteln, indem die eingetretenen Verluste vergangener Perioden in Relation zu einer geeigneten Bezugsgröße gesetzt werden. Dieser Wagniszuschlag wird mit dem Wert der Bezugsgröße in der aktuellen Periode multipliziert und ergibt dann die kalkulatorischen Wagniskosten der aktuellen Periode.

Als mögliche Bezugsgrößen kommen beispielsweise in Betracht:

Wagnisart	**Bezugsgröße**
Anlagewagnis	Anschaffungswert (Anschaffungs- oder Wiederbeschaffungswert), Buchwert
Beständewagnis	Wert des durchschnittlichen Lagerbestandes
Entwicklungswagnis	Entwicklungskosten
Fertigungswagnis	Herstellkosten der Erzeugnisse
Gewährleistungswagnis	Umsatz, Herstellkosten
Vertriebswagnis	Umsatz

Eine wichtige Datenquelle für die Bestimmung der kalkulatorischen Wagniskosten sind die Jahresabschlüsse vergangener Jahre, aus denen z.B. die Höhe des Gewährleistungsaufwandes oder der Forderungsausfälle gewonnen werden kann.

Beispiel

Ein Industriebetrieb will die für das Jahr 2008 anfallenden Kosten für Forderungsausfälle ermitteln. Hierzu wird zunächst der Wagniszuschlag aus den Forderungsausfällen und den Umsätzen der letzten vier Jahre abgeleitet.

Jahr	Forderungsausfälle (in Tsd €)	Umsatz (in Tsd €)	Wagniszuschlag
2004	54	2.800	1,93%
2005	48	2.300	2,09%
2006	59	2.950	2,00%
2007	65	3.400	1,91%
Summe	226	11.450	1,97%
2008	71,06	3.600	

Auf Basis des errechneten Wagniszuschlages von 1,97 % erfolgt im Jahr 2008 die kalkulatorische Verrechnung der Wagniskosten für Forderungsausfälle. Bei einem Umsatz (Plan- oder Ist-Umsatz) von 3.600 Tsd. € ergeben sich hierbei kalkulatorische Kosten in Höhe von 71,06 Tsd. €.

Alternativ zur Ableitung der kalkulatorischen Kosten aus den Zahlen vergangener Jahre besteht auch die Möglichkeit, Wagniskosten in Höhe der Versicherungsprämien anzusetzen, die anfielen, falls das Risikos bei einem externen Dienstleister versichert würde.

Die Zurechnung der kalkulatorischen Wagniskosten soll auf die für das Risiko verantwortlichen Kostenbereiche erfolgen. Beispielsweise ist der Vertrieb mit den Kosten für Forderungsausfälle zu belasten (Vertriebswagniskosten). Schwieriger erscheint die Bestimmung des Risikoträgers für das Gewährleistungswagnis: Erfolgen Gewährleistungen aus Kulanz, um die Kundenbindung zu stärken, sind die Kosten dem Vertrieb zu belasten. Hingegen sollten bei Garantieleistungen aufgrund von Fertigungs- oder Konstruktionsfehlern auch Fertigung bzw. Konstruktion die Kosten tragen.

4.1.5.5.4 Kalkulatorischer Unternehmerlohn

Der kalkulatorische Unternehmerlohn stellt den bewerteten Verzehr der Arbeitsleistung des Inhabers oder Gesellschafters einer Einzelunternehmung oder Personengesellschaft (z.B. KG, OHG) dar.

In Kapitalgesellschaften beziehen die Vorstandsmitglieder (AG) und die Geschäftsführer (GmbH) Gehälter, die als Aufwand gewinnmindernd in der Finanzbuchhaltung gebucht werden und in die Kostenrechnung eingehen. Hingegen erhalten die mitarbeitenden Gesellschafter oder Inhaber von Personengesellschaften oder Einzelunternehmen aufgrund handels- und steuerrechtlicher Vorschriften keine Gehälter; ihren Lohn beziehen sie aus dem Gewinn. Gegenüber den Kapitalgesellschaften fehlt damit eine Aufwandsposition. Um diese kalkulatorisch auszugleichen, sollte ein Entgelt für den Verzehr der Leistungen der Arbeitskraft in der Kostenrechnung angesetzt werden – der kalkulatorische Unternehmerlohn. Schließlich können nur dann – und sofern die entsprechenden (Zusatz-)Kosten auch in die Produktkalkulationen eingepreist werden – die schlussendlich über den Gewinn zu entrichtenden Finanzmittel in Form von Umsätzen in das Unternehmen zurückfließen. Im Endeffekt wird somit durch kalkulatorischen Unternehmerlohns eine rechtsformneutrale Kalkulation erreicht, in der Kapitalgesellschaften und Einzelunternehmungen und Personengesellschaften „gleichgestellt" sind.

Die Höhe des kalkulatorischen Unternehmerlohnes sollte sich nach dem Gehalt eines leitenden Angestellten in einer vergleichbaren Position, eines Unternehmen derselben Branche und Region richten.

4.1.5.5.5 Kalkulatorische Miete

Kalkulatorische Mieten werden in der Kostenrechnung für betrieblich genutzte Räumlichkeiten angesetzt, für die keine Aufwand in der Finanzbuchhaltung anfällt. Sie sind dementsprechend Zusatzkosten.

Hauptsächlich treten solche Fälle in Einzelunternehmen auf, in denen der Inhaber Räume, die sich in seinem Privatbesitz befinden, unentgeltlich zur betrieblichen Nutzung bereitstellt. Ähnlich wie beim kalkulatorischen Unternehmerlohn können dann als Opportunitätskosten kalkulatorische Mieten in Höhe derjenigen Aufwendungen angesetzt werden, die bei Anmietung vergleichbarer Räumlichkeiten zu ortsüblichen Konditionen anfallen würden. Um Doppelerfassung zu vermeiden, muss allerdings der Ansatz kalkulatorischer Mieten unterbleiben, sofern kalkulatorische Abschreibungen und kalkulatorische Zinsen für die entsprechenden Räumlichkeiten verrechnet werden.

Teilweise werden in der Literatur auch kalkulatorische Mieten im Sinne von Anderskosten angesprochen. Diese fallen an, sofern statt der tatsächlichen Aufwendungen für die Nutzung betrieblicher Räumlichkeiten (Abschreibungen, Hypothekenzinsen, Grundsteuern und dgl. oder tatsächlicher Mietaufwand) kalkulatorische Mieten in der Kostenrechnung angesetzt werden. In diesem Falle ersetzen also beispielsweise kalkulatorische Mieten die tatsächlichen Mietaufwendungen (Dienstleistungskosten).

4.1.6 Zusammenfassung

Die Kostenartenrechnung steht durch die Erfassung und Gliederung sämtlicher in einer Abrechnungsperiode angefallenen Kosten am Anfang jeder Kostenrechnung. Die Kostenartenrechnung beantwortet die Frage: „Welche Kosten sind entstanden?“ Generell ist die Kostenartenrechnung also nicht als eine besondere Form von Rechnung zu verstehen. Sie übernimmt lediglich die geordnete Erfassung der angefallenen Kosten und ist damit quasi das Bindeglied zwischen der Finanzbuchhaltung (sowie anderen Datenquellen) und der Kostenrechnung. Für die Kostenstellen- und Kostenträgerrechnung stellt die Kostenartenrechnung eine Art Datenlieferant dar, der die Gesamtkosten – entsprechend der betriebsindividuellen Erfordernisse – in einzelne Kostenarten aufgliedert und damit die Voraussetzungen für eine verursachungsgerechte Zurechnung der Kosten auf Kostenstellen und Kostenträger schafft. Dies verdeutlicht, dass die Qualität des gesamten Kostenrechnungssystems wesentlich von der Qualität der Kostenartenrechnung (und deren Datenquellen) abhängt.

Erfasst werden in der Kostenartenrechnung nur die primären Kosten. **Primäre Kosten** sind Kosten, die für Güter und Leistungen entstehen, die von außerhalb der Unternehmung bzw. von den Beschaffungsmärkten bezogen werden. Diese Kosten – zu denen auch kalkulatorische Kostenarten zählen – bilden die Grunddaten der Kostenrechnung. Als Pendant der primären Kosten können die sekundären Kosten bezeichnet werden. **Sekundäre Kosten** sind Kosten, die für Leistungen entstehen, die von innerhalb des Unternehmens bezogen werden. Sie resultieren aus der Inanspruchnahme von innerbetrieblichen Leistungen, z.B.

Reparaturleistungen, die von der eigenen Werkstatt ausgeführt werden. Im abrechnungstechnischen Sinne erlangen die sekundären Kostenarten erst in der Kostenstellenrechnung eine Bedeutung.

Die **Aufgaben der Kostenartenrechnung** können wie folgt skizziert werden:

- Voraussetzungen schaffen für die verursachungsgerechte Zuordnung der Kosten auf Kostenstellen und Kostenträger.
- Erfassung aller Kosten des Unternehmens und Identifizierung der entsprechenden Kostenarten.
- Gliederung der Kosten nach ihrer Zurechenbarkeit in Einzelkosten und Gemeinkosten und nach ihrer Reagibilität auf Beschäftigungsschwankungen in fixe und variable Kosten.
- Voraussetzungen schaffen für eine kostenartenorientierte Planung und Kontrolle.

Folgende **Kostenarten** wurden explizit unterschieden:

- Materialkosten
- Personalkosten
- Dienstleistungskosten
- Öffentliche Ausgaben
- Kalkulatorische Kosten

Zielsetzung im Rahmen der Kostenartenbildung sollte es letztlich sein, dass die in der Finanzbuchhaltung erfassten Aufwendungen soweit wie möglich unmittelbar – mittels Zusatzkontierungen – als Kosten in die Kostenrechnung übernehmen zu können. Daher ist es sinnvoll, bereits bei der Definition von Finanzbuchhaltungskonten die Anforderungen der Kostenrechnung hinsichtlich der Kostenarten zu berücksichtigen. Beispielsweise sollten zur Abgrenzung von neutralen Aufwendungen bereits in der Finanzbuchhaltung Instandhaltungsaufwendungen getrennt werden in „Instandhaltungsaufwendungen für betriebsnotwendige Gebäude“ und „Instandhaltungsaufwendungen für nicht betriebsnotwendige Gebäude“. Sinnvoll ist es darüber hinaus auch, die Konten in der Finanzbuchhaltung soweit möglich so zu definieren, dass die entsprechenden Kostenarten entweder nur fixen oder variablen Charakter aufweisen sowie entweder als Einzelkosten- oder als Gemeinkostenarten klassifiziert werden können. Falls möglich sollte auch eine intelligente Steuerung der Zusatzkontierung bzw. Erfassungsobjekte schon bei der Anlage der Kostenarten vorgenommen werden, d.h. Kostenarten, deren Kontierungsobjekt z.B. immer eine Kostenstelle ist, sollte die Zusatzkontierung Kostenträger ausgeschlossen sein.

Kontextergebnis II – zusammenfassender Rückblick und Vorschau

Rückblick

Rückblickend können folgende, inhaltliche Meilensteine zusammengefasst werden: Ein Kostenrechnungssystem wurde zum einen systematisiert. Bei dieser Systematisierung wurde für Fragen der Allokation von Fragestellungen ein Dreiklang aus

A. Verrechnungsumfang
B. Zeitbezug
C. Teilbereich

definiert.

Zum anderen wurden die Datenquellen der Kostenrechnung beschrieben. Hierbei wurde auf die folgenden Datenquellen eingegangen:

- Aus der Unternehmensplanung hervorgehende Daten, v.a. Plan-Umsätze, Plan-Materialeinzelkosten, Plan-Gemeinkosten, geplanter neutraler Aufwand und Ertrag sowie geplante Stunden.
- Produktionsnahe Stammdaten, v.a. Materialstamm, Stücklisten und Arbeitspläne/Arbeitsplätze
- Erfasste Ist-Daten, v.a. die aus dem Hauptbuch und den Nebenbüchern hervorgehenden Aufwendungen und die über Betriebsdatenerfassungssysteme erfassten Iststunden.

Die Kostenartenrechnung steht durch die Erfassung und Gliederung sämtlicher in einer Abrechnungsperiode angefallenen Kosten am Anfang jeder Kostenrechnung. Für die Kostenstellen- und Kostenträgerrechnung stellt die Kostenartenrechnung eine Art Datenlieferant dar, der die Gesamtkosten – entsprechend der betriebsindividuellen Erfordernisse – in einzelne Kostenarten aufgliedert und damit die Voraussetzungen für eine verursachungsgerechte Zurechnung der Kosten auf Kostenstellen und Kostenträger schafft. Es erfolgt eine verursachungsgerechte Erfassung auf den Kontierungsobjekten Kostenstellen und Kostenträger als Primärkosten (bei den Istkosten unter Verwendung der Zusatzkontierung).

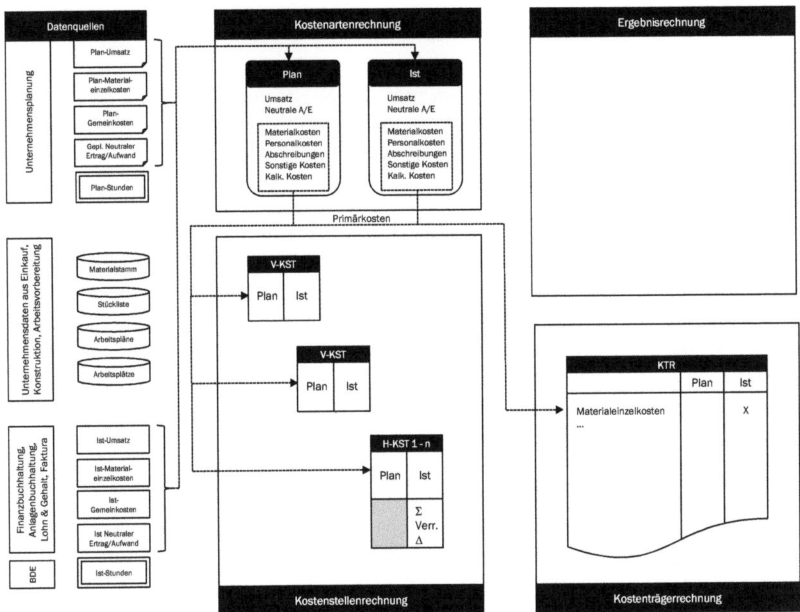

Abbildung 31: Kontextergebnis II – Kostenartenrechnung

Vorschau

Nach der Datengewinnung und der Erfassung der Kosten als primäre Kostenarten erfolgt im nächsten Kapitel die Verarbeitung in der Kostenstellenrechnung. Hier werden zunächst Wesen und Einteilung der Kostenstellenrechnung beschrieben, im Anschluss daran die Verrechnung zwischen Kostenstellen (innerbetriebliche Leistungsverrechnung) sowie die Abrechnung von Kostenstellen an Kostenträger.

4.2 Kostenstellenrechnung

Nachdem bislang die primären Kosten in der Kostenartenrechnung erfasst und gegliedert wurden, ist die nächste Abrechnungsstufe die Verteilung der Kosten auf die Orte der Kostenentstehung. In den Mittelpunkt rückt somit die Frage: „Wo sind die Kosten angefallen?"

Im Vorgriff ist an dieser Stelle wichtig zu erwähnen, dass bei konzeptionellen Ausgangsüberlegungen zur Kostenstellenrechnung unbedingt die Frage zu stellen ist, ob die im geschlossenen System der Kostenrechnung durchzuführende Kostenträgerstückrechnung auf den Prinzipien der Voll- oder der Teilkostenrechnung basieren soll. Dies ist insofern von Bedeutung, dass Strukturen geschaffen werden müssen, die es ermöglichen, systembedingt nur die variablen oder die gesamten, d.h. die fixen und die variablen Kostenstellenkosten auf die Kostenträgerstückrechnung weiter zu verrechnen. Somit ist vor allem im System der Teilkostenrechnung die Unterscheidung der fixen und variablen Kosten von Bedeutung, da hier nur die variablen Kosten weiterverrechnet werden und diese bei undifferenzierter Darstellung von den fixen Kosten nicht unterschieden werden können. Im System der Vollkostenrechnung, bei welcher sowohl fixe als auch variable Kosten auf die Kostenträger verrechnet werden, ist die Spaltung der Kosten vor diesem Hintergrund der Verrechnung von untergeordneter Bedeutung. Relevanz erhält die Kostenaufspaltung allerdings bei Abweichungsanalysen gemäß der flexiblen Plankostenrechnung.

Nachfolgend zur Aufbereitung der Grundlagen der Kostenstellenrechnung werden mögliche Techniken zur Verrechnung im System der Voll- wie auch der Teilkostenrechnung vorgestellt.

4.2.1 Wesen und Aufgaben der Kostenstellenrechnung

Aufbauend auf den Ergebnissen der Kostenartenrechnung zeichnet die Kostenstellenrechnung die für einzelne Teilbereiche einer Unternehmung angefallenen Kosten auf. Es erfolgt hierbei die Erfassung der nicht unmittelbar auf die Kostenträger zurechenbaren oder nicht zugerechneten Gemeinkosten sowie die Vorbereitung der Weiterrechnung dieser Kosten. Insofern steht die Kostenstellenrechnung an der Schnittstelle zwischen Kostenartenrechnung und Kostenträgerrechnung.

Die von der Kostenstellenrechnung zu erfüllenden Aufgaben sind vielschichtig. Im Einzelnen seien hier drei Hauptaufgaben aufgeführt:

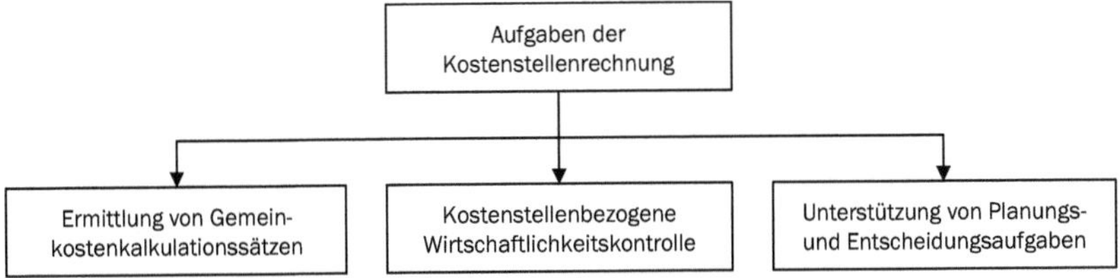

- **Die Kostenstellenrechnung soll durch die Ermittlung von Kalkulationssätzen (Stunden- oder Zuschlagssätzen) eine möglichst verursachungsgerechte Verrechnung der Gemeinkosten auf die Kostenträger ermöglichen.** Um diese Aufgabe zu verstehen, muss man sich vergegenwärtigen, dass nicht alle in der Kostenartenrechnung erfassten Kosten unmittelbar auf Kostenträger verrechnet werden (können), da sie teilweise in Form von Gemeinkosten für mehrere Kostenträger gemeinsam anfallen. Dementsprechend müssen Wege und Mittel für eine möglichst verursachungsgerechte Verteilung der Gemeinkosten gefunden werden. Eine pauschale Verteilung aller Gemeinkosten auf die gesamten Leistungsmengen einer Periode kommt nur im eher seltenen Fall des Einproduktunternehmens in Betracht oder sofern unterschiedliche Kostenträger die betrieblichen Ressourcen in gleichem Maße beanspruchen. In Mehrproduktunternehmen mit komplexen Fertigungsstrukturen, in denen unterschiedliche Produkte in unterschiedlichem Maße Gemeinkosten verursachen, muss anders vorgegangen werden. Hier ist es erforderlich, die den Erzeugnissen nicht direkt zurechenbaren Kosten zunächst auf Kostenstellen zu verteilen und sie von dort aus nach Maßgabe der Inanspruchnahme der Kostenstellenleistungen durch die Kostenträger auf diese zu verrechnen. Hierfür wird die Kostenstellenrechnung – als Bindeglied zwischen Kostenartenrechnung und Kostenträgerrechnung – benötigt.
- **Die Kostenstellenrechnung soll durch die Bereitstellung adäquater Informationen eine kostenstellenbezogene Kontrolle der Wirtschaftlichkeit ermöglichen.** Die Aufteilung des Unternehmens in einzelne Teilbereiche schafft die Voraussetzungen für differenzierte Analysen bezüglich der in verschiedenen Verantwortungsbereichen angefallenen Kosten. Zeitvergleiche, Soll-Ist-Vergleiche oder auch unternehmensinterne Vergleiche sollen eventuelle Unwirtschaftlichkeiten der Kostenstellen aufdecken. Reine Ist- oder Normalkostenrechnungen erfüllen die Aufgabe der Kostenkontrolle jedoch nur unzureichend. Erst in Verbindung mit der Plankostenrechnung und, hiermit im Zusammenhang stehend, der Durchführung von Soll-Ist-Vergleichen lassen sich adäquate Wirtschaftlichkeitskontrollen durchführen.
- **Die Kostenstellenrechnung soll Informationen für Planungs- und Entscheidungsaufgaben bereitstellen.** In den Kostenstellen lassen sich die wesentlichen Bestimmungsfaktoren des Kostenanfalls und ihr Einfluss

auf die Kostenhöhe feststellen und untersuchen, was die Voraussetzung für eine kostenstellenbezogene Planung ist. Auch lässt sich beispielsweise in Kenntnis der Kosten eines Zwischenproduktes das bestimmte Kostenstellen durchlaufen hat, eine Entscheidung darüber treffen, ob dieses weiter selbst gefertigt oder zukünftig fremdbezogen werden soll.

4.2.2 Einteilung der Kostenstellen

Kostenstellen sind abgrenzbare Orte der Kostenentstehung, für die eine Erfassung der von ihnen verursachten Kosten sowie gegebenenfalls auch eine Kostenplanung und -kontrolle erfolgt.

Wie bei der Bildung dieser „abgrenzbaren Orte“ vorgegangen werden soll, steht letztlich dem Unternehmen frei und hängt in starkem Maße von betriebsindividuellen Faktoren ab. Es sollte jedoch die Einteilung dergestalt erfolgen, dass die Kostenstellenrechnung ihre Aufgaben in bestmöglicher Weise erfüllen kann. Hierbei sind insbesondere die folgenden – nicht als Alternativen zu verstehende, sondern sich ergänzende – Einteilungsformen von Bedeutung:

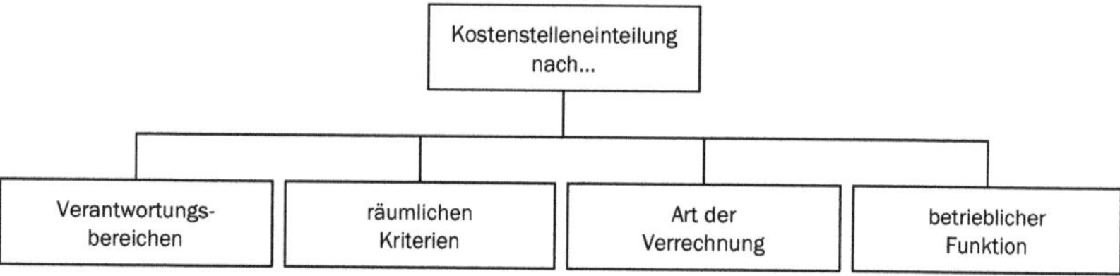

4.2.2.1 Einteilung nach Verantwortungsbereichen

Bei der Einteilung der Kostenstellen nach Verantwortungsbereichen wird darauf geachtet, dass sich eine Kostenstelle mit dem Verantwortungsbereich einer Person in leitender Stellung deckt. Dies ist speziell in Bezug auf die Kontrollaufgaben der Kostenstellenrechnung wichtig, da für den Kostenanfall und für die ermittelten Abweichungen sich stets eine Person zu verantworten hat.

Die Einteilung nach Verantwortungsbereichen dürfte zumeist mit der – nachfolgend erläuterten – Einteilung der Kostenstellen nach räumlichen Kriterien und betrieblichen Funktionsbereichen übereinstimmen, da eben auch einzelne Kompetenzbereiche typischerweise nach Raum und Aufgabenbereichen (einschließlich der jeweiligen Mitarbeiter) abgesteckt werden.

4.2.2.2 Einteilung nach räumlichen Kriterien

Bei der Einteilung von Kostenstellen nach räumlichen Kriterien erfolgt eine Zusammenfassung räumlich zusammenhängender Bereiche zu einer Kostenstelle; zusammengefasst werden dann beispielsweise alle Maschinen in einer Halle, die an den Maschinen arbeitenden Menschen sowie die Halle selbst und die zu ihr gehörenden Einrichtungsgegenstände.

Eine solche Einteilung ist für kostenrechnerische Zwecke jedoch zumeist nicht ausreichend und kann nur zweckmäßig sein, sofern in der räumlichen Einheit ähnliche Tätigkeiten bzw. Funktionen ausgeführt werden. Andernfalls vermischen sich möglicherweise höchst unterschiedliche Kostenstrukturen verschiedener Aufgabenfelder, was dazu führen kann, dass die in dem räumlichen Bereich anfallenden, aufsummierten Gemeinkosten nur noch ungenau den Kostenträgern zurechenbar sind. Ferner ist auch aufzuführen, dass in bestimmten räumlichen Teilbereichen – eben z.B. einer Werkshalle – häufig unterschiedliche Verantwortliche und Verantwortlichkeiten aufeinandertreffen. Daher ist die Einteilung nach räumlichen Gesichtspunkten auch primär als Ergänzung sinnvoll.

4.2.2.3 Einteilung nach Art der Verrechnung

Im Hinblick auf die Art der Verrechnung lassen sich die Kostenstellen in Haupt- und Hilfskostenstellen einteilen.

– **Hauptkostenstellen** (auch Endkostenstellen genannt) sind Kostenstellen, deren Kosten direkt auf die Kostenträger verrechnet werden; eine Umlage der Gemeinkosten der Hauptkostenstellen auf andere Kostenstellen erfolgt nicht.

– **Vorkostenstellen** (auch Hilfskostenstellen genannt) sind Kostenstellen, deren Kosten nicht direkt auf die Kostenträger verrechnet, sondern auf andere Haupt- oder Vorkostenstellen umgelegt werden. Sie lassen sich noch weiter untergliedern in allgemeine Hilfskostenstellen, die Leistungen für den gesamten Betrieb erbringen, und Nebenkostenstellen, die nur für ausgewählte Bereiche Leistungen erbringen.

Im Zuge der innerbetrieblichen Leistungsverrechnung werden die Kosten der Vorkostenstellen auf die Kostenstellen umgelegt, die ihre Leistungen in Anspruch genommen haben. Nach Durchführung der innerbetrieblichen Leistungen befinden sich die Kosten (in der Vollkostenrechnung die gesamten Kosten) nur noch auf den Hauptkostenstellen; von dort aus werden sie schließlich auf die Kostenträger umgelegt. Die Verrechnung der auf den Hauptkostenstellen aufgelaufenen Kosten auf die Kostenträger erfolgt schließlich anhand von Zuschlags- oder Verrechnungssätzen.

Diese Vorgehensweise lässt sich grob wie folgt skizzieren:

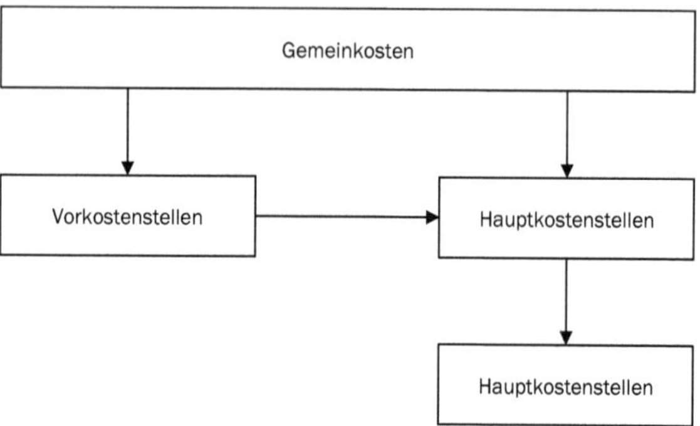

Abbildung 32: Gemeinkostenverrechnung über Kostenstellen auf Kostenträger

4.2.2.4 Einteilung nach betrieblicher Funktion

Die Einteilung der Kostenstellen nach betrieblichen Funktionen scheint für die Praxis nahezu unerlässlich zu sein. Sie ergänzt auf sinnvolle Weise die Einteilung nach räumlichen Kriterien, wenn in den räumlichen Einheiten unterschiedliche Aufgaben ausgeführt werden. So bietet es sich beispielsweise an, die räumliche Einheit „Fertigungshalle" weiter aufzuspalten in die Kostenstellen „Dreherei", „Fräserei" und „Schleiferei". Unterschiedliche Kostenstrukturen und insbesondere die unterschiedliche Inanspruchnahme der Kostenträger durch die Kostenstellen sind dann wesentlich präziser erfassbar; die auf diesen Kostenstellen aufsummierten Kosten lassen sich somit wesentlich verursachungsgerechter auf die Kostenträger verrechnen.

Allgemein lassen sich die betrieblichen Funktionsbereiche wie folgt in Kostenstellen – die häufig auch Kostenbereiche genannt werden – einteilen:[8]

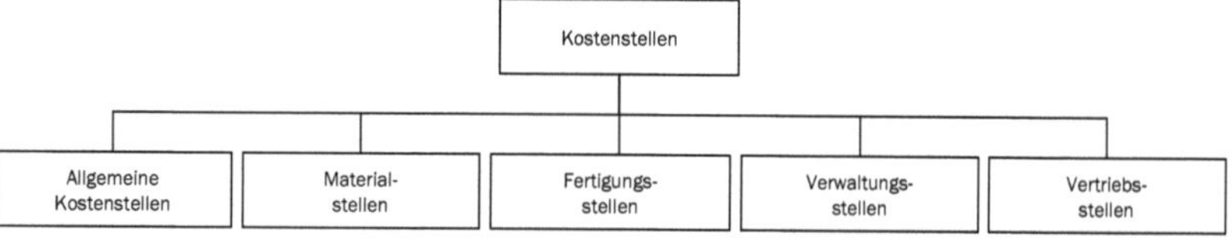

In Industrieunternehmen finden sich zusätzlich noch häufig separate Forschungs- und Entwicklungsstellen.

[8] Vgl. u.a Haberstock, L. (2005), S. 109 f.; Olfert, K. (2004), S. 143 f.

4.2.2.4.1 Allgemeine Kostenstellen

Allgemeine Kostenstellen (allgemeine Bereiche) erbringen Leistungen, die den anderen Kostenbereichen nicht unmittelbar zuordenbar sind. Ihre Tätigkeiten kommen dem ganzen Betrieb oder zumindest mehreren anderen Kostenbereichen zugute.

- Beispiele für allgemeine Kostenstellen: Stromversorgung, Betriebsfeuerwehr, Kantine, Sanitätsstelle, Betriebsrat, Reinigungsdienst, Heizung, Energie, Beleuchtung etc.

Forschungs- und Entwicklungskostenstellen werden ebenfalls teilweise dem allgemeinen Bereich zugerechnet.

- Beispiele für Forschungs- und Entwicklungskostenstellen: Zentrallabor, Versuchswerkstatt oder auch Konstruktion und Werksbibliothek.

Die Kostenstellen des allgemeinen Bereichs, insbesondere die zuerst genannten allgemeinen Kostenstellen, werden üblicherweise als (allgemeine) **Vor-** bzw. **Hilfskostenstellen** angesehen, die ihre Kosten also nicht direkt den Kostenträgern, sondern anderen Haupt- und/oder Hilfskostenstellen belasten. Allerdings ist es teilweise auch denkbar, Kosten des allgemeinen Bereichs unmittelbar den Kostenträgern zu belasten – insbesondere im Forschungs- und Entwicklungsbereich. In diesem Falle wären auch Kostenstellen des allgemeinen Bereichs als Hauptkostenstellen zu betrachten.

(Anmerkung: Die obigen Definitionen zu Hilfs- und Hauptkostenstellen sollten deutlich machen, dass sich diese Unterscheidung lediglich auf die Art der Verrechnung bezieht. Erst durch die Festlegung, wie eine Kostenstelle abgerechnet werden soll, wird klar, ob eine Kostenstelle eine Hilfs- oder Hauptkostenstelle ist.)[9]

4.2.2.4.2 Materialstellen

Materialstellen befassen sich mit der Beschaffung, Prüfung und Lagerung von Materialien für den Fertigungsbereich.

- Beispiele für Materialstellen: Materialdisposition, Einkauf, Wareneingang, Materiallager für Roh-, Hilfs-, Betriebsstoffe und bezogene Fertigteile.

Die einzelnen Kostenstellen des Materialbereichs werden in der Regel als Vorkostenstellen geführt, je nach im Einsatz befindlichem Voll- oder Teilkostenrechnungssystem werden üblicherweise **Hauptkostenstellen** für die Abrechnung der Materialstellen definiert. Sollte nur eine oder eine geringe Anzahl von Materialstellen existieren, können diese auch gleich als Hauptkostenstellen festgelegt werden.

---

[9] Vgl. hierzu auch Haberstock, L. (2005), S. 113.

4.2.2.4.3 Fertigungsstellen

Fertigungsstellen befassen sich mit der gesamten unternehmensspezifischen Fertigung, einschließlich der hierfür erforderlichen Hilfstätigkeiten. Für den Fertigungsbereich wird üblicherweise eine Trennung in Fertigungshaupt- und Fertigungshilfskostenstellen vorgeschlagen.

In den **Fertigungshauptkostenstellen** erfolgt die unmittelbare Bearbeitung der Erzeugnisse.

- Beispiele für Fertigungshauptkostenstellen: Dreherei, Fräserei, Stanzerei, Schlosserei und Montage.

Fertigungshilfsstellen (Vorkostenstellen des Fertigungsbereichs) sind nur mittelbar an der Produktion beteiligt und erbringen Leistungen für mehrere Fertigungshauptstellen. Ihre Kosten werden nicht unmittelbar auf die Kostenträger verrechnet, sondern erst auf die Hauptkostentstellen umgelegt.

- Beispiele für Fertigungshilfskostenstellen: Lehrwerkstatt, Reparatur, Konstruktion (die jeweils auch dem allgemeinen Bereich zurechenbar wären und eventuell nicht nur Leistungen für den Fertigungsbereich erbringen), Meisterbüro, Arbeitsvorbereitung und Fertigungssteuerung.

Exkurs

Um die Gemeinkosten möglichst verursachungsgerecht auf die Kostenträger belasten zu können, ist man in industriellen Betrieben häufig bestrebt, eine möglichst tiefe Untergliederung der Fertigungskostenstellen zu erzielen. Die am weitesten reichende Gliederungstiefe wird dabei durch die Bildung von **Kostenplätzen** erreicht. Die Einrichtung solcher Kostenplätze führt in letzter Konsequenz zur Verwirklichung der sogenannten Platzkostenrechnung; ein Kostenplatz entspricht dabei einem Arbeitsplatz (vgl. Kapitel 4.6.3), z.B. einer Maschine in einer Fertigungsstelle. Anstatt eine globale Verteilung der Kosten auf eine Kostenstelle vorzunehmen, werden in der Platzkostenrechnung, sofern eine direkte Zurechnung möglich ist, die Kosten auf einzelne Kostenplätze verrechnet und für diese spezifische Arbeits- oder Maschinenstundensätze ermittelt. Die nicht auf einzelne Kostenplätze umlegbaren Kosten werden der übergeordneten Kostenstelle belastet. Sinnvoll ist eine solche Aufgliederung insbesondere, falls in einer Kostenstelle Maschinen mit sehr unterschiedlichen Kostenstrukturen im Einsatz sind: Ohne die tiefere Gliederung in Kostenplätze würde jeder Kostenträger mit dem gleichen Kostensatz der Kostenstelle (z.B. €/h) belastet, unabhängig davon, ob die Leistung für den Kostenträger auf einer Maschine erbracht wird, die hohe oder niedrige Kosten verursacht. Hingegen gestattet die Bildung von Platzkostensätzen eine differenziertere und verursachungsgerechtere Verrechnung der Gemeinkosten auf die Kostenträger. Die hierarchische Einordnung eines Kostenplatzes mag die folgende Abbildung verdeutlichen:

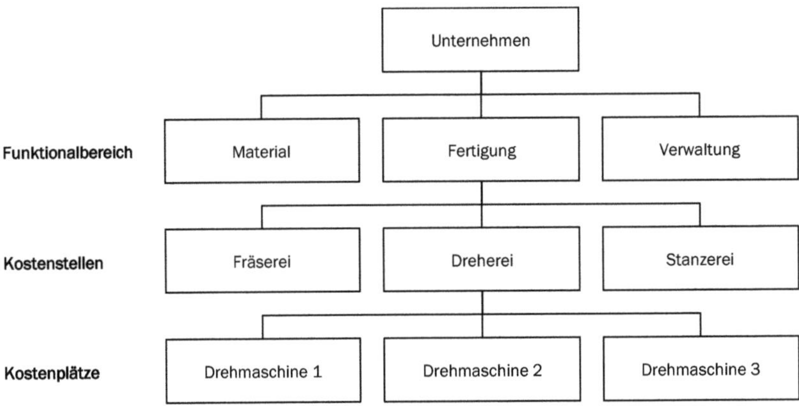

Abbildung 33: Einordnung des Kostenplatzes in die Unternehmenshierarchie

4.2.2.4.4 Verwaltungsstellen

Verwaltungsstellen erbringen dem eigentlichen Betriebszweck dienende Verwaltungsarbeiten. Das Spektrum möglicher Verwaltungsarbeiten reicht von den Tätigkeiten der Geschäftsleitung bis hinunter zu jenen der stets freundlichen Empfangsdame.

- Beispiele für Verwaltungsstellen: Geschäftsleitung, Revision, Controlling, Finanzwesen, Personalwesen, Dokumentation, Öffentlichkeitsarbeit u.a.

Die einzelnen Kostenstellen des Verwaltungsbereichs werden in der Regel als Vorkostenstellen geführt, je nach im Einsatz befindlichem Voll- oder Teilkostenrechnungssystem werden üblicherweise **Hauptkostenstellen** für die Abrechnung der Verwaltungskostenstellen definiert. Sollte nur eine oder eine geringe Anzahl von Verwaltungsstellen existieren, können diese auch gleich als Hauptkostenstellen festgelegt werden.

4.2.2.4.5 Vertriebsstellen

Vertriebstellen kümmern sich um Leistungen, die im Zusammenhang mit dem Absatz der Erzeugnisse des Unternehmens stehen.

- Beispiele für Vertriebsstellen: Warenausgangslager, Versand, Marktforschung, Marktbeobachtung, Verkauf und Verkaufsförderung.

Vertriebsstellen werden ebenfalls üblicherweise als Vorkostenstellen geführt, je nach im Einsatz befindlichem Voll- oder Teilkostenrechnungssystem werden üblicherweise **Hauptkostenstellen** für die Abrechnung der Verwaltungskostenstellen definiert. Sollte nur eine oder eine geringe Anzahl von Vertriebsstellen existieren können, diese auch gleich als Hauptkostenstellen festgelegt werden.

4.2.3 Kostenstellenplan

Genauso wie es erforderlich ist, einen logisch strukturierten Kostenartenplan zu entwickeln, ist es letztlich auch erforderlich, eine sinnvolle Einteilung der Kostenstellen vorzunehmen und in einem Kostenstellenplan zu dokumentieren. Die im vorigen Kapitel aufgeführten Einteilungsmöglichkeiten sind dabei als Gestaltungsempfehlungen zu verstehen. Als wichtige Grundsätze für die Erstellung eines Kostenstellenplans seien ferner hervorgehoben:

- Die Kostenstellen sollten räumliche getrennte Verantwortungsbereiche bilden.
- Als Maßstäbe der Kostenverursachung sollten für jede Kostenstelle geeignete Bezugsgrößen zur Verrechnung der Kosten existieren.
- Die Kosten sollten genau, aber dennoch einfach einer Kostenstelle zugeordnet werden können.

Nachfolgend wird ein einfach gehaltener **Kostenstellenplan** dargestellt.

1 Allgemeiner Bereich
- 11 Allgemeine Kostenstelle
- 12 EDV

2 Materialbereich
- 21 Einkauf
- 22 Wareneingangslager

3 Fertigungsbereich
- 31 Fertigungshilfsstellen
  - 311 Fertigungsleitung
  - 312 Arbeitsvorbereitung
- 32 Fertigungshauptstellen
  - 321 Metallbearbeitung
  - 322 Holzbearbeitung
  - 323 Endmontage

4 Verwaltung
- 41 Geschäftsleitung
- 42 Buchhaltung
- 43 Controlling
- 44 Personal

5 Verkauf
- 51 Verkaufsleitung
- 52 Verkaufsabteilung
- 53 Marketing
- 54 Fertigwarenlager

4.2.4 Umsetzung der Kostenstellenrechnung

Die Einteilung und Festlegung der Kostenstellen bildet den Ausgangspunkt der Kostenstellenrechnung, da Kostenstellen – als Stammdaten – für die Erfassung und Weiterverrechnung der Gemeinkosten benötigt werden. Die sich an diese Vorarbeit anschließenden Verrechnungen erfolgen in der Kostenstellenrechnung – als Bindeglied zwischen Kostenartenrechnung und Kostenträgerrechnung – in vier Hauptschritten:

a. Verteilung der primären Gemeinkosten auf die Kostenstellen
b. Innerbetriebliche Leistungsverrechnung zwischen Kostenstellen
c. Bildung von Kalkulationssätzen
d. Berechnung von Kostenstellenüberdeckungen und -unterdeckungen

Der **Betriebsabrechnungsbogen** (**BAB**) ist als eine Art Arbeitsbeschreibung in Bezug auf die Durchführung der Kostenstellenrechnung zu verstehen. Formal wird er beschrieben durch Spalten, welche die Kostenstellen enthalten, und Zeilen, in denen die primären Kostenarten, die sekundären Kostenarten, die Stunden- bzw. Zuschlagssätze und die Unter- und Überdeckungen aufgeführt werden (vgl. Abbildung 34):

	Hilfskostenstellen	Hauptkostenstellen
primäre Kosten	1) Verteilung der primären Gemeinkosten auf die Kostenstellen	
Summe		
sekundäre Kosten		2) Innerbetriebliche Leistungsverrechnung zwischen Kostenstellen
Summe		
Kalkulationssätze		3) Bildung von Kalkulationssätzen für die Hauptkostenstellen
Über- / Unterdeckungen		4) Berechnung der Überdeckungen und Unterdeckungen

Abbildung 34: Formaler Aufbau des Betriebsabrechnungsbogens (BAB)

Die Verrechnungsschritte der Betriebsabrechnung werden im Folgenden näher beschrieben.

4.2.4.1 Erfassung der primären Gemeinkosten auf den Kostenstellen

Im ersten Arbeitsschritt der Betriebsabrechnung erfolgt die Zurechnung jener Gemeinkosten auf die Kostenstellen, die aus dem Verbrauch extern bezogener Leistungen resultieren – eben der primären Gemeinkosten. Die Einzelkosten werden im Übrigen ebenfalls häufig auf den Kostenstellen ausgewiesen. Als Gründe hierfür lassen sich nennen:

- Die Einzelkosten bilden häufig die Bezugsbasis für die Ermittlung von Kalkulationssätzen; bei der Bildung der Kalkulationssätze sind sie damit unmittelbar greifbar. Ihre Aufnahme ist insofern eine Vereinfachung.
- Durch Aufnahme der Einzelkosten werden die Kostenstellen mit sämtlichen von ihnen verursachten Kosten belastet. Dies verbessert die Möglichkeiten der kostenstellenbezogenen Wirtschaftlichkeitskontrolle.

Bei der Verteilung primären Gemeinkosten auf die Kostenstellen ergeben sich je nach Charakterisierung der Gemeinkosten Unterschiede in Bezug auf deren Verrechnung. In diesem Zusammenhang kann unterschieden werden zwischen der **Verteilung der Kostenstellen<u>einzel</u>kosten** und der **Verteilung der Kostenstellen<u>gemein</u>kosten.**

Kostenstelleneinzelkosten (auch: Stelleneinzelkosten, direkte Stellengemeinkosten) sind den verschiedenen Kostenstellen unmittelbar und ohne weitere Schlüsselung anhand von Aufzeichnungen bzw. Belegen direkt zurechenbar.

So kann beispielsweise die kalkulatorische Abschreibung für eine Maschine, deren Nutzung nur in einer Kostenstelle erfolgt, direkt anhand der Zuordnungsangaben der Anlagenbuchhaltung dieser Kostenstelle belastet werden. Die Bedeutung von Zusatzkontierungen (vgl. Kapitel 4.2.4.2) ist an dieser Stelle nochmals zu betonen.

Die folgende Auflistung enthält weitere Beispiele für mögliche Kostenstelleneinzelkosten sowie die organisatorische Voraussetzungen, die deren direkte Zurechnung auf Kostenstellen erst ermöglichen:

Gemeinkostenart	Organisatorische Voraussetzung für die direkte Zurechnung auf Kostenstellen
Hilfs- und Betriebsstoffe	Angabe der verbrauchenden Kostenstelle auf Bestellscheinen, Lieferscheinen oder Materialentnahmescheinen
Strom/Wasser	Feststellung des Verbrauchs über Strom/Wasserzähler
Zeitlöhne	Angabe der Kostenstelle auf Lohnscheinen, sofern der Mitarbeiter für verschiedene Kostenstellen im Einsatz ist; andernfalls Zuordnung des Mitarbeiters zu einer Kostenstelle

Gehälter	Zuordnung des Angestellten zu einer Kostenstelle
Reisekosten	Reisekostenabrechnungen mit Angaben zur Kostenstelle, welche die Reisekosten trägt; Zuordnung der Reisenden zu Kostenstellen
Instandhaltung durch externe Dienstleister	Angabe der Kostenstelle, welche die Leistung in Anspruch genommen hat, auf der Rechnung des Dienstleisters
Kalkulatorische Abschreibungen	Zuordnung der Anlagen zu Kostenstellen in der Anlagenkartei (Anlagenbuchhaltung)

Abbildung 35: direkte Verteilung der Kostenstelleneinzelkosten

Kostenstellengemeinkosten (auch: Stellengemeinkosten, indirekte Stellengemeinkosten) sind Gemeinkosten, die sich den Kostenstellen nur auf der Basis von Verteilungsschlüsseln zurechnen lassen (**echte** Kostenstellengemeinkosten) oder Gemeinkosten, bei denen aus Wirtschaftlichkeits- oder Praktikabilitätsgründen auf die direkte Zurechnung auf Kostenstellen verzichtet wird (**unechte** Kostenstellengemeinkosten).

- Als Beispiel für echte Gemeinkosten lassen sich auf den gesamten Betrieb bezogene Versicherungsprämien oder die Gewerbesteuer aufführen.
- Als Beispiel für unechte Kostenstellengemeinkosten seien Kosten für fremdbezogenen Strom aufgeführt: Eine genaue Aufzeichnung der Verbräuche einzelner Kostenstellen über Stromzähler schafft die Voraussetzung für deren Behandlung als Stelleneinzelkosten, ist jedoch häufig mit einem kaum zu rechtfertigendem Aufwand verbunden, da dann in jeder Kostenstelle Stromzähler installiert und regelmäßig erfasst werden müssten. Sofern die Stromkosten nicht einen beträchtlichen (und beeinflussbaren) Anteil an den Gesamtkosten ausmachen, wird man daher auf die Installation von Stromzählern verzichten und stattdessen versuchen, auf anderem Wege eine möglichst verursachungsgerechte Zuordnung der Stromkosten auf die Kostenstellen zu erreichen, z.B. indem die Laufzeiten der strombetriebenen Maschinen und Herstellerangaben zum Stromverbrauch als Grundlage für indirekte Verteilungen herangezogen werden.

Für eine genaue Verteilung der Kostenstellengemeinkosten ist die Identifikation von geeigneten **Bezugsgrößen** (Schlüsselgrößen) von entscheidender Bedeutung. Sie sollen nach Möglichkeit Größen sein, die sich proportional zur Höhe des Kostenanfalls verhalten. Schließlich kann nur sofern eine solche Proportionalität besteht, auch eine verursachungsgerechte Gemeinkostenverteilung erfolgen. Tatsächlich wird in praxi jedoch eine dem Verursachungsprinzip entsprechende Verteilung nicht immer möglich sein.

Bezugsgrößen erlangen in der Kostenstellenrechnung nicht nur bei der Verteilung der Kostenstellengemeinkosten eine Bedeutung, sondern auch bei Verrechnung innerbetrieblicher Leistungen der Hilfskostenstellen auf die Hauptkostenstellen und bei der Bildung von Kalkulationssätzen. Betrachtet man die „SAP-Praxis", so findet sich hier für den Begriff „Bezugsgröße" die Bezeichnung „Leistungsart".

Generell lassen sich zwei Kategorien von Bezugsgrößen unterscheiden:

- **Mengenschlüssel** sind mengenmäßige Maßgrößen der Kostenverursachung. Mögliche Mengenschlüssel sind z.B. Zählgrößen (Anzahl der Buchungen, Anzahl produzierte Stück u.a.), Zeitgrößen (Fertigungsstunden, Maschinenstunden u.a.), Raumgrößen (Kilometer, Quadratmeter u.a.), Gewichtsgrößen (transportierte Tonnen, verbrauchte kg u.a.) und technische Maßgrößen (verbrauchte kWh, installierte kW u.a.); Mengenschlüssel führen zu Zuschlagssätzen pro Bezugsgrößeneinheit (z.B. € pro Fertigungsstunde).
- **Wertschlüssel** sind wertmäßige Maßgrößen der Kostenverursachung. Mögliche Wertschlüssel sind z.B. Absatzgrößen (Umsatz gesamt, Umsatz je Vertriebsgebiet u.a.), Einstandsgrößen (Wareneinkauf, Lagerzugang u.a.), Bestandsgrößen (Warenvorräte, Anlagenwerte u.a.) und Kostengrößen (Löhne, Gehälter, Herstellkosten u.a.); Wertschlüssel führen zu prozentualen Zuschlagssätzen.

Die Auflistung in Abbildung 36 zeigt mögliche Kostenstellengemeinkosten und Bezugsgrößen für ihre indirekte Zurechnung auf Kostenstellen.

Die beispielhafte Auflistung soll in keinem Falle den Eindruck entstehen lassen, dass es sich bei diesen Kostenarten zwingend um Kostenstellengemeinkosten handeln muss. So ist es beispielsweise denkbar, statt den Kostenarten „Gebäudeverwaltung" und „Gebäudeabschreibung" eine eigene Gebäudekostenstelle zu führen. Kostenarten wie „Gebäudereinigung" oder „Gebäudeabschreibungen" lassen sich in diesem Fall zunächst als Kostenstelleneinzelkosten auf einer solchen (Hilfs-)Kostenstelle sammeln. Erst im Rahmen der innerbetrieblichen Leistungsverrechnung erfolgt dann die Weiterverrechnung der auf der Gebäudekostenstelle aufgelaufenen Kosten auf die Leistungsempfänger, z.B. anhand der den jeweiligen Kostenstellen zur Verfügung stehenden Nutzflächen.

Mit der vollständigen Verteilung Kostenstelleneinzelkosten und Kostenstellengemeinkosten ist schließlich auch der erste Schritt der Betriebsabrechnung abgeschlossen. Die Kostenstellen weisen nun die Summe der primären Gemeinkosten aus.

Gemeinkostenart	Mögliche Bezugsgröße
Personalzusatzkosten	Löhne, Gehälter
Wasser	Anzahl der Mitarbeiter
Energie	installierte kW
Mieten	Raumgröße (m^2)
Büromaterial	Zahl der Mitarbeiter
Telefon	Zahl der Apparate
Feuerversicherung	Anschaffungs- oder Wiederbeschaffungswert der Anlagen
Gewerbesteuer	Personalkosten der Kostenstelle
Eigenreparaturen	Reparaturstunden
Gebäudeverwaltung	Nutzfläche (m^2)
Gebäudeabschreibungen	Nutzfläche (m^2)

Abbildung 36: indirekte Verteilung der Kostenstellengemeinkosten durch Bezugsgrößen

4.2.4.2 Innerbetriebliche Leistungsverrechnung

Die Notwendigkeit zur Durchführung der innerbetrieblichen Leistungsverrechnung ergibt sich daraus, dass Kostenstellen nicht nur Leistungen verbrauchen, die von außerhalb der Unternehmung bzw. von den Beschaffungsmärkten bezogen werden, sondern auch solche, die andere Kostenstellen erstellt haben. Daher entstehen Verrechnungsprobleme aufgrund von Leistungsbeziehungen zwischen verschiedenen Kostenstellen. Der Umgang mit solchen Verrechnungsproblemen ist Gegenstand der folgenden Ausführungen. Behandelt werden sollen dabei:

- Innerbetriebliche Leistungen
- Problematik der innerbetrieblichen Leistungsverrechnung
- Verfahren der innerbetrieblichen Leistungsverrechnung

4.2.4.2.1 Innerbetriebliche Leistungen

Innerbetriebliche Leistungen sind Leistungen eines Betriebes, die nicht als Außenaufträge (Absatzleistungen, Marktleistungen) zum Absatz bestimmt sind, sondern von ihm selbst verbraucht werden. Solche Leistungen, die eine Kostenstelle für andere Betriebsteile erbringt, werden auch Eigenleistungen oder Innenaufträge genannt. Zu unterscheiden sind aktivierungspflichtige und nicht aktivierungspflichtige innerbetriebliche Leistungen:

- **Aktivierungspflichtige innerbetriebliche Leistungen** sind solche innerbetrieblichen Leistungen, die über mehrere Rechnungsperioden genutzt werden. Hierzu zählen die eigene Erstellung von Gebäuden, Anlagen und Werkzeugen oder selbst durchgeführte Großinstandhaltungen. Solche Leistungen werden dann wie Außenaufträge bzw. Kostenträger kalkuliert und nicht auf andere Kostenstellen, sondern auf die aktivierbare Eigenleistung umgelegt. Ihre bilanziellen Herstellungskosten werden den entsprechenden Vermögenskonten der Anlagenbuchhaltung und Bilanz zugewiesen. In der Betriebsergebnisrechnung erfolgt ihr Ausweis als Leistungen zu Herstellkosten. Die für die Erstellung der aktivierungspflichtigen innerbetrieblichen Leistungen verantwortlichen Kostenstellen werden in Höhe der (Selbst-)Kosten entlastet, die aktivierbare Eigenleistung wird belastet. In der Kostenrechnung werden die aktivierten Eigenleistungen schließlich erst kostenwirksam, wenn im Laufe ihrer Nutzung kalkulatorische Abschreibungen und Zinsen sowie Instandhaltungskosten, also primäre Kosten, anfallen. In der innerbetrieblichen Leistungsverrechnung können die aktivierten innerbetrieblichen Leistungen unberücksichtigt bleiben.
- **Nicht aktivierungspflichtige innerbetriebliche Leistungen** werden in der Rechnungsperiode, in der sie entstehen, auch verbraucht. Die für innerbetriebliche Leistungen entstandenen Kosten sind in diesen Fällen sofort zwischen den Kostenstellen zu verrechnen. Die Eigenleistungen werden dabei wie interne Umsätze behandelt: eine Kostenstelle gibt eine innerbetriebliche Leistung an eine andere Kostenstelle ab und erhält hierfür einen Betrag gutgeschrieben, während die empfangende Kostenstelle mit selbigem belastet wird. Diesen abrechnungstechnischen Vorgang bezeichnet man als **innerbetriebliche Leistungsverrechnung** (eine andere Bezeichnung ist Sekundärkostenrechnung, da durch Umverteilungen der primären Kosten sekundäre Kosten entstehen). Auf der empfangenden Kostenstelle erfolgt der Ausweis der umgelegten Kosten als sekundäre Kostenart. An der Höhe der Gesamtkosten ändert die innerbetriebliche Leistungsverrechnung dabei allerdings nichts, da mit der Belastung einer Kostenstelle eben stets auch die Entlastung einer anderen verbundenen ist; es erfolgt lediglich ein Verschiebung bzw. Umverteilung der Kosten, und zwar hauptsächlich von den Hilfs- auf die Hauptkostenstellen.

Innerbetriebliche Leistungen werden insbesondere von Hilfskostenstellen erbracht. Die folgende Auflistung gibt einige Beispiele:

- Bereitstellung von selbst erstelltem Strom, Dampf oder Gas durch Energieversorgungsstellen;
- Betreuung der Kinder von Betriebsangehörigen in der betriebseigenen Kinderkrippe;
- Leistungen des eigenen Fuhrparks für andere Betriebsteile;
- Wartungs-, Inspektions- oder Reparaturleistungen durch die Instandhaltungskostenstelle für andere Betriebsteile;
- Bereitstellung von Nutzflächen durch Gebäudekostenstellen;
- Steuerung der Fertigung durch die Fertigungsteuerung;
- Entwicklungsleistungen der eigenen Forschungs- und Entwicklungsstellen (sofern diese nicht als Hauptkostenstellen).

Allerdings kann es auch vorkommen, dass Hauptkostenstellen innerbetriebliche Leistungen erbringen, so beispielsweise bei der Herstellung von Maschinen für den eigenen Gebrauch in Maschinenbaubetrieben (man spricht dann von Innen- bzw. Gemeinkostenaufträgen).

4.2.4.2.2 Problematik der innerbetrieblichen Leistungsverrechnungen

Die eigentliche Problematik entsteht im Zuge der innerbetrieblichen Leistungsverrechnung prinzipiell erst durch **wechselseitige Leistungsbeziehungen** zwischen den Kostenstellen, also falls sich Kostenstellen gegenseitig beliefern. Dies geschieht, sobald die Hilfskostenstellen ihre Leistungen nicht nur an Hauptkostenstellen abgeben, sondern auch untereinander Leistungen austauschen, so beispielweise falls eine Gebäudekostenstelle die betriebseigene Instandhaltung beherbergt und diese gleichzeitig auch Instandhaltungen an dem Gebäude durchführt:

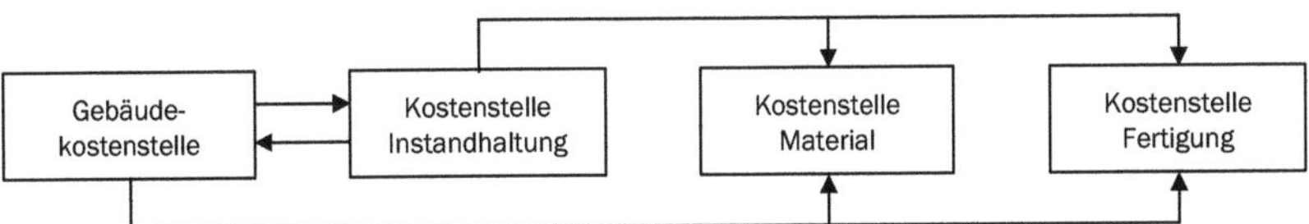

Will nun die Gebäudekostenstelle ihre Leistungen für die Bereitstellung der Werkstattfläche an die Instandhaltung (und andere Kostenstellen) verrechnen, muss sie im Grunde vorher die Kosten kennen, die ihr von der Instandhaltung belastet werden. Da dasselbe umgekehrt gilt, lassen sich die Kostenstellen bei derlei wechselseitigen Leistungsbeziehungen theoretisch („exakt") nur simultan abrechnen.

Bestehen hingegen nur einseitige Leistungsbeziehungen zwischen den Kostenstellen, d.h. fließen die Leistungen nur in eine Richtung, gestaltet sich die Abrechnung der Kostenstellen leichter. In diesem Fall lassen sich die Kostenstellen stets so anordnen, dass die jeweils vorgelagerten Kostenstellen nur für nachgelagerte Kostenstellen ihre Leistungen erbringen. Simultane Verrechnungen sind dann nicht erforderlich. Ausschließlich einseitige Leistungsbeziehungen ergeben sich bei den oben dargestellten Kostenstellen beispielsweise, sofern die Instandhaltung keine Leistungen für die Gebäudekostenstelle erbringt:

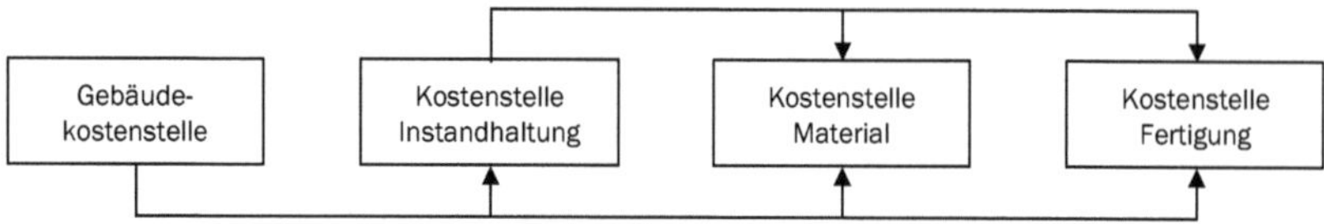

4.2.4.2.3 Verfahren der innerbetrieblichen Leistungsverrechnung

Im Zuge der innerbetrieblichen Leistungsverrechnung werden die Kosten der Vorkostenstellen auf andere Vorkostenstellen und auf die Hauptkostenstellen umgelegt. Diese Umlagen erfolgen so lange, bis alle (in der Teilkostenrechnung ggf. nur die variablen) Kosten der vorgelagerten Vorkostenstellen auf den Hauptkostenstellen verteilt sind. End- bzw. Hauptkostenstellen, deren Gemeinkosten **mittels Zuschlagssätzen** an Kostenträger verrechnet werden, können im Folgenden auch **Sammler** oder **Sammelkostenstelle** genannt werden, um diese von den Hauptkostenstellen zu unterscheiden, welche über Verrechnungstechnik Stundensätze abgerechnet werden. Die Umverteilungen erfolgen auf der Basis von prozentualen Umlagen oder von Verrechnungspreisen, die mittels Division der auf einer Kostenstelle aufgelaufenen (primären und ggf. auch sekundären) Kosten durch einen Mengenschlüssel errechnet werden. Sind also beispielsweise auf einer Gebäudekostenstelle, die 2.000 m² Fläche verwaltet, Kosten in Höhe von 40.000 € aufgelaufen, ergibt sich ein Verrechnungspreis von 20 €/m², mit dem die Kostenstellen belastet werden, die das Gebäude nutzen.

Die konkrete Vorgehensweise bei der Verrechnung der Kosten auf die Hauptkostenstellen hängt schließlich von dem gewählten Verfahren ab. Aufgeführt werden im Folgenden drei Verfahren der innerbetrieblichen Leistungsverrechnung:

- Anbauverfahren
- Stufenleiterverfahren
- Gleichungsverfahren
- Kostenträgerverfahren

Zur Verdeutlichung der Rechenweise soll bei allen Verfahren ein Beispielbetrieb mit den zwei Hilfskostenstellen „Gebäudekostenstelle“ und „Instandhaltung“ und den zwei Hauptkostenstellen „Kostenstelle Material“ und „Kostenstelle Fertigung“ betrachtet werden.[10] Um die innerbetriebliche Leistungsverrechnung

[10] Die Darstellung des Beispiels ist angelehnt an Schmidt, A. (2001), S. 95 ff.

durchführen zu können, stehen Angaben über die primären Gemeinkosten und die Leistungsverflechtungen zwischen den Kostenstellen zur Verfügung:

	Hilfskostenstellen		Hauptkostenstellen	
	Gebäude	Instandhaltung	Material	Fertigung
Primärkosten	40.000	20.000	100.000	100.000
Bezugsgrößen				
ILV Gebäude (m^2)	-4.000	500	2.000	1.500
ILV Instandhaltung (h)	20	-400	80	300

Die Tabelle ist wie folgt zu lesen: Die Instandhaltung hat 400 Handwerkerstunden (h) an andere Kostenstellen abgegeben (-), davon beispielsweise 80 Stunden an die Materialkostenstelle. In diesem Beispiel entsprechen sich im Übrigen in Summe auch die abgegebenen und empfangenen Leistungen. Die Bezugsgrößen Handwerkerstunden und – bei der Umlage der Leistungen der Gebäudestelle – die Raumfläche (m^2) bilden die zentralen Grundlagen für die Bildung von Verrechnungspreisen, mit denen schließlich die Kosten der Hilfskostenstellen umgelegt werden.[11]

4.2.4.2.3.1 Anbauverfahren

Das Anbauverfahren ist dadurch gekennzeichnet, dass weder eine Leistungsverrechnung zwischen den Hilfskostenstellen noch zwischen den Hauptkostenstellen erfolgt. Die primären Gemeinkosten der Hilfskostenstellen werden direkt auf die Hauptkostenstellen umgelegt. Leistungsverflechtungen bzw. wechselseitige Leistungsbeziehungen zwischen Kostenstellen bleiben unberücksichtigt.

Beispiel[12]

Für den Beispielbetrieb mit den zwei Vor- und Hauptkostenstellen könnten die Leistungsbeziehungen bei Anwendung des Anbauverfahrens wie folgt unterstellt werden:

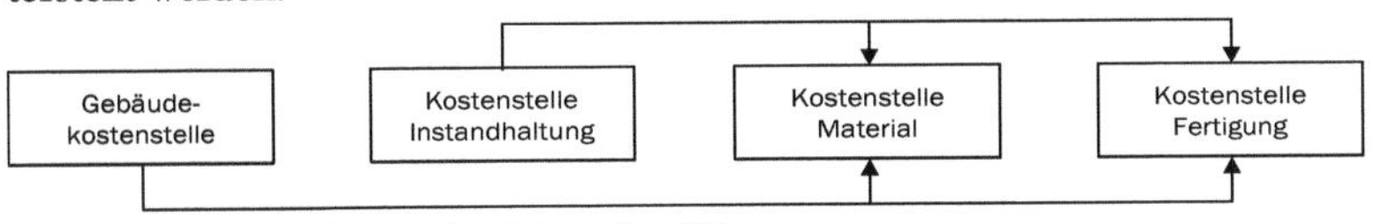

Damit ergeben sich nun die folgenden Werte:

[11] Empfehlung zur Vertiefung der innerbetrieblichen Leistungsverrechnung: Schmidt, A.: Kostenrechnung: Grundlagen der Vollkosten-, Deckungsbeitrags- und Plankostenrechnung sowie des Kostenmanagements

[12] In enger Anlehnung an Schmidt, A. (2001), S. 95 ff.

	Hilfskostenstellen		Hauptkostenstellen	
	Gebäude	Instandhaltung	Material	Fertigung
Primärkosten	40.000	20.000	100.000	100.000
ILV Gebäude			→ 22.857	17.143
ILV Instandhaltung			→ 4.211	15.789
Endkosten	0	0	127.068	132.932

ILV Gebäude (m^2)	-3.500		2.000	1.500
ILV Instandhaltung (h)		-380	80	300

Verrechnungspreis	11,43 € (€ / m^2)	52,63 (€ / h)	

Wie die Rechnung verdeutlicht, vernachlässigt das Anbauverfahren die zwischen den beiden Hilfskostenstellen ausgetauschten Leistungen. Infolgedessen wird der Verrechnungspreis (VP) der Gebäudekostenkostenstelle bzw. der Instandhaltungskostenstelle auch nicht gebildet, indem deren primäre Gemeinkosten durch die gesamten von ihnen abgegebenen Leistungen (Raumfläche bzw. Handwerkerstunden) dividiert werden. Vielmehr bilden jeweils nur die von den beiden Hauptkostenstellen in Anspruch genommenen Leistungen die Basis des Verrechnungssatzes.

In Bezug auf den Verrechnungspreis der Gebäudekostenstelle gilt somit:

$$VP\ Gebäude = \frac{Primäre\ GK\ \ Gebäude}{Flächenverbrauch\ Hauptkostenstellen} = \frac{40.000\ €}{3.500\ m^2} \approx 11{,}43\ €/m^2$$

Wird der Flächenverbrauch der Material- bzw. Fertigungsstelle mit diesem Verrechnungssatz bewertet ergibt sich ihre entsprechende Sekundärkostenbelastung. Die Entlastung der Gebäudestelle erfolgt in gleicher Höhe. Diese Be- und Entlastungen bilden die sekundären Kosten. Es gilt somit:

Belastung Materialstelle = 2.000 m^2 x 11,43 € / m^2 = 22.857 €

Belastung Fertigungsstelle = 1.500 m^2 x 11,43 € / m^2 = 17.143 €

Entlastung Gebäudestelle = 3.500 m^2 x 11,43 € / m^2 = 40.000 €

Analoge Berechnungen sind für die Instandhaltungsstelle durchzuführen.

Als Resultat der durchgeführten Berechnungen erhält man die Summe der primären und sekundären Gemeinkosten – die Endkosten. In den Hilfskostenstellen sind diese gleich null, da sie ihre gesamten primären Gemeinkosten im Zuge der innerbetrieblichen Leistungsverrechnung auf die Hauptkostenstellen umgelegt haben.

Beurteilung des Verfahrens

Das Anbauverfahren kann nur dann zu einer verursachungsgerechten Leistungsverrechnung führen, wenn keine Lieferbeziehungen zwischen den Hilfskostenstellen bestehen. In obigem Beispiel ist dies allerdings nicht der Fall. Daher sind falsche Verrechnungspreise entstanden, die im Ergebnis zu einer zu hohen oder zu niedrigen Belastung der Hauptkostenstellen führen; denn: Hilfskostenstellen, die viele innerbetriebliche Leistungen in Anspruch nehmen und/oder wenige Leistungen an andere Hilfskostenstellen abgeben, weisen zu niedrige Verrechnungspreise aus; sie verkaufen ihre Leistungen zu „billig". Hauptkostenstellen, die in starkem Maße Leistungen von diesen „billigen" Hilfskostenstellen beziehen, weisen dann zu geringe Endkosten aus; in der Folge sind deren Kalkulationssätze, mit denen wiederum die Kostenträger belastet werden, zu niedrig. Die Folgewirkungen dieser falschen Verrechnungspreise reichen damit bis in die Kostenträgerrechnung hinein. Der Vorteil des Verfahrens liegt jedoch auch auf der Hand: es ist einfach und für jedermann verständlich.

4.2.4.2.3.2 Stufenleiterverfahren

Das Stufenleiterverfahren geht von der Prämisse aus, dass die Leistungsströme nur in eine Richtung verlaufen. Dabei geht man ebenso wie beim Anbauverfahren von einseitigen Leistungsbeziehungen aus, allerdings mit dem Unterschied, dass vorgelagerte Hilfsstellen auch Leistungen an nachgelagerte Hilfsstellen abgeben. Erforderlich ist es, hierbei eine Reihenfolge bzw. Hierarchie vor- und nachgelagerter Stellen festzulegen. Die Kosten der Hilfsstellen werden dann auf die Hauptkostenstellen und die noch nicht abgerechneten Hilfsstellen umgelegt. Belastet werden somit nur nachgelagerte Stellen, Rückbelastungen finden nicht statt.

Beispiel[13]

In Bezug auf das bereits herangezogene Beispiel wäre folgende Abrechnungsreihenfolge denkbar:

[13] In enger Anlehnung an Schmidt, A. (2001), S. 95 ff.

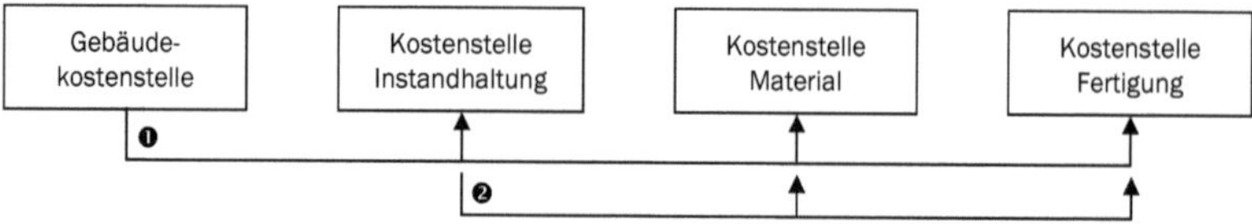

Zunächst werden also die primären Kosten der Gebäudekostenstelle auf die nachgelagerte Hilfskostenstelle und die Hauptkostenstellen umgelegt. Anschließend werden die primären und von der Gebäudestelle bezogenen sekundären Gemeinkosten der Instandhaltungsstelle auf die Hauptkostenstellen umgelegt.

Bei Anwendung des Stufenleiterverfahrens ergeben sich nun die folgenden Werte:

	Hilfskostenstellen		Hauptkostenstellen	
	Gebäude	Instandhaltung	Material	Fertigung
Primärkosten	40.000	20.000	100.000	100.000
ILV Gebäude	→	5.000	20.000	15.000
Zwischensumme		*25.000*	*120.000*	*115.000*
ILV Instandhaltung		→	5.263	19.737
Endkosten	0	0	125.263	134.737

ILV Gebäude (m^2)	-4.000	500	2.000	1.500
ILV Instandhaltung (h)		-380	80	300

Verrechnungspreis	10,00 € (€ / m^2)	65,79 (€ / h)	

Wie die Rechnung verdeutlicht, werden beim Stufenleiterverfahren nur die „rückwärts-gerichteten" Leistungen vernachlässigt. Die Kostenstelle Gebäude legt ihre gesamten primären Kosten auf die nachgelagerten Hilfs- und Hauptkostenstellen um. Damit wird – anders als beim Anbauverfahren – berücksichtigt, dass die Gebäudestelle 500 m² für die Instandhaltungsstelle zur Verfügung stellt. Da der Gebäudestelle aufgrund der Anordnung der Kostenstellen keine sekundären Kosten anderer Stelle belastet wurden, enthält ihr Verrechnungspreis auch lediglich ihre primären Gemeinkosten:

$$VP\ Gebäude = \frac{Primäre\ GK\ \ Gebäude + Belastungen}{Flächenverbrauch\ nachgelagerter\ Stellen} = \frac{40.000\ € + 0}{4.000m2} = 10€/m2$$

Die von der Instandhaltung erbrachten 20 Handwerkerstunden für die Gebäudestelle werden – eben aufgrund der Anordnung der Kostenstellen – dieser weiterhin nicht belastet; für die Gebäudestelle liegen die Belastungen von anderen Kostenstellen bei null. Dagegen umfasst der Verrechnungspreis der Instandhaltungsstelle nun auch einen Teil der primären Gemeinkosten der Gebäudestelle, da diese ihr im ersten Abrechnungsschritt in Form sekundärer Kosten belastet wurden. Rechnerisch gilt für den Verrechnungspreis der Instandhaltungsstelle:

$$VP\ (Instand) = \frac{Primäre\ GK\ \ Instandh. + Belastungen}{Flächenverbr.\ nachgelagerter\ Stellen} = \frac{40.000\ € + 5.000}{380\ h} \approx 65{,}79€/h$$

Wie auch beim Anbauverfahren erhält man als Resultat der durchgeführten Berechnungen die Endkosten der Kostenstellen. Für die Hilfskostenstellen liegen dieser wiederum bei null, da sie ihre gesamten primären Gemeinkosten im Zuge der innerbetrieblichen Leistungsverrechnung auf die Hauptkostenstellen umgelegt haben. Durch die Berücksichtigung „vorwärts-gerichteter" Leistungsbeziehungen weichen nun allerdings die Endkosten der Hauptkostenstellen von den mittels des Anbauverfahrens ermittelten Werten ab.

Beurteilung des Verfahrens

Ebenso wie das Anbauverfahren ist das Stufenleiterverfahren einfach durchzuführen und für jedermann verständlich, allerdings bleibt auch bei diesem Verfahren festzuhalten, dass bei bestehenden wechselseitigen Leistungsbeziehungen – wie in obigem Beispiel – keine verursachungsgerechte Leistungsverrechnung erfolgt. Sofern jedoch tatsächlich nur einseitige Leistungsbeziehungen zwischen den Kostenstellen bestehen, führt es zu „richtigen" Ergebnissen und zu akzeptablen Ergebnissen, sofern die Leistungsbeziehungen zwischen einer nachgelagerten und einer vorgelagerten Kostenstelle von geringem Ausmaß sind.[14] Entscheidend für die Genauigkeit des Stufenleiterverfahrens ist in letzterem Falle die Anordnung der Kostenstellen. Diese sollte so erfolgen, dass möglichst wenige ausgetauschte – in Währungsbeträgen ausgedrückte – Leistungen unter den Tisch fallen. Damit stellt sich die Frage, ob man eine genauere („richtigere") Lösung für obiges Beispiel erhält, sofern die Abrechnungsreihenfolge der Kostenstelle vertauscht wird:

---

14 Vgl. Schmidt, A. (2001), S. 99; Götzinger, M. / Michael, H. (1985), S. 117.

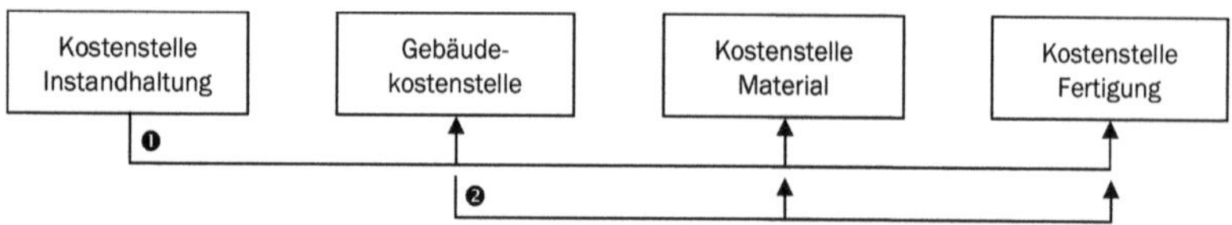

Es ergibt sich damit, bei umgekehrter Umlage-Reihenfolge der Kostenstellen, das folgende Bild:

	Hilfskostenstellen		Hauptkostenstellen	
	Instandhaltung	Gebäude	Material	Fertigung
Primärkosten	20.000	40.000	100.000	100.000
ILV Gebäude		1.000	4.000	15.000
Zwischensumme		*41.000*	*104.000*	*115.000*
ILV Instandhaltung			23.429	17.571
Endkosten	0	0	127.429	132.571

ILV Instandhaltung (h)	-400	20	80	300
ILV Gebäude (m^2)		-3.500	2.000	1.500

Verrechnungspreis	50,00 € (€ / m^2)	11,71 (€ / h)	

Wie bereits angesprochen, ist nun die Lösung exakter, bei der weniger – in monetären Größen ausgedrückte – Leistungen unberücksichtigt bleiben. Bei der ersten Variante bleiben 20 Handwerkerstunden à ca. 50 € unberücksichtigt. In der zweiten Variante wird hingegen die Nutzung von 500 m^2 Nutzfläche à ca. 10 € durch die Instandhaltung nicht berücksichtigt. Mithin kommt damit die erste Variante, bei der zuerst die Umlage der Kosten der Gebäudestelle auf die nachgelagerten Stellen erfolgt, der exakten Lösung näher.[15]

[15] In enger Anlehnung an Schmidt, A. (2001), S. 100.

4.2.4.2.3.3 Gleichungsverfahren

Das Gleichungsverfahren (mathematisches oder simultanes Verfahren) ist ein Verfahren zur Bestimmung der exakten Lösung der Verrechnungspreise unter Verwendung eines linearen Gleichungssystems, bei dem die Variablen den gesuchten Verrechnungspreisen entsprechen. Da für jede Vorkostenstelle ein Verrechnungspreis gesucht wird, hat das Gleichungssystem dieselbe Anzahl an Gleichungen, wie Vorkostenstellen an der innerbetrieblichen Leistungsverrechnung beteiligt sind. Dabei werden die Verrechnungspreise unter Berücksichtigung der primären sowie der sekundären Gemeinkosten der Vorkostenstellen gebildet. Die Berechnung der Verrechnungspreise erfolgt hierbei gleichzeitig, weshalb es nicht notwendig ist, eine Umlagereihenfolge der Vorkostenstellen festzulegen. Einseitige wie auch wechselseitige Leistungsbeziehungen finden bei diesem Verfahren Beachtung. Die Verteilung der Kosten ist somit verursachungsgerecht.[16]

Der Leistungsaustausch erfolgt wie dargestellt:

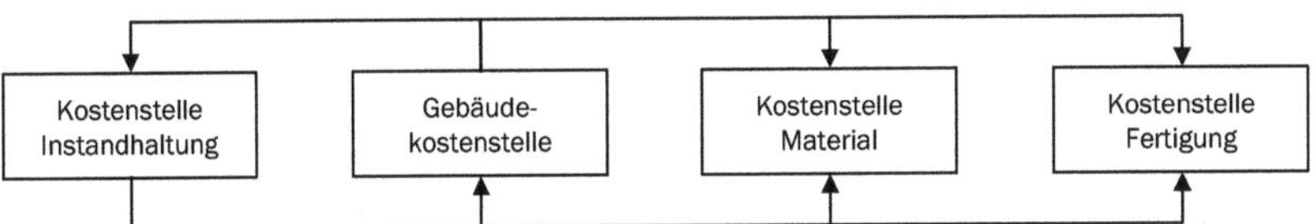

Die primären Gemeinkosten der beiden Vorkostenstellen Instandhaltung und Gebäude werden gleichzeitig, gemäß den tatsächlichen Leistungsverflechtungen, auf die am Leistungsaustauch beteiligten Kostenstellen in Form von sekundären Gemeinkosten verrechnet. Hierfür erfolgt zunächst die Berechnung der Verrechnungspreise der Vorkostenstellen unter Anwendung eines linearen Gleichungssystems. Unter Zuhilfenahme der bekannten Größen (Primärkosten der Vorkostenstelle, abgegebene und empfangene Leistungen) wird für jede Vorkostenstelle eine (Kostenüberwälzungs-)Gleichung gebildet:

Primärkosten + Wert der empfangenen Leistungen (Belastungen)
= Wert der abgegebenen Leistungen (Entlastungen)

Hierbei wird unterstellt, dass der auf der rechten Seite der Gleichung angegebene gesamte Wert der von einer Kostenstelle abgegebenen Leistungen dem auf der linken Seite der Gleichung angegebenen gesamten Werteverzehr in dieser Kostenstelle entspricht.

Das Grundproblem besteht darin, dass zur Berechnung der Verrechnungspreise der Kostenstellen neben den Primärkosten, die bereits bekannt sind, die von

[16] Vgl. Schmidt, A. (2008), S. 102ff.; Haberstock (2008), S. 125ff.

anderen Kostenstellen empfangenen Sekundärkosten, die noch unbekannt sind, benötigt werden. Diese werden durch die empfangene Leistung, multipliziert mit dem ebenfalls unbekannten Verrechnungspreis der leistenden Kostenstelle, beschrieben. Durch Beschreibung dieses Zusammenhangs in Form von Gleichungen entsteht ein lineares Gleichungssystem. Die Lösung des Gleichungssystems führt über die Ermittlung der Verrechnungspreise automatisch zur Lösung der noch unbekannten Sekundärkosten.

Für den Beispielbetrieb mit den beiden Vorkostenstellen ergeben sich somit folgende (Kostenüberwälzungs-)Gleichungen:

Gebäudekostenstelle: $40.000 + 20q_2 = 4.000q_1$
Instandhaltungskostenstelle: $20.000 + 500q_1 = 400q_2$
(mit q_1 = gesuchter VP €/m² und q_2 = gesuchter VP €/h)

Da die Anzahl der Gleichungen mit der Anzahl der Variablen übereinstimmt, kann das Gleichungssystem anhand der gängigen Lösungsmethoden (z.B. Additionsverfahren, Einsetzungsverfahren, Gleichsetzungsverfahren) gelöst werden. Für die beiden Vorkostenstellen ergeben sich somit folgende Verrechnungspreise[17]:

q_1 = 10,31 €/m²
q_2 = 62, 89 €/h

Unter Anwendung des Gleichungsverfahrens ergeben sich für das Beispiel somit folgende Werte:

	Hilfskostenstellen		Hauptkostenstellen	
	Gebäude	Instandhaltung	Material	Fertigung
Primärkosten	40.000	20.000	100.000	100.000
ILV Gebäude		5.157	20.629	15.472
ILV Instandhaltung	1.258		5.031	18.868
Zwischensumme	*41.258*	*25.157*	*125.660*	*134.340*
Endkosten	0	0	125.660	134.340

[17] Die angegebenen Werte der Verrechnungspreise sind gerundet. Den im Folgenden ausgeführten Berechnungen unterliegen die exakten Werte der Verrechnungspreise. Das Einsetzen der gerundeten Werte in die Beispielrechnungen kann daher zu Abweichungen der Ergebnisse führen.

ILV Instandhaltung (h)	-4.000	500	2.000	1.500
ILV Gebäude (m^2)	20	-400	80	300

Verrechnungspreis	10,31 € (€ / m^2)	62,89 (€ / h)	

Durch Einsetzen der Verrechnungspreise in die (Kostenüberwälzungs-)Gleichungen ergeben sich die Be- und Entlastungen der beiden Vorkostenstellen:

Gebäudekostenstelle: 40.000 € + 20 h * 62,89 €/h = 4.000 m² * 10,31 €/m²
40.000 € + 1.258 € = 41.258 €

Aufgrund der 20 Wartungsstunden, welche die Kostenstelle Gebäude von der Kostenstelle Instandhaltung in Anspruch genommen hat, werden dieser 1.258 € belastet. Diese wurden bei der Berechnung des Verrechnungspreises mit Hilfe des linearen Gleichungssystems in Form von sekundären Gemeinkosten der Gebäudekostenstelle bereits berücksichtigt.

Probe: (40.000 € + 1.258 €) / 4.000 m² = 10,31 €/m²

Aus primären und sekundären Gemeinkosten der Gebäudekostenstelle ergeben sich somit Kosten in Höhe von 41.258 € (Zwischensumme). Diese müssen anhand der Leistungen, welche die Gebäudekostenstelle an andere Kostenstellen abgibt (4.000 m²), weiterverrechnet werden.

Probe: 41.258 € / 4.000 m² = 10,31 €/m²

Da von dem Gesamtwert der abgegebenen Leistungen bereits Leistungen im Wert von 5.157 € (500m² * 10,31 €/m²) an die Kostenstelle Instandhaltung verrechnet wurden, bleiben hiervon noch 36.101 € übrig, die den beiden Hauptkostenstellen Material und Fertigung belastet werden müssen:

Belastung Materialstelle 2.000 m² * 10,31 €/m² = 20.629 €
Belastung Fertigungsstelle 1.500 m² * 10,31 €/m² = 15.472 €

Da die gesamten Kosten der Vorkostenstelle Gebäude somit umgelegt wurden, ist die Kostenstelle entleert und weist Gesamtkosten in Höhe von null Euro aus.

Die Umlage der Vorkostenstelle Instandhaltung erfolgt auf dieselbe Weise wie die Umlage der Vorkostenstelle Gebäude:

Instandhaltungskostenstelle: 20.000 € + 500 m² * 10,31 €/m²= 400 h * 62,89 €/h
20.000 € + 5.157 €= 25.157 €

Nach Abzug der an die Gebäudekostenstelle geleisteten Leistungen in Höhe von 1.258 € (20 h * 62,89 €/h) vom Gesamtwert der abgegebenen Leistungen verbleiben 23.899 €, die den beiden Hauptkostenstellen Material und Fertigung belastet werden müssen:

Belastung Materialstelle 80 h * 62,89 €/h = 5.031 €
Belastung Fertigungsstelle 300 h * 62,89 €/h = 18.868 €

Somit ist die Vorkostenstelle Instandhaltung ebenfalls entlastet, da deren gesamte Kosten umgelegt wurden.

Nach Umlage aller Vorkostenstellen ergeben sich die Gesamtkosten der beiden Hauptkostenstellen aus deren Primärkosten und den von den beiden Vorkostenstellen erhaltenen Sekundärkosten. Die Summe der Gesamtkosten beider Hauptkostenstellen entspricht nach wie vor den gesamten zu verteilenden primären Gemeinkosten aller Kostenstellen (Vor- und Hauptkostenstellen). Diese durch das Gleichungsverfahren erzielte verursachungsgerechte Kostenverteilung bestätigt, dass es sich bei der vorliegenden Lösung um die exakten Ergebnisse der Verrechnungspreise handelt.

Aufgrund der Komplexität des Verfahrens kann dieses in der Regel nicht ohne den Einsatz von EDV gelöst werden, was in Zeiten der digitalen Unternehmensführung allerdings kein größeres Problem darstellen sollte. Zur Bestimmung von Näherungslösungen wird das sogenannte Iterationsverfahren verwendet, bei dem, wie bereits beschreiben, schrittweise eine Verbesserung des Ergebnisses stattfindet, bis eine annähernd korrekte Lösung vorliegt.

4.2.4.2.3.4 Kostenträgerverfahren

Die bisher geschilderten Verfahren der innerbetrieblichen Leistungsverrechnung stellen eine unmittelbare Umlage bzw. Verrechnung zwischen Kostenstellen dar. Diese Formen der innerbetrieblichen Leistungsverrechnungen können dann zwischen den Kostenstellen durchgeführt werden, wenn der Umfang der weiterbelasteten Kosten überschaubar und die Techniken geeignet sind. Bei komplexen und zeitlich ausgedehnteren Leistungen, deren Kosten explizit überwachungswürdig sind, wird das Kostenträgerverfahren angewandt. Hierfür wird ein interner Kostenträger (auch Innenauftrag) angelegt, auf welchem zunächst die im Zusammenhang mit der Leistung erbrachten Kosten erfasst werden. Dies können zum einen primäre Einzelkosten oder zum anderen mittels Verrechnungssatz von Hauptkostenstellen weiterbelastete Kosten sein. Nach Abschluss des Auftrags wird dieser geschlossen, d.h. eine weitere Belastung mit Kosten ist nicht mehr möglich. Je nach Art der erbrachten Leistung wird dieser im Anschluss abgerechnet. Sollte es sich um eine aktivierbare Eigenleistung handeln, erfolgt eine Abrechnung in das Anlagevermögen, ansonsten erfolgt eine Abrechnung an eine oder mehrere Kostenstellen oder unter bestimmten Voraussetzungen auch in die Ergebnisrechnung.

4.2.4.3 Abrechnungen von Kostenstellen an Kostenträger

Rückblickend auf die Verfahren der Innerbetrieblichen Leistungsverrechnung (ILV) ist es wichtig, den Bezug zum Kostenrechnungssystem, d.h. der Voll- oder Teilkostenrechnung, nicht aus den Augen zu verlieren.

Es sei an dieser Stelle darauf hingewiesen, dass die innerbetriebliche Leistungsverrechnung grundsätzlich durchgeführt wird, um Leistungsverflechtungen, die zwischen den Kostenstellen eines Unternehmens bestehen, abzubilden. Dies geschieht sowohl in den System der Voll- als auch der Teilkostenrechnung.

Werden bei der Vollkostenrechnung alle Kosten auf Kostenträgern erfasst, so trifft dies in der Teilkostenrechnung nur auf die variablen Kosten zu.

Die sich zunächst stellende Frage bei der Teilkostenrechnung ist die nach dem Umgang mit den fixen Kosten. An diesem Punkt angekommen, gibt es die Vertreter der Meinung, die fixen Kosten direkt in die Ergebnisrechnung überzuleiten. Alle dann auf den Kostenstellen zur Verrechnung an Kostenträger erfassten Kosten wären dann variabel. Dies stellt eine Möglichkeit dar, allerdings ist eine Kostenkontrolle der fixen Kosten auf den Kostenstellen nicht möglich. Eine andere Möglichkeit (die im Folgenden auch konsequent vorgestellte) ist, die fixen Kosten auch im System der Teilkostenrechnung auf den Kostenstellen zu erfassen, diese allerdings so zu gestalten, dass sowohl bei der ILV als auch bei der Berechnung der Stunden- bzw. Zuschlagssätze ausschließlich die variablen Kosten an die Kostenträger weiterbelastet werden. Fixe Kosten können dann über die Kostenstellen überwacht werden und werden dann als Kostenstellenüber- bzw. –unterdeckungen in die Betriebsergebnisrechnung übernommen.

Somit ist es in der Teilkostenrechnung oder der flexiblen Plan- bzw. Normalkostenrechnung wichtig, die Kostenarten und die innerbetriebliche Leistungsverrechnung so zu konzipieren, dass in den Kostenstellen eine Abgrenzung der fixen und variablen Kostenbestandteile möglich ist.

Wie nachfolgend dargestellt, werden für die Hauptkostenstellen Verrechnungs- bzw. Zuschlagssätze berechnet. Mit den Verrechnungs- bzw. Zuschlagssätzen werden die Kostenträger je nach Inanspruchnahme der zugrundeliegenden

Kostenstellen belastet. Würden ausschließlich die tatsächlichen Kosten weiterverrechnet, die auf den Kostenstellen entstanden sind, würden man von einer Istkostenrechnung sprechen. In der Praxis spielt die reine Istkostenrechnung eine eher untergeordnete Rolle. Vor allem hinsichtlich der angestrebten Kostenstetigkeit bei der Weiterverrechnung der Kosten an Kostenträger wird hier mit über ein Geschäftsjahr hinweg konstanten Normal- bzw. Plan-Verrechnungs- bzw. Zuschlagssätzen gearbeitet.[18]

Verrechnungstechniken grundsätzlich sowie beispielhafte Unterscheidungen in der Voll- und Teilkostenrechnung werden in den folgenden Kapiteln ausgeführt.

Zur Berechnung dieser Planstunden- und Zuschlagssätzen werden kostenstellenbezogene Plandaten (Plankosten und teilweise Planleistungen) benötigt, welche in der Regel in einer unternehmensübergreifenden Planung bestimmt werden.

Während Istkosten gegenwarts- bzw. vergangenheitsorientiert sind, bestimmen Plankosten die in einer bestimmten Planperiode (Budgetjahr) anfallenden zukünftigen Kosten.

Um die Berechnung der Planstunden- und Plan-Zuschlagssätze besser zu verstehen, bietet es sich an, einen möglichen **gesamten Planungsprozess** eines Unternehmens zu skizzieren:

Häufig werden in Planungsprozessen übergeordnete Unternehmensziele geplant und festgelegt. Von diesen ausgehend stellt die strategische Planung dazu passend eine Strategie auf, setzt diese um und kontrolliert sie. Aufgabe der strategischen Planung ist somit die Sicherung bestehender und die Schaffung neuer Erfolgspotentiale für das Unternehmen. Die sich der strategischen Planung anschließende operative Planung versucht daraufhin, diese Erfolgspotentiale bestmöglich zu nutzen.

Für die Planung der Kostenstellenkosten ist es ausreichend, einen Ausschnitt des Gesamtsystems an dieser Stelle auszuführen:

Ausgangspunkt einer operativen Planung im Unternehmen ist häufig die **Absatzplanung**. Sie gibt Auskunft darüber, welche Produktmengen das Unternehmen zu welchen Preisen auf welchen Absatzmärkten (z.B. nach Regionen gegliedert) abzusetzen plant.

Von der Absatzplanung leiten sich die Materialbedarfsplanung sowie die Planung der Unternehmenskapazitäten ab. Somit können einerseits der Materialverbrauch, insbesondere für Roh- und Hilfsstoffe, und andererseits die Gemein-

---

[18] Im Folgenden wird nur mit Plan-Stundensätzen bzw. Plan-Verrechnungssätzen gearbeitet.

kosten (diese beinhalten auch kapazitive Kosten wie z.B. Personal- und Maschinenbedarfe) für die nächste(n) Periode(n) geplant werden. Dies erfolgt in der Regel in enger Abstimmung mit der Investitionsplanung.

Auf Basis dieser Daten lassen sich auf den Kostenstellen die Gemeinkosten, differenziert nach Kostenarten (= primäre Gemeinkosten), planen. Auch eine Unterscheidung in fixe und variable Kostenarten ist, je nach System, hilfreich.

Je nach konzeptioneller Ausgestaltung der Kostenrechnung können nach der Planung der primären Gemeinkosten Umlagen bzw. Verrechnungen der Vorkostenstellen notwendig sein, bei denen dann wiederum sekundäre Gemeinkosten entstehen. Dies führt auf den leistungsempfangenden Kostenstellen zum Ausweis von primären und sekundären Gemeinkosten (im Plan), welche als Gesamtkosten der Kostenstelle bezeichnet werden.

Neben Plankosten ist für die Verrechnungstechnik Verrechnungssatz auch das Ermitteln der Planstunden einer Kostenstelle von Bedeutung.

Die Ausführungen beziehen sich sowohl auf die Voll- als auch auf die Teilkostenrechnung.

4.2.4.4 Verrechnungsverfahren

Die nachfolgenden Kapitel beschreiben ausgewählte Verfahren zur Verrechnung der Kostenstellenkosten an Kostenträger. Im Einzelnen werden folgende Verfahren vorgestellt:

- Stundensätze (im System der Voll- und Teilkostenrechnung),
- prozentuale Zuschlagssätze (im System der Voll- und Teilkostenrechnung),
- Prozesskostenrechnung (im System der Vollkostenrechnung).

Stundensätze (auch Verrechnungssätze oder Tarife) können sowohl im System der Voll- als auch im System der Teilkostenrechnung angewendet werden. In der Regel werden Stundensätze für die Kostenstellen berechnet, welche in Stunden messbare Leistungen für Kostenträger oder andere Kostenstellen erbringen (dies sind vor allem Kostenstellen in der Fertigung, teilweise auch in der Konstruktion). Genannt werden können hier beispielhaft die Kostenstelle Fräsen, die eine Leistung für einen Auftrag erbringt, oder die Kostenstelle Instandhaltung, die nicht zwar keine produktiven Stunden für Aufträge leistet, aber messbare Leistungen durch ihre originären Aufgaben gegenüber anderen Kostenstellen erbringt. Die Kostenartenstruktur dieser Kostenstellen setzt sich in der Regel aus den Personalkosten (häufig Löhne, manchmal Gehälter) und weiteren Gemeinkosten zusammen. In der Praxis werden die „weiteren" Gemeinkosten dieser Kostenstellen häufig in die Stundensätze einbezogen, wobei moderne EDV-Systeme es auch zulassen, z.B. einen Verrechnungssatz und einen oder mehrere Zuschlagssätze für eine Kostenstelle zu berechnen. Nachfolgende

Beispiele gehen immer davon aus, dass pro Hauptkostenstelle entweder *ein* Verrechnungssatz oder *ein* Zuschlagssatz berechnet werden.

4.2.4.4.1 Verrechnungssätze

Verrechnungssätze bzw. Stundensätze von Hauptkostenstellen, welche auf der Basis von Istkosten berechnet werden, unterliegen aufgrund des nicht konstanten Kosten- und Stundenanfalls der einzelnen Monate Schwankungen. Aufgrund der angestrebten Kostenstetigkeit der Verrechnungssätze wird in der Regel mit einem über ein Jahr hinweg konstanten Planverrechnungssatz gearbeitet. Dieser wird auf der Basis von **Plandaten**, welche in der Regel bei der jährlich stattfindenden Unternehmensplanung ermittelt werden, berechnet.

An Plandaten benötigt man neben den ermittelten Plangesamtkosten der Hauptkostenstellen vor allem noch die Planstunden jener Hauptkostenstellen, welche über Stundensätze verrechnet werden sollen. Es sei an dieser Stelle auf die Unterscheidung der Stunden hingewiesen.

Sowohl für die **Berechnung** als auch für die **Verrechnung** der Kostenstellenkosten spielen die Zeitleistungen eine bedeutende Rolle. Bezüglich des Zeitbezugs der Stunden müssen unterschieden werden:

- **Planstunden**: Sie werden für die Berechnung der Stundensätze benötigt.
- **Iststunden**: Sie werden für die Verrechnung der Kostenstellenkosten an die Kostenträger benötigt.

Sowohl Planstunden als auch Iststunden können neben dem Zeitbezug wie folgt charakterisiert werden:

- **Gesamtzeit/-stunden**

  Stellt die Anwesenheitszeit dar, in der sich ein Mitarbeiter gemäß dem Zeiterfassungssystem im Unternehmen befindet (entspricht den „Kommen"-/„Gehen"-Zeiten).

- **Produktive Zeit/Stunden**

  Die produktive Zeit stellt die Stunden dar, in denen ein Mitarbeiter einer an der Wertschöpfung teilnehmenden Kostenstelle operativ an einem Kostenträger arbeitet. Sie kann beispielsweise manuell oder anhand von Betriebsdatenerfassungssystemen (BDE-Systemen) erfasst werden.

- **Nicht produktive Zeit/Stunden**

  Die nicht produktive Zeit stellt den Teil der Gesamtzeit dar, in welcher der Mitarbeiter der Hauptkostenstelle nicht an Aufträgen arbeitet, sondern anderen Tätigkeiten nachgegangen ist. Diese nicht produktiven Zeiten können entweder durch den Mitarbeiter selbst verursacht werden (z.B. versteckte Pausen) oder durch nicht von diesem zu beeinflussende Ursachen entstehen (z.B. Maschinenausfall, Krankheit).

Bei den Berechnungen der Stundensätzen in den Systemen Voll- und Teilkostenrechnung müssen jeweils die systemspezifischen Besonderheiten beachtet werden. Die Abrechnung der Kostenstellen mittels Stundensätzen wird nachfolgend sowohl im System der Voll- als auch in der Teilkostenrechnung in den folgenden Schritten erklärt:

- Schritt 1/4: Ermittlung der Plankosten
- Schritt 2/4: Ermittlung der Planstunden
- Schritt 3/4: Berechnung des Planverrechnungssatzes
- Schritt 4/4: Abrechnung der Kostenstelle

4.2.4.4.1.1 Verrechnungssätze im System der Vollkostenrechnung

Schritt 1/4: Ermittlung der Plankosten

Im Rahmen der Unternehmensplanung werden für alle Kostenstellen des Unternehmens die primären Gemeinkosten ermittelt. Da im System der Vollkostenrechnung sämtliche Kosten (d.h. fixe und variable Kostenbestandteile) der Kostenstellen an die Kostenträger verrechnet werden und die Hauptkostenstellen die Schnittstelle für eben jene Verrechnungen darstellt, müssen die Kosten der Vorkostenstellen über Verfahren der innerbetrieblichen Leistungsverrechnung an Hauptkostenstellen weiterbelastet werden. Hierbei werden die (primären) Plangemeinkosten der Vorkostenstellen auf die Hauptkostenstellen umgelegt bzw. verrechnet. Die auf den nachfolgenden Kostenstellen erfassten Kosten werden als sekundäre Plangemeinkosten ausgewiesen. Als Ergebnis der Primärkostenplanung und der innerbetrieblichen Leistungsverrechnung ergeben sich die Plangesamtkosten aller Kostenstellen, da gilt:

$$\text{Planprimärkosten} + \text{Plansekundärkosten} = \text{Plangesamtkosten}$$

Beispiel

Die Berechnung eines Verrechnungssatzes sowie die Verrechnungsmöglichkeiten werden anhand eines Beispiels erklärt. Abb. 37 zeigt die Ausgangssituation. Es besteht aus einer Hauptkostenstelle „Metallbearbeitung“ und (vereinfachend zum zuvor abgebildeten Kostenstellenplan) drei Vorkostenstellen „Arbeitsvorbereitung“ (kurz: AV), „Fertigungsleitung“ (kurz: FL) und „Gebäude“. Alle Vorkostenstellen „Gebäude“, „AV“ und „FL“ sind Fertigungshilfskostenstellen und werden durch die ILV zu 20 % auf die Hauptkostenstelle entlastet.

Im Beispiel werden der Einfachheit halber nur wenige Kostenarten der Kostenstellen verwendet. Die auf den Hauptkostenstellen erfassten Primärkosten addieren sich mit den empfangenen Sekundärkosten zu den Gesamtkosten der Kostenstelle.

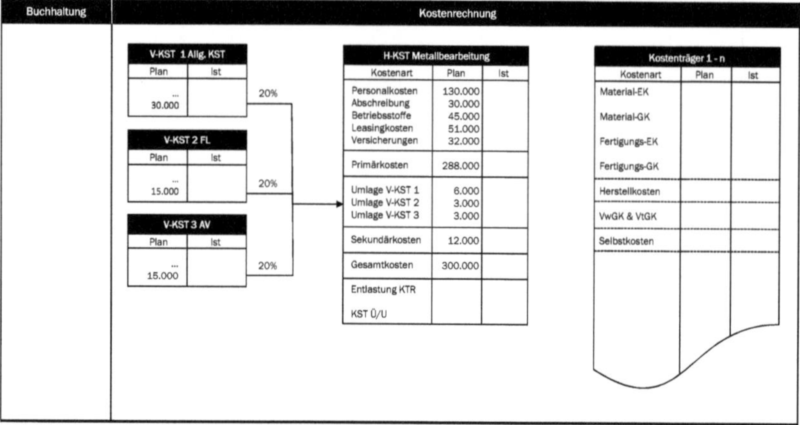

Abbildung 37: Planung und Umlage der Kosten im System der Vollkostenrechnung

Schritt 2/4: Ermittlung der Planstunden

Neben der Planung der Kosten müssen für die Hauptkostenstellen, die über Stundensätze weiterverrechnet werden, auch deren Planstunden ermittelt werden. Die für die Berechnung der Stundensätze relevanten Stunden können für ein Unternehmen mit einer 40-Stunden-Woche wie folgt ermittelt werden:

Jahrestage	365
- Samstage & Sonntage	104
= Anwesenheitstage	261
- tarifliche Urlaubstage	30
- durchschnittliche Krankheitstage	9
- Feiertage	11
- sonstige tarifliche Befreiungen	1
= Arbeitstage	210
x tägliche Arbeitszeit (40-Stunden-Woche)	8,0
= Gesamtstunden (Arbeitszeit)	**1.680 h**
- Anteil der unproduktiven Arbeitszeit (5 %)	84 h
= produktive Arbeitszeit	**1.596 h**

Abbildung 38: Ermittlung der Planstunden pro Mitarbeiter

Es ist zu beachten, dass die berechnete Arbeitszeit noch einen Anteil an **unproduktiven Leistungen** der Kostenstelle enthalten kann. Unternehmen müssen bei der Berechnung der Planstundensätze die Entscheidung treffen, ob sie hierbei die produktive Arbeitszeit oder die Gesamtstunden inklusive der unproduktiven Stunden verwenden werden. Dies hat spürbare Auswirkungen auf das gesamte Kostenrechnungssystem, denn die Berechnung eines Planverrechnungssatzes bei Verwendung der produktiven Stunden führt dazu, dass dieser im Ergebnis höher wird als bei Verwendung der Gesamtstunden.

Beispiel

Mit Bezug auf unser Rechenbeispiel können wir dies (vereinfacht) wie folgt weiterentwickeln:

Die geplanten Zeitleistungen der Hauptkostenstelle „Produktion" betragen 5.000 Stunden (Gesamtstunden). Für diese wurden im Plan 4.800 produktive Stunden und 200 unproduktive Stunden ermittelt.

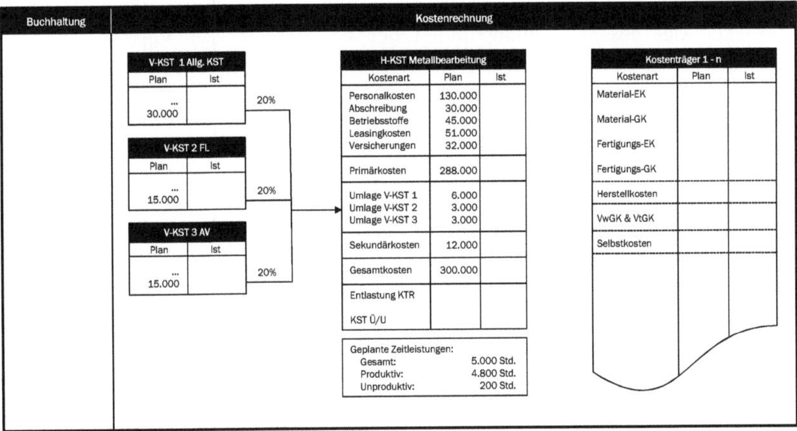

Abbildung 39: Planung der Zeitleistungen im System der Vollkostenrechnung

Schritt 3/4: Berechnung des Plan-Verrechnungssatzes

Ausgehend von den Plandaten (Plankosten und Planstunden) kann der Plan-Verrechnungssatz wie folgt berechnet werden:

$$VS_{Plan} = \frac{Plangesamtkosten}{Planstunden}$$

Für die Planstunden können wahlweise die gesamten Planstunden der Kostenstelle eingesetzt werden oder lediglich die produktiven Planstunden. Hieraus resultieren zwei unterschiedliche Varianten zur Berechnung der Verrechnungssätze:

Berechnungsvariante 1:

$$VS_{Plan} = \frac{Plangesamtkosten}{produktive\ Planstunden}$$

Werden ausschließlich die produktiven Planstunden zur Ermittlung des Verrechnungssatzes verwendet, hat dies zur Folge, dass die Kosten der Unproduktivität der Kostenstelle in den Verrechnungssatz einbezogen werden. Der Verrechnungssatz steigt durch die Verwendung eines kleineren Nenners und die Leerkosten werden auf die Kostenträger weiterbelastet.

Berechnungsvariante 2:

$$VS_{Plan} = \frac{Plangesamtkosten}{gesamte\ Planstunden}$$

Im Gegensatz hierzu wird bei der Ermittlung des Verrechnungssatzes unter Einbezug der gesamten Planstunden der Kostenstelle der Verrechnungssatz niedriger. Diejenigen Kosten der Kostenstelle, die aufgrund von Unproduktivität entstanden sind, werden nicht in den Verrechnungssatz mit einbezogen und somit auch nicht an die Kostenträger weiterverrechnet.

Beispiel

Die Stundensätze lassen sich wie folgt berechnen:

Berechnungsvariante 1 (mit produktiven Stunden):

$$VS_{Plan} = \frac{300.000\ €}{4.800\ Std.} = 62{,}50\ €/_{Std.}$$

Berechnungsvariante 2 (mit gesamten Stunden):

$$VS_{Plan} = \frac{300.000\ €}{5.000\ Std.} = 60\ €/_{Std.}$$

Es sollte diejenige Variante gewählt werden, welche für ein Unternehmen zweckmäßiger erscheint. Es empfiehlt sich jedoch, die Verursachungsgerechtigkeit bei der Verrechnung zu berücksichtigen. Darüber hinaus stellt die Kalkulation die Grundlage für die bilanzielle Bewertung halbfertiger und fertiger Produkte dar. Somit empfiehlt es sich, die rechtlichen Grundlagen hinsichtlich der Einbeziehung von Leerkosten bei der Berechnung der Stundensätze zu prüfen.[19]

---

[19] Vgl. hierzu Beck'schen Bilanz-Kommentar, § 255, Abs. 3.

Für das folgende Beispiel wird die Berechnungsvariante 2 zugrunde gelegt.

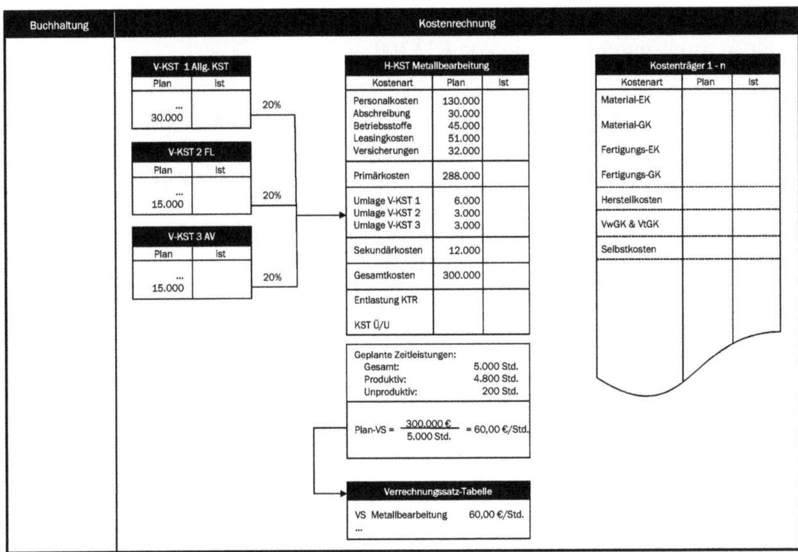

Abbildung 40: Berechnung Planverrechnungssatz im System der Vollkostenrechnung

Schritt 4/4: Verrechnung der Kosten

Werden Zweckaufwendungen in der Buchhaltung verbucht, gelangen diese mittels Zusatzkontierung als primäre Istgemeinkosten auf die Kostenstellen.

Insgesamt belaufen sich die Ist-Gesamtkosten unserer Hauptkostenstelle auf 310.000 €.

Die durch die Mitarbeiter erbrachten Stunden werden mittels BDE erfasst – entweder als abrechenbare, produktive Stunden oder als unproduktive Stunden (Gemeinkostenzeiten).

Die produktiven Stunden werden mit dem zuvor ermittelten Plan-Verrechnungssatz der Kostenstelle bewertet und an den Kostenträger abgerechnet. Mathematisch dargestellt werden kann dies wie folgt:

$$zu\ verrechnende\ Kosten = Stunden_{Ist}\ x\ VS_{Plan}$$

Beispiel

In unserem Beispiel werden die erfassten produktiven Ist-Arbeitszeiten von 4.700 Stunden mit dem in der Verrechnungssatztabelle hinterlegten Plan-Verrechnungssatz von 60,00 €/h multipliziert. Dies führt zu einer Belastung aller gefertigten Aufträge von in Summe €282.000. Die Hauptkostenstelle wird gleichzeitig um denselben Betrag entlastet. Da weniger Kosten an Kostenträger verrechnet wurden als Istkosten entstanden sind, ergibt sich eine Kostenstellenunterdeckung von €22.300.

Es ist wichtig zu verstehen, dass sich die verrechneten Kosten aus Ist- und Plandaten zusammensetzen. Der Abrechnungsprozess führt zu einer **Belastung des Kostenträgers** und zu einer **Entlastung der Kostenstelle**.

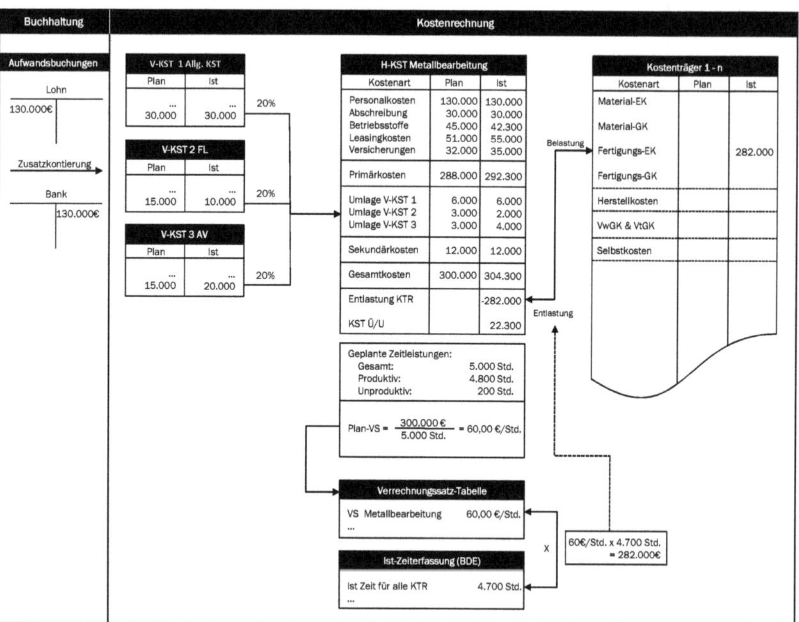

Abbildung 41: Abrechnung Kostenstelle an Kostenträger unter Anwendung eines Verrechnungssatzes im System der Vollkostenrechnung

4.2.4.4.1.2 Verrechnungssätze im System der Teilkostenrechnung

Kostenrechnungssysteme, in welchen die Gesamtkosten in fixe und variable Kostenbestandteile aufgeteilt werden, um im Anschluss eine Kalkulation zu Teilkosten durchzuführen, werden auch Plankostenrechnung auf Teilkostenrechnung bzw. Grenzplankostenrechnung genannt. Auf Kostenstellen verbleibende Fixkosten werden nicht in die Kalkulation einbezogen, sondern in die Betriebsergebnisrechnung übernommen.

Diese Ausgangssituation hat starken Einfluss auf die Kostenstellenrechnung. Bei der innerbetrieblichen Leistungsverrechnung ist es ratsam, neben ihrer originären Funktion dieser noch eine „Aufbereitungsaufgabe" für die nachfolgende, ausschließliche Weiterbelastung der variablen Kosten zukommen zu lassen. Herausfordernd ist, die Verrechnungssätze ausschließlich mit variablen Kosten zu berechnen und diese vorab abzugrenzen. Nachfolgend wird für diese Abgrenzung der variablen Kosten wie folgt vorgegangen:

- Die variablen und fixen Primärkostenarten werden auf den Kostenstellen voneinander unterschieden.
- Nur die variablen Primärkostenarten werden von den Vorkostenstellen an die Hauptkostenstellen weiterbelastet. Die fixen verbleiben als Kostenstellenunterdeckung auf den Vorkostenstellen.
- Auf den Hauptkostenstellen werden auch die variablen Primärkostenarten von den fixen unterschieden. Alle empfangenen Sekundärkostenarten sind variabel.

Schritt 1/4: Ermittlung der Plankosten

Die Ermittlung der Plankosten erfolgt wie bei der Vollkostenrechnung im Rahmen der Unternehmensplanung. Bei der Teilkostenrechnung wird die angesprochene Trennung der fixen und variablen Kostenarten durchgeführt. Durch die ausschließliche innerbetriebliche Leistungsverrechnung der variablen Kosten von den Vor- auf die Hauptkostenstellen bleiben sämtliche fixen Kosten der Vorkostenstellen auf diesen stehen. Somit entsteht folgendes Szenario:

- Die primären Fixkosten der Vorkostenstellen bleiben auf den Vorkostenstellen.
- Die primären Kosten der Hauptkostenstellen sind sowohl fixe als auch variable Kosten – diese werden aber als fixe und variable Kosten dieser Kostenstellen unterschieden.
- Die sekundären Kosten der Hauptkostenstellen sind variable Kosten.

Beispiel

Abbildung 42 zeigt die Planung der Kostenstellen im System der Teilkostenrechnung. Die Grafik zeigt die Unterscheidung von fixen und variablen Kostenbestandteilen auf den Kostenstellen. Im Beispiel werden nur die variablen Kosten der Vorkostenstellen auf die Hauptkostenstelle umgelegt, was im Vergleich zur Vollkostenrechnung zu einer Verringerung der Sekundärkosten auf der Hauptkostenstelle führt. Die Plangemeinkosten der Hauptkostenstelle „Metallbearbeitung" setzen sich wie folgt zusammen: primäre Plangemeinkosten in Höhe von 288.000 €, sekundäre Plangemeinkosten in Höhe von 5.000 € und somit Plangesamtkosten in Höhe von 293.000 €. Von diesen sind wiederum 113.000 € fixe Plangemeinkosten und 180.00 € variable Plangemeinkosten, welche als Berechnungsgrundlage zur Bildung des Verrechnungssatzes benötigt werden. Die Personalkosten des vorherigen Beispiels wurden wegen der Variablisierung durch Kosten für einen dauerhaft eingesetzten Leiharbeiterstamm ersetzt.

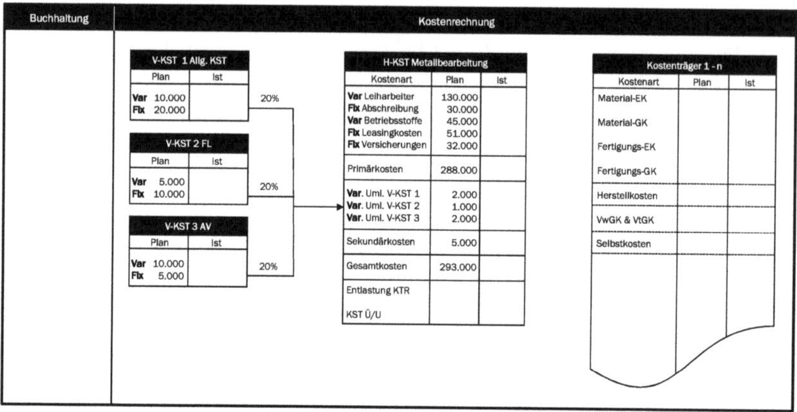

Abbildung 42: Planung der Kostenstellenkosten im System der Teilkostenrechnung

Schritt 2/4: Ermittlung der Planstunden

Die Berechnung der Planstunden erfolgt analog zum Vorgehen innerhalb der Vollkostenrechnung.

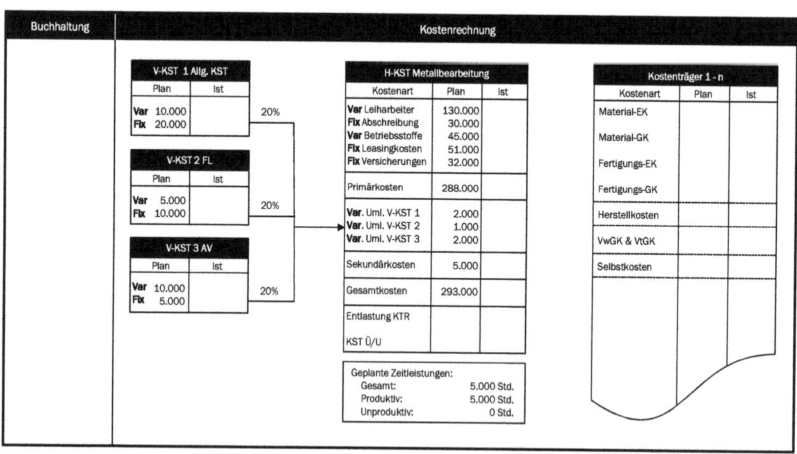

Abbildung 43: Planung der Zeitleistungen im System der Teilkostenrechnung

Beispiel

Die geplanten Zeitleistungen betragen im Beispiel 5.000 h. Die Gesamtstunden entsprechen den produktiven Stunden.

Schritt 3/4: Berechnung des Verrechnungssatzes

Basierend auf den Plandaten (Plankosten und Planstunden) der Hauptkostenstelle, kann der Plan-Verrechnungssatz wie folgt berechnet werden:

$$VS_{Plan} = \frac{variable\ Plankosten}{Planstunden}$$

Bei der Ermittlung der Stundensätze im System der Teilkostenrechnung werden die variablen Plankosten der Kostenstelle verwendet. Die fixen Kosten bleiben bei der Berechnung des Plan-Verrechnungssatzes unberücksichtigt. Dies bewirkt, dass die Verrechnungssätze im System der Teilkostenrechnung niedriger als im System der Vollkostenrechnung sind, da sie nur die variablen Kostenarten beinhalten. Die Fixkosten verbleiben zunächst als Kostenstellenunterdeckung in der Kostenstellenrechnung.

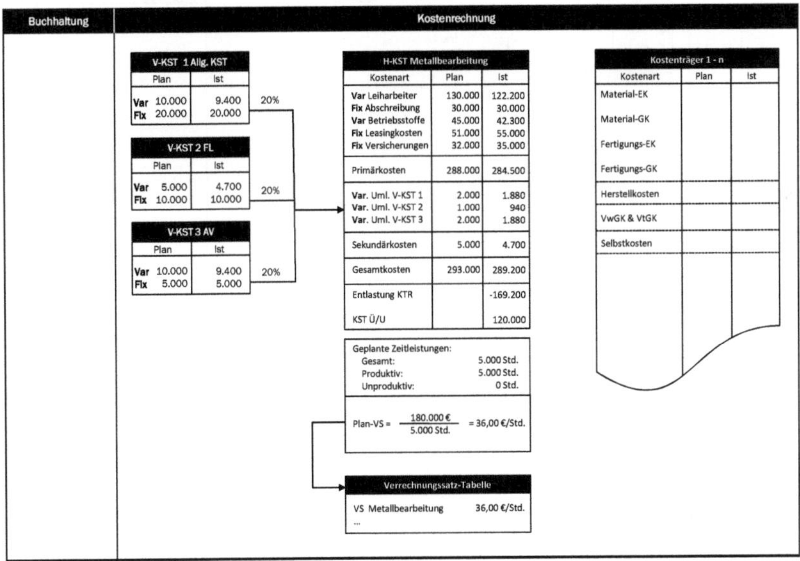

Abbildung 44: Berechnung Planverrechnungssatz im System der Teilkostenrechnung

Mit einer zunehmenden Präzisierung der Planung hinsichtlich der Abgrenzung der variablen und fixen Kostenarten zum einen sowie einer Präzisierung der Stundenplanung zum anderen sollten die Kostenstellenunterdeckungen tendenziell den fixen Kostenbestandteilen entsprechen, da sich die variablen Kostenbestandteile der Beschäftigung entsprechend anpassen.

Im **Beispiel** weiter voranschreitend ergibt sich aus den Plandaten der Hauptkostenstelle folgender Verrechnungssatz:

$$VS_{Plan} = \frac{180.000\ €}{5.000\ h} = 36\ €/h$$

Schritt 4/4: Verrechnung der Istkosten

Durch die mitlaufende Kontierung werden die Istgemeinkosten auf den Kostenstellen erfasst. Durch die innerbetriebliche Leistungsverrechnung werden die variablen Istkosten der Vorkostenstelle auf die Hauptkostenstelle umgelegt.

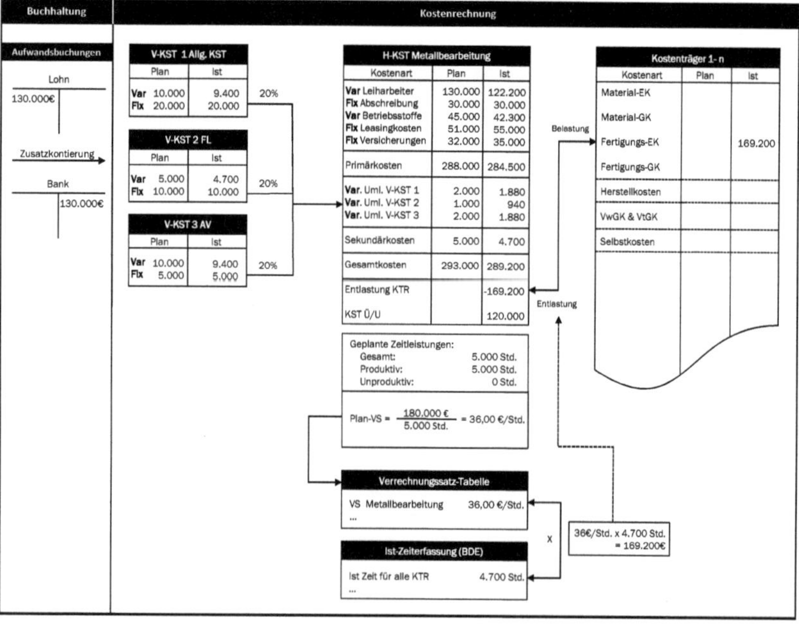

Abbildung 45: Abrechnung Kostenstelle an Kostenträger unter Anwendung eines Verrechnungssatzes im System der Teilkostenrechnung

Beispiel

Die Erfassung der auftragsbezogenen Ist-Zeitleistungen mittels BDE-System löst die Abrechnung der Kostenstellenkosten an Kostenträger aus.

Im Beispiel werden variable Kosten in Höhe von €169.200 (4.700 Std. x 36 €/ Std.) an die Kostenträger verrechnet. Diese werden gleichzeitig der Kostenstelle entlastet. Nach der Entlastungen der Kostenstelle verbleibt eine Kostenstellenunterdeckung von €120.000.

Aufgrund der Anpassungsfähigkeit der variablen Kostenbestandteile an den Beschäftigungsgrad der Kostenstelle verbleiben im System der Teilkostenrechnung in der Regel nur die fixen Kostenbestandteile in Form von Kostenstellenunterdeckungen auf den Kostenstellen. Allerdings kann nicht grundsätzlich davon ausgegangen werden, dass sich die variablen Kosten proportional zum Beschäftigungsgrad verhalten. Zum einen können progressive, zum anderen degressive Kostenverläufe vorliegen. Dies hat Auswirkungen auf die Kostenstellenunterdeckungen und muss bei einer Analyse dieser berücksichtigt werden.

4.2.4.4.2 Zuschlagssätze

Nach der innerbetrieblichen Leistungsverrechnung befinden sich die Primärkosten der Vorkostenstellen auf den Hauptkostenstellen. Erfolgt die Verrechnung nicht auf der Grundlage von Iststunden, sondern auf der Basis einer wertmäßigen Bezugsgröße, arbeitet man mit prozentualen Zuschlagssätzen.

Üblicherweise werden Gemeinkostenzuschlagssätze in Materialgemeinkosten, Fertigungsgemeinkosten, Verwaltungs- und Vertriebsgemeinkosten unterschieden. Produktionsunternehmen mit hohen Konstruktions- und Entwicklungskosten verwenden teilweise für die Verrechnung dieser Kosten einen weiteren Zuschlagssatz.

Unternehmen verfügen teilweise über eine stattliche (d.h. mehrere Hundert) Anzahl von Kostenstellen. Beispielsweise können im Verwaltungsbereich folgende (Vor-)Kostenstellen angelegt sein:

- Geschäftsführung
- Finanzbuchhaltung
- Controlling
- EDV
- Personalabteilung
- Rechtsabteilung
- usw.

Somit entsprechen die Beispiele aus der Literatur, in denen in den Betriebsabrechnungsbögen regelmäßig nur eine Hauptkostenstelle Verwaltung abgebildet ist, häufig nicht der Realität. In den anderen Bereichen, welche über Zuschlagssätze abgerechnet werden, zeichnet sich in der Regel ein ähnliches Bild. Darüber hinaus muss man sich die Frage stellen, wie und von welcher Kostenstelle aus in einem **konzeptionell geschlossenen Kostenrechnungssystem** die Be- und Entlastung der Kostenstellen/Kostenträger erfolgen soll? Wir greifen hier zu einem Kunstgriff und führen eine Verrechnungskostenstelle ein und nennen diese **Sammelkostenstelle**. Auf diese Sammelkostenstelle werden beispielsweise die oben aufgeführten Verwaltungskostenstellen umgelegt. Primärkosten werden auf dieser Sammelkostenstelle keine erfasst. Diese Vorgehensweise hat zum einen den eleganten Vorteil, dass sämtliche (hier im Beispiel) Verwaltungskosten auf dieser Kostenstelle als Sekundärkosten aufsummiert werden. Zum anderen hat man eine eindeutig definierte Hauptkostenstelle, über welche die Abrechnung an die Kostenträger erfolgen kann. Darüber hinaus bilden die Sammelkostenstellen auch die Planungsgrundlage für die Berechnung der Plan-Zuschlagssätze. Für die Material-, die Fertigungs- sowie die Vertriebsgemeinkosten gehen wir analog vor.

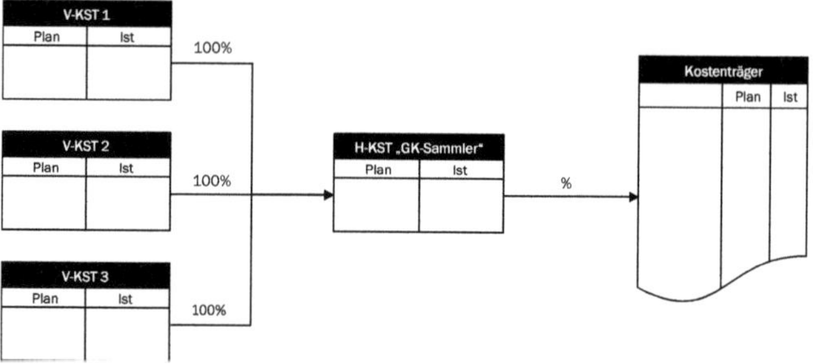

Abbildung 46: Summierung und Abrechnung Gemeinkosten über „Sammler“

Die Zuschlagssätze werden gemäß folgenden Formeln ermittelt:

$$Materialgemeinkostenzuschlagssatz = \frac{Materialgemeinkosten}{Materialeinzelkosten} * 100$$

$$Fertigungsgemeinkostenzuschlagssatz = \frac{Fertigungsgemeinkosten}{Fertigungseinzelkosten} * 100$$

$$Verwaltungsgemeinkostenzuschlagssatz = \frac{Verwaltungsgemeinkosten}{Herstellkosten} * 100$$

$$Vertriebsgemeinkostenzuschlagssatz = \frac{Vertriebsgemeinkosten}{Herstellkosten} * 100$$

Die Abrechnung der Kostenstellen mittels Zuschlagssätzen wird nachfolgend sowohl im System der Voll- als auch in der Teilkostenrechnung in den folgenden Schritten erklärt:

- Schritt 1/3: Ermittlung der Plankosten
- Schritt 2/3: Berechnung des Planzuschlagssatzes
- Schritt 3/3: Abrechnung der Gemeinkosten

Analog zu den Plan-Verrechnungssätzen werden in der Regel auch die Plan-Zuschlagssätze über ein Geschäftsjahr hinweg konstant gehalten.

4.2.4.4.2.1 Zuschlagssätze im System der Vollkostenrechnung

Analog zu den Stundensätzen ist auch bei der Berechnung der Zuschlagssätze das zugrunde liegende Kostenrechnungssystem von Bedeutung. Daher müssen auch bei dieser Verrechnungsmethodik Verfahren der innerbetrieblichen Leistungsverrechnung zur Verrechnung der gesamten Kosten (fixe und variable Kosten) oder lediglich der variablen Kosten entwickelt werden.

Für die Berechnung eines Zuschlagssatzes müssen **sowohl** die jeweiligen **Gemeinkosten als auch** die für die Berechnung **wertmäßige Bezugsgröße** ermittelt werden.

Schritt 1/3: Ermittlung der Plankosten

Für die Berechnung des Plan-Materialgemeinkostenzuschlagssatzes werden die geplanten Materialgemein- und als Bezugsbasis die geplanten Materialeinzelkosten verwendet. Dabei wird unterstellt, dass die angefallenen Materialgemeinkosten zu den verbrauchten Materialien (Materialeinzelkosten) in einem Abhängigkeitsverhältnis stehen (Proportionalität).

Die für die Berechnung notwendigen Plan-Materialeinzelkosten werden häufig im Rahmen der Unternehmensplanung ermittelt und basieren auf den Planumsätzen sowie prognostizierten Materialpreisveränderungen. Die Plan-Materialgemeinkosten werden über die Planung der Kostenstellen des Unternehmens ermittelt. Die Ermittlung der Materialgemeinkosten und die hierfür notwendige Abgrenzung von den anderen Unternehmensgemeinkosten erfolgt in unserem Fall über die innerbetriebliche Leistungsverrechnung unter Zuhilfenahme der dafür angelegten Abgrenzungs- und Verrechnungskostenstelle (Sammler).[20]

---

20 Moderne Kostenrechnungssysteme verfügen über die Technik der Kostenstellenknoten, welche eine Aufsummierung fest definierter Kostenstellen ermöglicht. Die Methodik könnte für die Bestimmung der Plan-Materialgemeinkosten verwendet werden, hat aber den Nachteil, dass zum einen Kostenstellen, deren Kostenarten diversifiziert sind (d.h. sich nicht nur z.B. aus Materialgemeinkosten zusammensetzen), nicht exakt in die Berech-

Beispiel

In unserem Unternehmen werden Materialgemeinkosten auf mehreren Kostenstellen erfasst. Teilweise bestehen die Kosten einer Kostenstelle nur anteilig aus Materialgemeinkosten, teilweise zu 100 %. Durch die ILV werden die Materialgemeinkosten zunächst zur Abgrenzung auf der Sammelkostenstelle belastet.

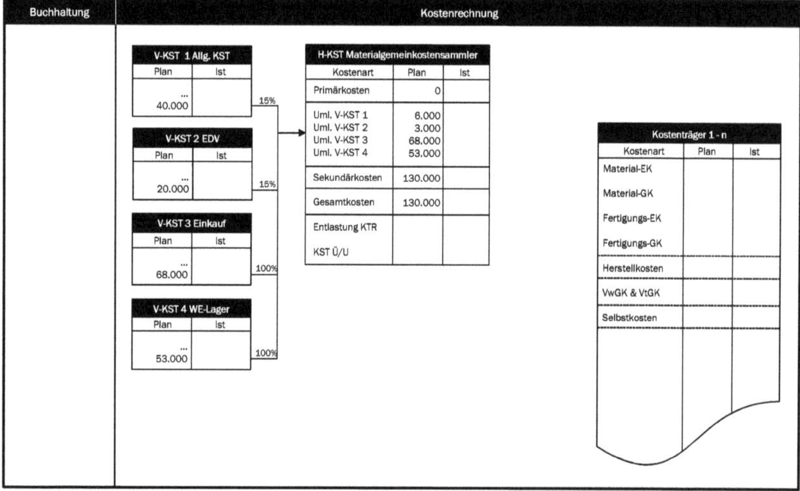

Abbildung 47: Ermittlung der Plan-Materialgemeinkosten im System der Vollkostenrechnung

Schritt 2/3: Ermittlung des Planzuschlagssatzes

Der Materialgemeinkostenzuschlagssatz in % berechnet sich wie folgt:

$$MGK\ Plan\ in\ \% = \frac{geplante\ Materialgemeinkosten}{geplante\ Materialeinzelkosten} * 100$$

Nach seiner Berechnung wird der Plan-Zuschlagssatz im eingesetzten ERP-System für Kalkulationszwecke gespeichert.

---

nung einbezogen werden können. Zum anderen stellen diese Knoten reine Auswertungsmechanismen dar, die für eine im Folgenden notwendige Verrechnung von Kostenstellenkosten an Kostenträger nicht geeignet sind.

Beispiel

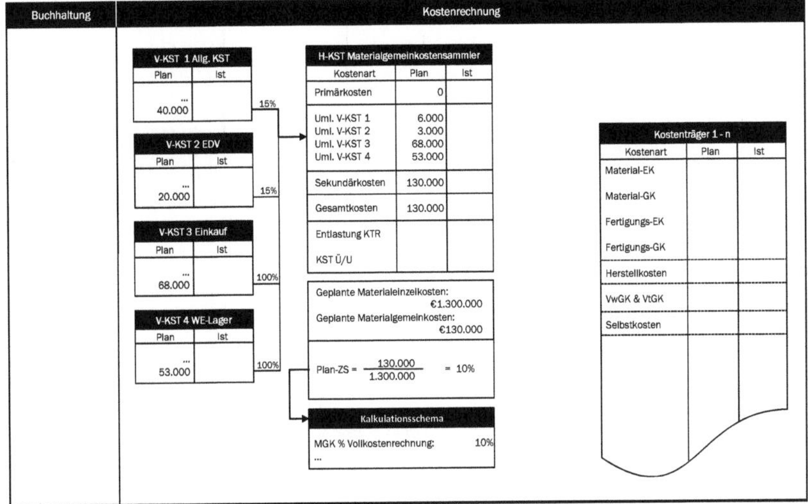

Abbildung 48: Ermittlung des Plan-Materialgemeinkostenzuschlagssatzes im System der Vollkostenrechnung

Schritt 3/3: Abrechnung der Gemeinkosten

Analog zu den Verrechnungssätzen sind auch die Zuschlagssätze in der Regel über ein Geschäftsjahr hinweg konstant. Die Verrechnung der Materialgemeinkosten erfolgt durch die Multiplikation des Plan-Materialgemeinkostenzuschlagssatzes mit den Ist-Materialeinzelkosten. In der Sammelkostenstelle werden die dort durch innerbetriebliche Leistungsverrechnung erfassten Sekundärkosten mit den verrechneten Materialgemeinkosten entlastet. Die Erfassung der primären Materialgemeinkosten erfolgte vor der ILV auf den entsprechenden Kostenstellen.

Auch hier können genauso wie bei der Verrechnung mittels Stundensätzen Kostenstellenüber- oder Kostenstellenunterdeckungen entstehen, je nachdem, ob mehr oder weniger Materialgemeinkosten an die Kostenträger verrechnet werden als insgesamt Ist-Materialgemeinkosten auf der Kostenstelle erfasst wurden. Dies wird abschließend in nachfolgender Grafik dargestellt.

Beispiel

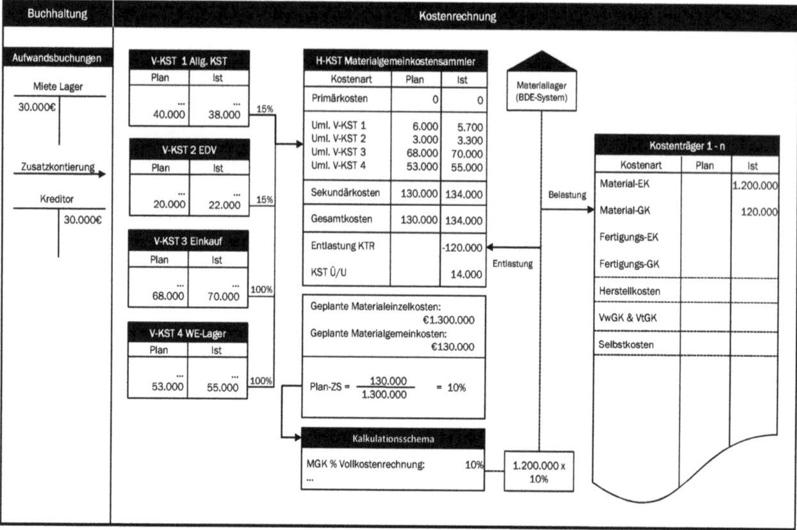

Abbildung 49: Abrechnung Kostenstelle an Kostenträger unter Anwendung des Materialgemeinkostenzuschlagssatzes im System der Vollkostenrechnung

4.2.4.4.2.2 Zuschlagssätze im System der Teilkostenrechnung

Die Verrechnungslogik im System der Voll- und Teilkostenrechnung ist bei Verwendung der Technik Zuschlagssätze identisch. Der wesentliche Unterschied resultiert aus verrechneten Gemeinkosten. Werden hierfür in der Vollkostenrechnung sämtliche Kosten (fixe und variable Kosten) verrechnet, so sind dies in der Teilkostenrechnung ausschließlich die variablen Kosten.

Wie schon bei den Verrechnungssätzen liegt im System der Teilkostenrechnung die Herausforderung darin, die zu verrechnenden variablen Gemeinkosten von den fixen Gemeinkosten (welche nicht an die Kostenträger verrechnet werden sollen) abzugrenzen.

Eine Möglichkeit, wie solch eine Verrechnung im System der Teilkostenrechnung aufgebaut sein kann, wird nachfolgend am Beispiel der variablen Materialgemeinkosten dargestellt.

Schritt 1/3: Ermittlung der Plankosten

Wir gehen davon aus, dass die Materialeinzelkosten variable Kosten sind. Die Planung der Materialeinzelkosten erfolgt somit im System der Vollkostenrechnung und auch im System der Teilkostenrechnung identisch.

Der wesentliche Unterschied im System der Teilkostenrechnung liegt in der Abgrenzung der variablen von den fixen Gemeinkosten sowie der ausschließlichen Verrechnung der variablen Kosten.

Die Plan-Materialgemeinkosten werden über die Planung der Kostenstellen des Unternehmens ermittelt. Bei der Planung der Kostenstellen sind die Kostenarten in variable und fixe Kostenarten zu unterscheiden. Wie schon in der Vollkostenrechnung werden die Materialgemeinkosten nicht auf den für die Verrechnung vorgesehenen Sammelkostenstellen geplant, sondern auf den dafür angelegten Vorkostenstellen. Die Vorkostenstellen, welche mit primären Plan-Materialgemeinkosten belastet werden, entlasten sich im Zuge der innerbetrieblichen Leistungsverrechnung vollständig oder anteilig auf die Sammler MGK.

Dies kann wie folgt geschehen:

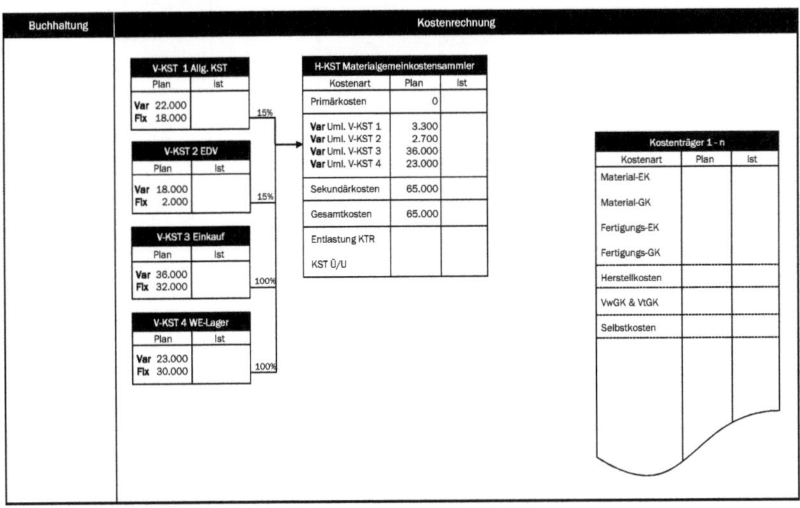

Abbildung 50: Ermittlung Plan-Materialgemeinkosten im System der Teilkostenrechnung

Durch Planung und ILV sind nun die variablen Plan-Materialgemeinkosten bestimmt und von den fixen Plan-Materialgemeinkosten abgerenzt.

Schritt 2/3: Ermittlung des Planzuschlagssatzes

Der Materialgemeinkostenzuschlagssatz in % berechnet sich wie folgt:

$$MGK_{var.}\ in\ \% = \frac{geplante\ variable\ Materialgemeinkosten}{geplante\ Materialeinzelkosten} * 100$$

Nach der Bestimmung der Plankosten sowie nach der Berechnung des Plan-Zuschlagssatzes wird dieser im eingesetzten ERP-System für Kalkulationszwecke gespeichert.

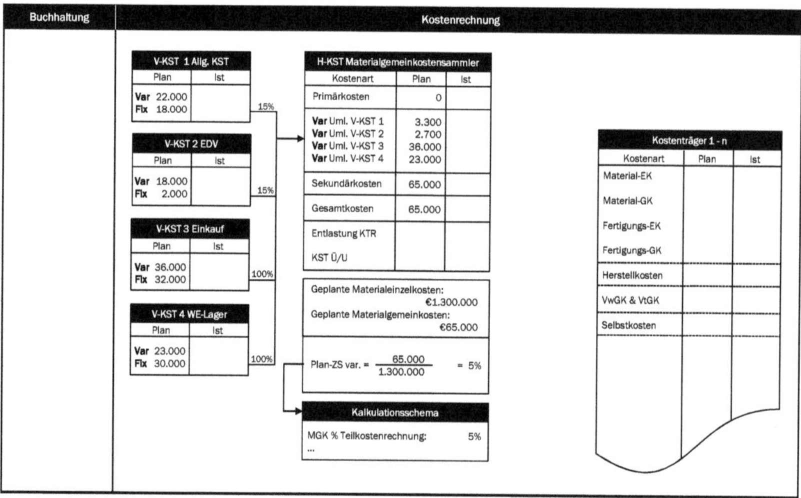

Abbildung 51: Ermittlung Plan-Materialgemeinkostenzuschlagssatz im System der Teilkostenrechnung

Schritt 3/3: Abrechnung der variablen Gemeinkosten

Die Verrechnung der Materialgemeinkosten erfolgt vom Abrechnungsgrundsatz analog zum Vorgehen in der Vollkostenrechnung. Es wird der auf der Grundlage der variablen Gemeinkosten berechnete Plan-Zuschlagssatz für die Verrechnung verwendet, welcher nach seiner Berechnung entsprechend niedriger ist. Dementsprechend werden weniger Kosten an die Kostenträger verrechnet, in unserem Falle natürlich die variablen Kosten. Nachfolgende Abbildung 52 stellt die Abrechnungszusammenhänge dar:

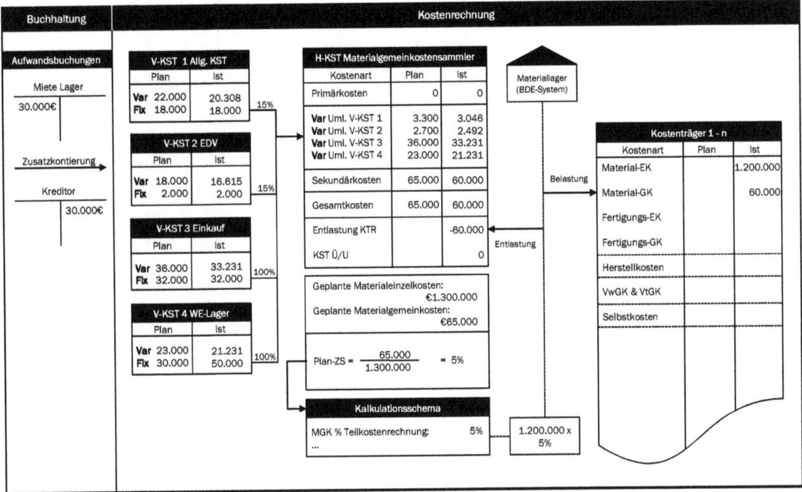

Abbildung 52: Abrechnung Kostenstelle an einen Kostenträger unter Anwendung des Plan-Materialgemeinkostenzuschlagssatzes im System der Teilkostenrechnung

Die Verrechnung an die Kostenträger erfolgt, indem der Plan-Zuschlagssatz mit den Ist-Materialeinzelkosten multipliziert wird. Der Belastung des Kostenträgers erfolgt eine korrespondierende Entlastung. Sollten auf den Vorkostenstellen fixe Kosten erfasst worden sein, werden diese durch die ILV nicht an den Sammler weiterbelastet, sondern verbleiben als Kostenstellenunterdeckung auf der Vorkostenstelle. Diese sollten dann entsprechend in die Ergebnisrechnung abgerechnet werden.

Die Materialkostenstelle entlastet sich bei einem proportionalen Kostenverlauf der variablen Kosten entsprechend auf 0 €.

4.2.4.4.3 Prozesskostenrechnung

Die Entscheidung, eine Prozesskostenrechnung in ein Unternehmen einzuführen, hängt erheblich vom Nutzen und der wirtschaftlichen Vertretbarkeit ab. Generell kann zwischen einer **fallweisen** und einer **kontinuierlichen Prozesskostenrechnung** unterschieden werden.

Die fallweise Prozesskostenrechnung ist als Analyseinstrument bzw. als fallweise Einmalrechnung zu sehen. Sie wird durchgeführt, um die Kosten eines oder mehrerer Prozesse eines Unternehmens zu ermitteln, um auf der Basis dieser Ergebnisse strategische Entscheidungen treffen zu können.

Die kontinuierliche Prozesskostenrechnung ist hingegen als integraler Bestandteil eines konzeptionell geschlossenen Kostenrechnungssystems zu verstehen.

Historisch betrachtet handelt es sich bei der kontinuierlichen Prozesskostenrechnung um ein neueres Instrument der Kostenrechnung (im Folgenden ist, wenn der Terminus Prozesskostenrechnung genannt wird, immer die kontinuierliche Prozesskostenrechnung gemeint).

Um der Problematik der Verrechnung wachsender Gemeinkosten gerecht zu werden, werden bei der Prozesskostenrechnung erbrachten Leistungen in Form von bewerteten Prozessen und nicht durch Zuschlagssätze an Kostenträger weiterverrechnet. Diese **Abrechnungstechnik** steht im Zentrum der Prozesskostenrechnung.

Im Fokus dieser Betrachtungen liegen die fixkostenintensiven, indirekten Bereiche eines Unternehmens. Dies sind diejenigen Bereiche, die sich mit Aufgaben wie Vorbereitung, Planung, Steuerung, Überwachung und Koordination beschäftigen und somit nicht unmittelbar an der eigentlichen Leistungserstellung beteiligt sind (z.B. Einkauf, Vertrieb, Arbeitsvorbereitung). Kosten, die in diesen Bereichen entstehen, können den Erzeugnissen in der Regel nicht direkt zugeordnet werden. Infolgedessen kann es dazu kommen, dass durch die Verwendung von Zuschlagssätzen das betriebliche Geschehen nicht zutreffend abgebildet wird. Die sich hieraus ergebenden Mängel sollen mit Hilfe der Prozesskostenrechnung ausgeglichen werden.

Das Verfahren ergänzt somit bereits bestehende, traditionelle Kostenrechnungssysteme.

Die Prozesskostenrechnung wird im System der Vollkostenrechnung durchgeführt, da sie sich primär mit der verursachungsgerechteren Verrechnung von Fixkosten auf die Kostenträger befasst. Auch bei Anwendung einer Prozesskostenrechnung werden die Einzelkosten direkt auf den Kostenträgern, die Gemeinkosten zunächst auf den Kostenstellen erfasst.

Zur Verrechnung der Gemeinkosten anhand von Prozessen müssen diese zunächst identifiziert und analysiert werden. Folgende Prozessarten werden unterschieden:

- Prozesse mit **repetitivem** Charakter: Prozesse, die sich häufig wiederholen bzw. standardisiert ablaufen,
- Prozesse mit **nicht-repetitivem** Charakter: Prozesse, die einmalig bzw. nicht standardisiert ablaufen.

Lediglich Kosten, die aufgrund von Prozessen mit repetitivem Charakter entstehen, können aufgrund ihres Wiederholungscharakters entsprechend für die Prozesskostenrechnung bewertet und an Kostenträger weiterverrechnet werden. Kosten, die aufgrund von Prozessen mit nicht-repetitivem Charakter entstehen (sog. Rest-Gemeinkosten), werden durch prozentuale Zuschlagssätze verrechnet.

Weiterführend werden Prozesse mit repetitivem Charakter in **leistungsmengeninduzierte** (lmi) und **leistungsmengenneutrale** (lmn) Prozesse unterschieden:

- Lmi-Prozesse bzw. die von diesen Prozessen ausgelösten Kosten sind vom Leistungsvolumen der Kostenstelle abhängig. Sie verhalten sich somit proportional zur Menge der in Anspruch genommenen Prozesse (z.B. Rechnung prüfen).
- Lmn-Prozesse bzw. wiederum die von diesen Prozessen ausgelösten Kosten sind relativ zum Leistungsvolumen der Kostenstelle fix. Sie entstehen somit unabhängig von der Menge der in Anspruch genommenen Prozesse (z.B. Abteilung leiten).

Die Verrechnung der durch lmi-Prozesse entstehenden Kosten an Kostenträger erfolgt anhand eines Prozesskostensatzes. Kosten der lmn-Prozesse werden mit Hilfe eines Umlagekostensatzes verrechnet.

Bestimmung der Prozesse

Zur Bestimmung von Prozessen als Voraussetzung für die Prozesskostenrechnung werden Hauptprozesse der Leistungserstellung in einzelne Aktivitäten unterteilt. Eine Aktivität ist hierbei die aus kostenrechnerischer Sicht kleinste, nicht mehr sinnvoll unterteilbare Handlungseinheit. Die Ermittlung dieser Aktivitäten erfolgt im Rahmen einer Tätigkeitsanalyse. Mit Hilfe von Interviews mit Kostenstellenleitern, Analysen von Dokumenten (Stellenbeschreibungen, Organigramme oder Ablaufdiagramme) oder Analysen bereits vorliegender Auswertungsergebnisse werden die Aktivitäten, die in den Kostenstellen ablaufen, ermittelt. Der Ermittlung dieser Aktivitäten folgt deren Strukturierung und Verdichtung zu sachlogisch zusammengehörenden Teilprozessen einzelner Kostenstellen. Beispielsweise können die Aktivitäten Rechnungserfassung, Mengenprüfung, Preisprüfung und Abweichungsanalyse innerhalb einer Kostenstelle zum Teilprozess „Lieferantenrechnung bearbeiten“ zusammengefasst werden.

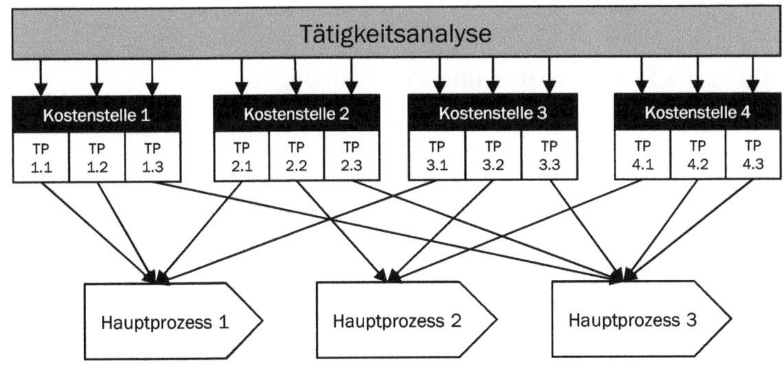

Abbildung 53: Hauptprozessverdichtung[21]

[21] Vgl. Dillerup/Stoi, (2008) S. 493.

Teilprozesse, die identischen Kostentreibern unterliegen, werden durch Aggregation zu kostenstellenübergreifenden Hauptprozessen zusammengefasst (siehe Abbildung 53).

Bestimmung der Kostentreiber

Kostentreiber (Bezugsgrößen) sind die Maßgrößen der Kostenverursachung der Prozesse. Sie stellen die bestimmenden Faktoren der einem Kostenträger zurechenbaren Prozessmengen dar. Vereinfachend können sie als die einen Prozess anstoßenden Merkmale bezeichnet werden. Gleichzeitig geben sie die Anzahl der Prozessdurchführungen an.

Der Kostentreiber des Prozesses „Bestellabwicklung" könnte beispielsweise die „Anzahl der Bestellpositionen" sein. Weitere ausgewählte Beispiele zur Verdeutlichung des Zusammenhangs von Prozess und möglichem Kostentreiber können der nachfolgenden Tabelle entnommen werden:

Prozess	Kostentreiber
Angebot bearbeiten	Anzahl der Angebotspositionen
Lieferanten betreuen	Anzahl der Lieferanten
Material bestellen	Anzahl der Bestellpositionen
Erzeugnisse verpacken und versenden	Anzahl der Lieferpositionen
Material/Halbfertigerzeugnisse/ Fertigerzeugnisse lagern	m^2 Lagerfläche

Abbildung 54: Ausgewählte Beispiele von Prozessen und deren Kostentreiber[22]

Ermittlung der Prozesskosten und Prozessmengen

Stehen die in einer Kostenstelle ablaufenden Teilprozesse fest, müssen die Prozesskosten ermittelt werden. Grundsätzlich ist dies sowohl für die Planung (Plankosten) als auch für die Erfassung der tatsächlich angefallenen Kosten (Istkosten) erforderlich. Hierbei werden in der Regel zwei Vorgehensweisen unterschieden: Bei der direkten Ermittlung werden sämtliche Kostenarten einzeln untersucht und den jeweiligen Prozessen zugeordnet. Aufgrund hoher Komplexität weicht die Praxis in der Regel von diesem analytischen Vorgehen ab. Meist wird daher auf eine indirekte Ermittlung der Prozesskosten zurück-

[22] In Anlehnung an Olfert, (2008) S. 381.

gegriffen. Die Aufteilung der Kostenstellenkosten erfolgt hierbei anhand von geeigneten Maßgrößen (z.B. Stunden).

Beispiel: Ein Mitarbeiter arbeitet zwei Stunden an dem Teilprozess „Konstruktionszeichnung prüfen". Der Verrechnungssatz der Kostenstelle beträgt 50 €/Stunde. Der Teilprozess verursacht somit Kosten in Höhe von 100 €.

Prozessmengen müssen ausschließlich für lmi-Prozesse ermittelt werden, da nur sie einer Leistungsmengenabhängigkeit unterliegen. Da lmn-Prozesse keiner Leistungsmengenabhängigkeit unterliegen, werden für diese Prozesse auch keine Prozessmengen ermittelt.

Berechnung der Prozesskostensätze

Stehen die jährlichen Prozesskosten der Teilprozesse fest, ergeben sich für die einzelnen Teilprozesse folgende Prozesskostensätze:

lmi-Prozesskosten:

$$Prozesskostensatz = \frac{geplante\ Prozesskosten}{geplante\ Prozessmenge}$$

lmn-Prozesskosten:

$$Umlagekostensatz = \frac{\Sigma\ lmn - Prozesskosten}{\Sigma\ lmi - Prozesskosten}\ x\ Prozesskostensatz$$

Hieraus ergibt sich folgender Gesamtprozesskostensatz:

$$Gesamtprozesskostensatz = Prozesskostensatz + Umlagekostensatz$$

Der (Gesamt-)Prozesskostensatz gibt die Kosten der einmaligen Ausführung eines Teilprozesses an.

Durch Aggregation der kostenstellenbezogenen Teilprozesskostensätze ergeben sich die kostenstellenübergreifenden Hauptprozesskostensätze:

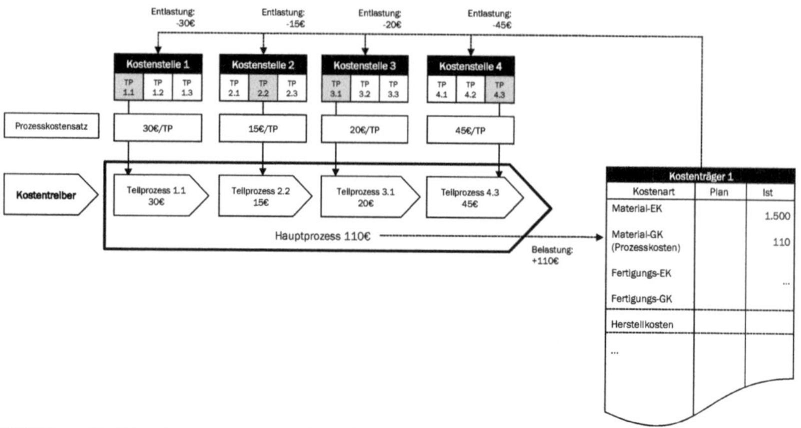

Abbildung 55: Abrechnungszusammenhang Prozesskostenrechnung

Vom Grundsatz her erfolgt auch im System der Prozesskostenrechnung bei der Abrechnung zwischen Kostenstellen und Kostenträgern „nur“ eine Be- bzw. Entlastung. Diese geschieht jedoch auf Basis definierter Prozesse, die wiederum mehrere Kostenstellenaktivitäten zusammenfassen.

Die durch einen Kostentreiber ausgelöste Prozesskostenverrechnung wird auf dem Kostenträger belastet und entsprechend auf den Kostenstellen, welche die jeweiligen Teilprozesse erbracht haben, entlastet. Der Wert der Belastung auf dem Kostenträger entspricht dem Wert der Summe aller Entlastungen auf den einzelnen Kostenstellen (siehe Abbildung 55). Die auf der Basis von Prozesskosten verrechneten Plankosten werden von den auf den Kostenstellen erfassten Istkosten subtrahiert. Je nach Inanspruchnahme der Prozesse bzw. der erfassten Istkosten der Kostenstellen können auch bei dieser Verrechnungstechnik Gesamtabweichungen auf den verrechnenden Kostenstellen entstehen.

Die Anwendung entweder der Verrechnungstechnik Prozesskostenrechnung oder Zuschlagssätze haben Auswirkungen auf die Höhe der erfassten Gemeinkosten in der Kalkulation. Diese lassen sich Allokations-, Komplexitäts- sowie Degressionseffekt unterscheiden.

Allokationseffekt

Bei der Prozesskostenrechnung erfolgt die Zuordnung (= Allokation) der Gemeinkosten nicht in Abhängigkeit von der Höhe der Zuschlagsbasis (Einzelkosten), sondern unter Berücksichtigung der in Anspruch genommenen Prozesse. Die verrechneten Gemeinkosten werden somit nicht mehr proportionalisiert. Es findet ein Wechsel von wertmäßigen zu mengenmäßigen Bezugsgrößen statt. Die Differenz die hierbei zwischen den verrechneten Gemeinkosten unter Anwendung von prozentualen Zuschlagssätzen einerseits und der Prozesskostenrechnung andererseits entsteht, wird als Allokationseffekt bezeichnet.

Produkte	**A**	**B**	**C**
Einzelkosten	30 €	60 €	140 €
Gemeinkostenzuschlag	40 %	40 %	40 %
Prozesskostensatz	24 €	24 €	24 €

Die Berechnungen mittels Zuschlagskalkulation und Prozesskostenrechnung führen zu folgenden, unterschiedlichen Ergebnissen:

Zuschlagskalkulation	**Produkt A**	**Produkt B**	**Produkt C**
Einzelkosten	30 €	60 €	140 €
Gemeinkosten	12 €	24 €	56 €
Selbstkosten	42 €	84 €	196 €

Prozesskostenrechnung	**Produkt A**	**Produkt B**	**Produkt C**
Einzelkosten	30 €	60 €	140 €
Gemeinkosten	24 €	24 €	24 €
Selbstkosten	54 €	84 €	164 €
Allokationseffekt	**12 €**	**0 €**	**-32 €**

Komplexitätseffekt

Die Herstellung komplexer Produkte verursacht im Vergleich zur Herstellung von einfacheren Produkten höhere Gemeinkosten und umgekehrt. Diese sogenannten Komplexitätskosten werden anhand der Prozesskostenrechnung verursachungsgerechter zugeordnet, als unter Anwendung von prozentualen Zuschlagsätzen. Dabei erfolgt die Verrechnung der Gemeinkosten proportional. Ein Komplexitätseffekt wird somit nicht berücksichtigt. Produkte mit niedriger bzw. hoher Komplexität werden aufgrund der „traditionellen" Gemeinkostenzuschlagssätze mit zu hohen bzw. zu niedrigen Gemeinkosten belastet.

Produkt	A	B
Anzahl Kaufteile	10	20
Einzelkosten	60 €	60 €
Gemeinkostenzuschlag	35 %	35 %
Prozessdurchführung	10	20
Prozesskostensatz	1,60 €	1,60 €

Die Berechnungen mittels Zuschlagskalkulation und Prozesskostenrechnung führen zu folgenden, unterschiedlichen Ergebnissen:

Zuschlagskalkulation	Produkt A	Produkt B
Einzelkosten	60 €	60 €
Gemeinkosten	21 €	21 €
Selbstkosten	81 €	81 €

Prozesskostenrechnung	Produkt A	Produkt B
Einzelkosten	60 €	60 €
Gemeinkosten	16 €	32 €
Selbstkosten	76 €	92 €
Komplexitätseffekt	**-5 €**	**11 €**

Degressionseffekt

Zusätzlich bleibt unter Anwendung von prozentualen Zuschlagsätzen der Degressionseffekt unberücksichtigt. Während die Prozesskostenrechnung bei steigenden Stückkosten einen degressiven Kostenverlauf berücksichtigt, führt die Anwendung von prozentualen Zuschlagssätzen erneut aufgrund der Proportionalisierung zu konstanten Stückkosten. Nachfolgende Tabelle stellt den Degressionseffekt anhand eines Beispiels dar:

Auftrag	A	B
Stückzahl	1.000	100
Einzelkosten / Stück	10 €	10 €
Gemeinkostenzuschlag	25 %	25 %
Prozessdurchführung	40	40
Prozesskostensatz	20 €	20 €

Die Berechnungen mittels Zuschlagskalkulation und Prozesskostenrechnung führen zu folgenden, unterschiedlichen Ergebnissen:

Zuschlagskalkulation	Auftrag A	Auftrag B
Einzelkosten	10.000,00 €	1.000,00 €
Gemeinkosten	2.500,00 €	250,00 €
Selbstkosten	12.500,00 €	1.250,00 €
Stückkosten	12,50 €	12,50 €

Prozesskostenrechnung	Auftrag A	Auftrag B
Einzelkosten	10.000,00 €	1.000,00 €
Gemeinkosten	800,00 €	800,00 €
Selbstkosten	10.800,00 €	1.800,00 €
Stückkosten	10,80 €	18,00 €
Degressionseffekt	**-1,70 €**	**5,50 €**

4.2.4.5 Kostenstellenüber-/-unterdeckungen

Für die Abrechnung der Kostenstellen an die Kostenträger werden in Unternehmen je nach angewandter Verrechnungstechnik aus einer Kombination von Plan- und Istdaten. Die Verrechnungen werden zwar auf der Basis von Istbezugsgrößen (z.B. Iststunden, Ist-Einzelkosten, auf welche sich Gemeinkosten beziehen können) durchgeführt, wegen der angestrebten Kostenstetigkeit werden aber Verrechnungssätze, Zuschlagssätze oder Prozesse mit einem über einen längeren Zeitraum hinweg festgeschriebenen Plan- oder Normalwert verwendet. Aufgrund dieser Vorgehensweise können Differenzen zwischen den auf einer Kostenstelle entstandenen Istkosten sowie den an die Kostenträger weiterverrechneten Kosten entstehen. Ein exakter Ausgleich einer Kostenstelle, d.h. die erfassten Istkosten entsprechen exakt den an Kostenträgern verrechneten Kosten, ist unwahrscheinlich.

Für den wahrscheinlicheren Fall, dass eine Differenz auf einer verrechnenden Kostenstelle ermittelt wird, wird diese **Gesamtabweichung** genannt. Eine Gesamtabweichung kann entweder eine Kostenstellenüber- oder eine Kostenstellenunterdeckung sein. Diese werden wie folgt unterschieden:

- **Kostenstellenüberdeckung** = Verrechnete Kosten > Istkosten der Kostenstelle
- **Kostenstellenunterdeckung** = Verrechnete Kosten < Istkosten der Kostenstelle

In der Praxis stellen sich nun bezüglich der Gesamtabweichungen die folgenden Fragestellungen:

- Wie können die Gesamtabweichungen analysiert werden
- Wie können die Gesamtabweichungen weiterverrechnet werden?

Hierzu sollen die folgenden Kapitel Antworten liefern.

4.2.4.5.1 Analysen von Abweichungen

Die Analysemöglichkeiten von Kostenstellenabweichungen hängen von der Datenaufbereitung der Kostenarten ab. Nachfolgend werden die starre und die flexible Plankostenrechnung auf Vollkostenbasis vorgestellt.

Starre Plankostenrechnung

Die starre Plankostenrechnung ist eine reine Vollkostenrechnung und kennt keine Trennung von fixen und variablen Plankosten. Analog den Ausführungen der vorherigen Kapitel werden unter Verzicht der Aufspaltung der fixen und variablen Kosten

- Planverrechnungssätze berechnet
- Kosten verrechnet
- die Gesamtabweichung der Kostenstelle berechnet.

Unterstellt man beispielsweise

- Planstunden = 650 Std.
- Iststunden = 637 Std.
- Plankosten = 18.200 €
- Istkosten = 18.538 €,

dann kann der Zusammenhang zwischen Kosten und Beschäftigung sowie der sich daraus ergebenden Gesamtabweichung wie folgt grafisch darstellen lassen:

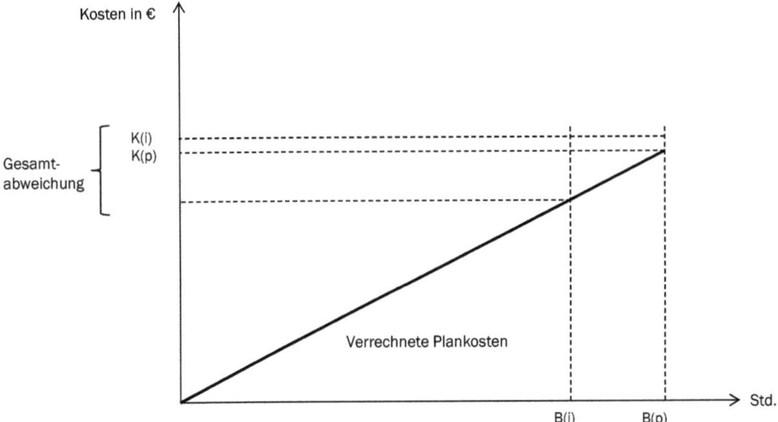

Abbildung 56: Starre Plankostenrechnung

Die Gesamtabweichung ist die Differenz zwischen den an Kostenträger verrechneten Plankosten sowie den auf der Kostenstelle entstandenen Istkosten. Bei der starren Plankostenrechnung ist kritisch zu hinterfragen, inwiefern die Gesamtabweichung zur Wirtschaftlichkeitskontrolle geeignet ist, denn durch die undifferenzierte Vermengung der fixen und variablen Kosten bei der Verrechnung der Kosten sowie der Berechnung der Verrechnungssätze bleiben wechselnde Beschäftigungsgrade unberücksichtigt.

Die starre Plankostenrechnung ist dennoch für Controllingzwecke nicht völlig ungeeignet und findet in der Praxis häufig Anwendung. Wichtig ist bei der Anwendung, dass die Istbeschäftigung nicht zu stark von der Planbeschäftigung abweicht, denn ansonsten würden beschäftigungsbedingt Abweichungen entstehen, die bei einer undifferenzierten Betrachtung der variablen und fixen Kosten nicht oder nur unzureichend interpretiert werden können. Die Vorteile liegen darin, dass das System (mit all seinen Schwächen hinsichtlich der Verursachungsgerechtigkeit bei der Verrechnung oder den eingeschränkten Analysemöglichkeiten der Gesamtabweichungen) eine kompakte und relativ einfache Möglichkeit zur

- Berechnung der Stundensätze
- Verrechnung der Kosten
- Berechnung der Plan-Ist Abweichungen der Kostenarten

ermöglicht.

Flexible Plankostenrechnung

Auch in der flexiblen Plankostenrechnung werden Kosten an Kostenträger verrechnet, indem Planverrechnungssätze mit Iststunden multipliziert werden. Im Unterschied zur starren Plankostenrechnung findet bei der flexiblen Plankostenrechnung innerhalb der Kostenstellenrechnung eine Trennung in fixe und variable Kostenbestandteile statt, die im Unterschied zur starren Plankostenrechnung eine detaillierte Analyse der sich auf den Kostenstellen ergebenden Gesamtabweichung ermöglicht. Die Analyse der Gesamtabweichung kann in mehreren Schritten unter Verwendung der Sollkosten durchgeführt werden, was an nachfolgendem Beispiel dargestellt werden soll:

	Gesamtbeträge	Fixe Kosten	Proportionale Kosten
Planbeschäftigung	10.000 Stunden		
Plankosten	60.000 €	20.000 €	40.000 €
Istbeschäftigung	9.000 Stunden		
Istkosten	62.000 €		

Die Berechnung der Verbrauchs- und Beschäftigungsabweichung erfolgt in mehreren Arbeitsschritten:

Berechnung der Verrechnungssätze

Auf der Grundlage der Plankosten und Planstunden der Kostenstellen werden Verrechnungssätze berechnet. Im Unterschied zur starren Plankostenrechnung werden auf der Basis der in der flexiblen Plankostenrechnung durchgeführten Kostenspaltung folgende Plan-Verrechnungssätze berechnet:

Proportionaler Plan-Verrechnungssatz:

$$VS\ prop. = \frac{prop.\ Plankosten}{Planstunden} = \frac{40.000€}{10.000\ Std.} = 4{,}00\ \frac{€}{Std}$$

Fixer Plan-Verrechnungssatz:

$$VS\,fix = \frac{fixe\ Plankosten}{Planstunden} = \frac{20.000€}{10.000\,Std.} = 2{,}00\frac{€}{Std}$$

(Gesamter) Plan-Verrechnungssatz:

$$VS = VS\,prop. + VS\,fix = 4{,}00\frac{€}{Std} + 2{,}00\frac{€}{Std} = 6{,}00\frac{€}{Std}$$

Verrechnete Plankosten und Ermittlung der Gesamtabweichung

Die verrechneten Plankosten sowie die Gesamtabweichung werden wie folgt ermittelt.

$$verrechnete\ Plankosten = VS\ x\ Istbeschäftigung = 6{,}00\frac{€}{Std} \times 9.000\,Std. = 54.000\,€$$

$$Gesamtabweichung = Istkosten - verrechnete\ Plankosten = 62.000\,€ - 54.000\,€ = 8.000\,€$$

Bis zu diesem Arbeitsschritt unterscheidet sich das Vorgehen der flexiblen Plankostenrechnung kaum von dem der starren Plankostenrechnung. Der wesentliche Unterschied liegt in der Trennung von fixen und variablen Kostenbestandteilen, welche die Bildung eines variablen und eines fixen Plangemeinkostenverrechnungssatzes ermöglichen.

Bei der Bildung der Sollkosten werden ausschließlich die variablen Kostenbestandteile zum Verhältnis von Ist- und Planbezugsgröße anteilig gewichtet (Proportionalisierung). Die fixen Kostenbestandteile bleiben davon unberührt und werden in vollem Umfang addiert, da diese unabhängig vom Beschäftigungsgrad anfallen:

$$Sollkosten = fixe\ Plankosten + VS\,prop. \times Iststunden$$

Die Sollkosten entsprechen nunmehr den Kosten, die auf Basis der Istbezugsgröße Stunden zu Stande kommen müssten.

Beispiel

$$Sollkosten = 20.000\,€ + 4{,}00\frac{€}{Std} \times 9.000\,Std. = 56.000\,€$$

Nach Ermittlung der Sollkosten werden die Verbrauchs- und Beschäftigungsabweichung wie folgt ermittelt.

$$Verbrauchsabweichung = Istkosten - Sollkosten$$

$$Beschäftigungsabweichung = Sollkosten - verrechnete\ Plankosten$$

Beispiel

$$Verbrauchsabweichung = 62.000\,€ - 56.000\,€ = 6.000\,€$$

Zur Verbrauchsabweichung auf der Kostenstelle kommt es, sollten die tatsächlichen und die geplanten Mengen an Kostengütern unterschiedlich hoch sein.

Das Ergebnis der Verbrauchsabweichung kann wie folgt interpretiert werden:

- Negatives Vorzeichen: Minderverbrauch von Ressourcen als planmäßig angenommen
- Positives Vorzeichen: Mehrverbrauch von Ressourcen als planmäßig angenommen

Im Unterschied dazu liegt der Beschäftigungsabweichung eine Veränderung der tatsächlichen Beschäftigung einer Kostenstelle zur geplanten Beschäftigung zugrunde.

$$Beschäftigungsabweichung = 56.000€ - 54.000€ = 2.000€$$

Das Ergebnis der Beschäftigungsabweichung kann wie folgt interpretiert werden:

- Negatives Vorzeichen: zu hohe Fixkosten verrechnet, es besteht Überbeschäftigung
- Positives Vorzeichen: zu wenig Fixkosten verrechnet, es besteht Unterbeschäftigung[23]

---

23 Anmerkung zur Interpretation der Verbrauchs- und Beschäftigungsabweichungen: Die beschriebenen Interpretationen der Abweichungsergebnisse sind nur für die oben genannten Formeln/Definitionen im Zusammenhang mit dem Rechenbeispiel gültig. Veränderungen von Posten und Vorzeichen können zu unterschiedlichen Vorzeichen der Ergebnisse führen. Die Interpretationen müssen dann entsprechend angepasst werden.

Nachfolgende Abbildung stellt die Zusammenhänge der flexiblen Plankostenrechnung grafisch dar:

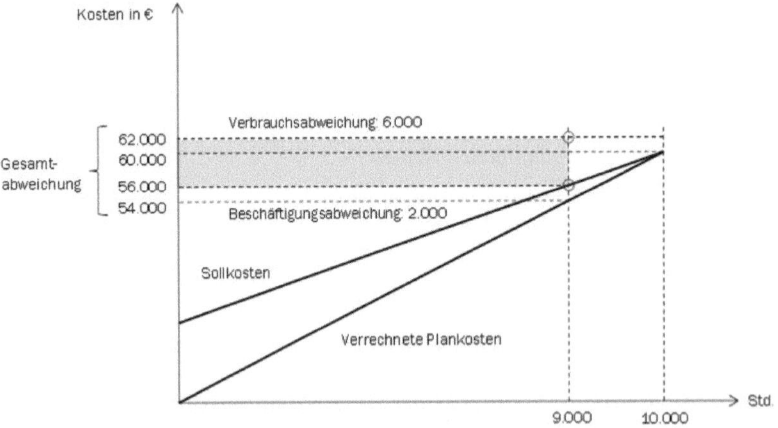

Abbildung 57: Flexible Plankostenrechnung

4.2.4.5.2 Verrechnungen von Kostenstellenabweichungen

Für den Umgang mit Kostenstellenüber-/-unterdeckungen finden in einem konzeptionell geschlossenen Kostenrechnungssystem vor allem zwei Methoden der Weiterverrechnung Anwendung.

Zum einen können diese komplett oder anteilig an Kostenträger nachverrechnet werden. Diese Methode empfiehlt sich dann, wenn ein direkter Abrechnungsbezug der Kostenstelle zum Kostenträger besteht. Dies kann konzeptionell im System der Teilkostenrechnung zu Schwierigkeiten führen, insbesondere wenn sich die Kostenstellenüber- oder -unterdeckung aus fixen und variablen Kostenbestandteilen zusammensetzten und diese sich nicht aufspalten lassen.

Zum anderen (und in der Praxis häufig anzutreffen) können die Kostenstellenüber- oder -unterdeckungen in die Betriebsergebnisrechnung übernommen werden. Diese sind dann innerhalb der Ergebnisrechnung als Korrekturposten zu sehen und können sich sowohl ergebnismindernd als auch ergebnisverbessernd auswirken

4.2.5 Zusammenfassung

Mit Hilfe der Kostenstellenrechnung wird die Frage beantwortet, wo die Kosten im Unternehmen entstanden sind.

Zunächst müssen in einer Kostenstellenrechnung die Kostenstellen angelegt werden. Jede Kostenstelle erhält ein eindeutiges Kriterium, mit der sie von anderen Kostenstellen abgegrenzt werden kann (Kostenstellennummer). Darüber hinaus muss die Anlage der Kostenstellen im EDV-System nach gewissen sachlogischen Gesichtspunkten erfolgen. Die folgenden Einteilungen wurden unterschieden:

- Einteilung nach Verantwortungsbereichen
- Einteilung nach räumlichen Kriterien
- Einteilung nach Art der Verrechnung
- Einteilung nach betrieblichen Funktionen

Es wurde festgestellt, dass die Einteilung nach betrieblichen Funktionen in der Praxis eine weit verbreitete Technik ist.

Darüber hinaus wurden die gesamten Kostenstellen in Vor- oder Hauptkostenstellen unterschieden. Als Hauptkostenstellen haben wir die Kostenstellen bezeichnet, deren erfasste Kosten an die Kostenträger über Stunden- oder Zuschlagssätze weiterberechnet werden. Vorkostenstellen sind die Kostenstellen, bei denen diese Verrechnungsbeziehung zwischen Kostenstelle und Kostenträger nicht besteht. Häufig werden die Kosten von Vorkostenstellen (je nach konzipiertem System) in einem oder mehreren Schritten vollständig (oder teilweise, je nach eingesetztem System der Voll- oder Teilkostenrechnung) auf die Hauptkostenstellen verrechnet, um von dort Kostenträgern weiterbelastet zu werden.

Die Kostenstellenrechnung wurde als 2. Stufe der Kostenrechnung vorgestellt. Nach der grundsätzlichen Anlage der Kostenstellen kommen ihr mehrere Aufgaben zu. Zum einen werden primäre Plan- und Istkosten auf den Kostenstellen erfasst werden. Somit kann auf den Kostenstellen auf der Basis der Primärkosten ein erster Plan-Ist-Vergleich durchgeführt werden.

Darüber hinaus beinhaltet die Kostenstellenrechnung Techniken zur innerbetrieblichen Leistungsverrechnung, um Leistungsverflechtungen zwischen Kostenstellen (Unternehmensbereichen) abzubilden. Daneben hat die innerbetriebliche Leistungsverrechnung die wichtige Aufgabe der Kostenaufbereitung zur Weiterverrechnung der Gemeinkosten an Kostenträger. Neben der verursachungsgerechten Unterscheidung der Kostenbereiche

- Materialkosten
- Fertigungskosten
- Verwaltungskosten
- und Vertriebskosten

müssen hier noch die Grundlagen des zu verrechnenden Kostenumfangs berücksichtigt werden.

Nach der innerbetrieblichen Leistungsverrechnung werden die Kostenstellen an Kostenträger abgerechnet. Vor dem Hintergrund der Voll- und der Teilkostenrechnung wurden die folgenden Verrechnungstechniken beschrieben:

- Stundensätze
- Zuschlagssätze
- Prozesskostenrechnung

Die Verrechnung der Gemeinkosten auf Kostenträger erfolgt unter Anwendung von Plangrößen (wie z.B. einem Plan-Zuschlagssatz) wie zugehöriger Istbezugsgrößen. Sollten auf den Kostenstellen Gesamtabweichungen produziert werden, d.h. die Istkosten der Kostenstelle weichen von den verrechneten Plankosten der Kostenstellen ab, werden diese in der Regel als Aufwands- oder Ertragskorrekturposten in die Ergebnisrechnung übernommen. Möglich ist auch eine Nachverrechnung auf Kostenträger.

Abschließend stellt die Kostenstellenrechnung Möglichkeiten zur Analyse der Gesamtabweichung. Hierbei muss unterschieden werden, ob eine starre oder flexible Plankostenrechnung im Einsatz ist. Bei der flexiblen Plankostenrechnung erfolgt im Unterschied zur starren Plankostenrechnung eine Aufspaltung in fixe und variable Kostenarten. Diese Aufspaltung ermöglicht es, die Gesamtabweichung einer Kostenstelle differenzierter durch die Berechnung von Verbrauchs- und Beschäftigungsabweichungen zu analysieren.

Kontextergebnis III – zusammenfassender Rückblick und Vorschau

Rückblick

Rückblickend können folgende, inhaltliche Meilensteine zusammengefasst werden: ein Kostenrechnungssystem wurde systematisiert und wir haben festgestellt, dass hierbei generell ein Dreiklang aus Verrechnungsumfang, Zeitbezug und kostenrechnerischem Teilbereich berücksichtigt werden muss.

Fortfolgend wurden die Datenquellen beschrieben und systematisiert. Nach der generellen Beschreibung der Datenquellen erfolgte im Kapitel der Kostenartenrechnung die Überleitung der Kosten (als Primärkosten) in unser Kostenrechnungssystem. Nach der Primärkostenerfassung beginnt der Datentransport durch das Kostenrechnungssystem, d.h. nach der Durchführung der innerbetrieblichen Leistungsverrechnung erfolgt die Verrechnung der Gemeinkosten auf die Kostenträger. Im Prozesssystem kann die innerbetriebliche Leistungsverrechnung zunächst wie folgt dargestellt werden:

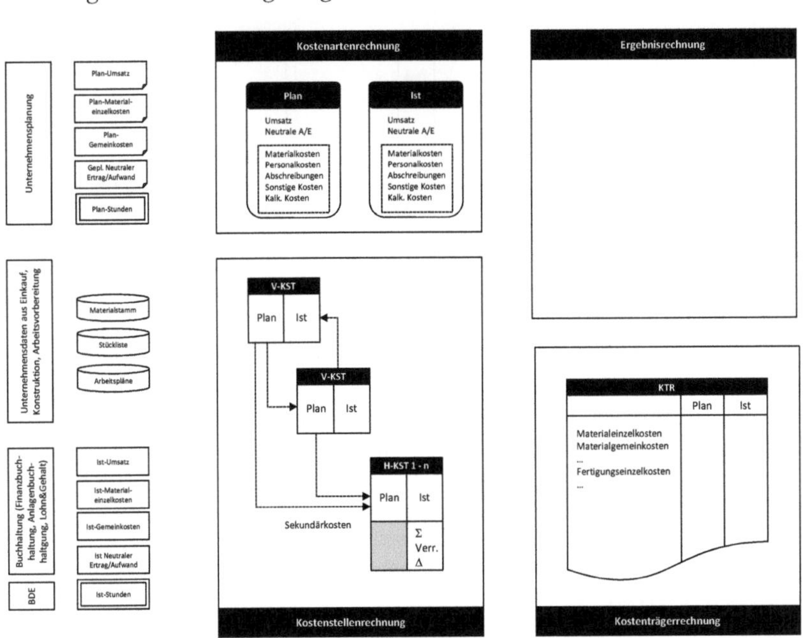

Abbildung 58: Kontextergebnis III – Innerbetriebliche Leistungsverrechnung

Je nach Einsatz eines Voll- oder Teilkostenrechnungssystems kommen Verrechnungsätze, Zuschlagssätze oder Prozesskostenrechnung für die Weiterbelastung von Gemeinkosten an Kostenträger zum Einsatz. Nachfolgende Grafik verdeutlicht dies.

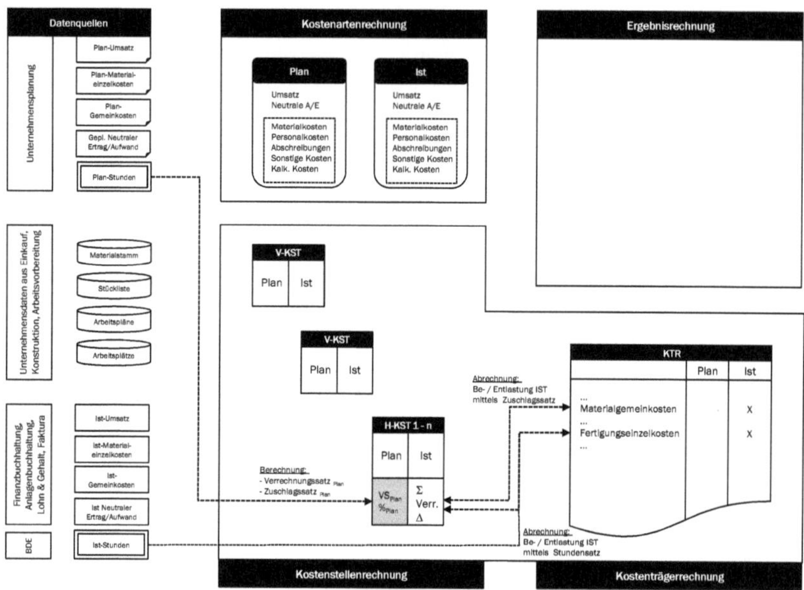

Abbildung 59: Kontextergebnis III – Abrechnung Kostenstelle an Kostenträger

Vorschau

Im Kapitel Kostenträgerrechnung wird neben den Grundlagen (wie z.B. den unterschiedlichen Kalkulationsarten oder dem Verrechnungsumfang) vor allem auf die Datenquellen der Kalkulation eingegangen. Die Passagen in den Lehrbüchern, welche Rechenbeispiele anführen, sind häufig diejenigen Beispiele, bei denen in der Praxis sich der geneigte Anwender die Zähne ausbeißt, denn gerade die Datengewinnung in der Kostenträgerrechnung (v.a. bei den Material- und Fertigungseinzelkosten) stellt diese aufgrund der Komplexität vor äußerst anspruchsvolle Aufgaben. Hierauf sollen im nächsten Kapitel (zumindest einige) Antworten gegeben werden.

4.3 Kostenträgerrechnung

4.3.1 Aufgaben und Wesen der Kostenträgerrechnung

Die **Kostenträger(stück)rechnung** befasst sich mit der Fragestellung: Wofür sind die Kosten angefallen? Das „wofür" bezieht sich dabei auf die Kosten für eine Kostenträgereinheit bzw. ein Erzeugnis eines Unternehmens.

Als Kostenträger werden betriebliche Leistungen bezeichnet, deren Herstellung einen Güter- oder Leistungsverzehr ausgelöst haben, durch welchen Kosten entstanden sind. Dabei kann es sich um eine Absatzleistung oder eine innerbetriebliche Leistung handeln.

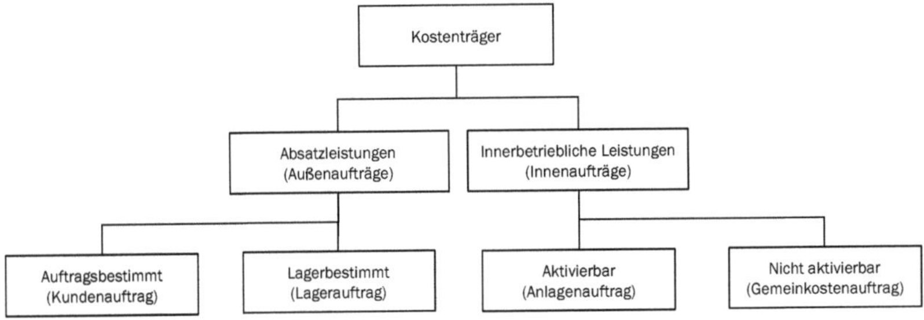

Abbildung 60: Unterschiedliche Arten von Kostenträgern

Grundsätzlich wird angestrebt, jedem Kostenträger möglichst genau die Kosten zuzuweisen, welche durch seine Herstellung entstanden sind. Daher wird in erster Linie das **Kostenverursachungsprinzip** verfolgt. Gemäß diesem werden nur Kosten an einen Kostenträger verrechnet, die durch einen nachweislichen Leistungsbezug des Kostenträgers tatsächlich verursacht wurden.

Problematisch gestaltet sich dabei allerdings die Verrechnung von Fixkosten, da diese aufgrund ihres fehlenden Bezugs zum Grad der Beschäftigung, keinem Kostenträger zugeordnet werden können.

Die Teilkostenrechnung umgeht dieses Dilemma, indem sie keine fixen Kosten an die Kostenträger weiterbelastet. Die Vollkostenrechnung muss für die Weiterbelastung der fixen Kosten Lösungen anbieten.

Da eine Verrechnung der Kosten gemäß dem Verursachungsprinzip in manchen Bereichen der Kostenrechnung nicht immer möglich ist, kann das **Durchschnittsprinzip** als Alternative gewählt werden. Die Verteilung der Gemeinkosten erfolgt in diesem Fall auf Basis bestimmter wert- oder mengenmäßiger Bezugsgrößen. Durch das Verhältnis zwischen Kosten und Bezugsgrößen lässt sich ein Durchschnittskostensatz berechnen. Die Kosten werden dann, je nach Beanspruchung der entsprechenden Bezugsgröße, auf die Kostenträger verteilt.

Weiterhin kann die Verteilung auch gemäß dem **Kostentragfähigkeitsprinzip** erfolgen. Hierbei werden die Kosten je nach Belastbarkeit des Kostenträgers verteilt. Die Belastbarkeit bemisst sich dabei auf Basis des Gewinnbeitrags des Kostenträgers. Somit besteht die Möglichkeit, Kosten bewusst einem anderen Kostenträger als dem tatsächlichen Verursacher zuzuweisen. Auf diese Weise können beitragsschwächere Produkte, die evtl. aus Imagegründen eine wichtige Bedeutung für das Unternehmen haben, mit Hilfe von beitragsstärkeren Produkten subventioniert werden.

Mit Hilfe der Kostenträgerrechnung wird vor allem die Ermittlung der Kosten und des Erfolgs der einzelnen Kostenträger angestrebt. Weiterhin liefern die Ergebnisse weitere wichtige Informationen zur Bestimmung von Preisunter- und -obergrenzen für den Ein- und Verkauf sowie zur Gestaltung des Produktprogramms und der Bewertung von Beständen.

Die Kostenträgerrechnung erfolgt entweder in Bezug auf einen einzelnen Kostenträger als Kalkulation, im Rahmen einer Kostenträgerstückrechnung oder in Bezug auf eine Periode als Kostenträgerzeitrechnung, deren Anwendung aber sachinhaltlich im Bereich der Ergebnisrechnung liegt.

4.3.2 Unterscheidungsmerkmale einer Kostenträgerrechnung

Mit Hilfe der Kostenträgerrechnung erfolgt die Berechnung der Selbst- bzw. Herstellkosten. Während die Herstellkosten aufzeigen, welche Kosten bei der Herstellung eines Produktes anfallen und somit zur Bewertung der Bestände an Erzeugnissen dienen, liefern die Selbstkosten eines Kostenträgers die Grundlage zur Preisfindung. Sie stellen die theoretische Preisuntergrenze eines Erzeugnisses dar. Aufgrund dieser Funktion ist eine genaue Ermittlung dieser beiden Werte für ein Unternehmen von besonderer Bedeutung. Andernfalls werden Preis- bzw. Produktprogrammentscheidungen unter Umständen auf einer falschen Grundlage getroffen. Dies kann langfristig negative Auswirkungen auf den Erfolg eines Unternehmens haben.

Aussagekräftige Analysen bzw. stabile Entscheidungsgrundlagen der Kostenträgerrechnung sind nur dann gegeben, wenn die Kalkulationsgrundlagen der Kostenträger bekannt sind.

Weiterhin stehen verschiedene Verfahren zur Durchführung einer Kostenträgerrechnung zur Verfügung. So lassen sich Selbst- und Herstellkosten auf unterschiedliche Weise berechnen. Die Entscheidung, welche davon verwendet wird, ist von dem jeweiligen Anwendungsfall abhängig. Ein Verständnis über diesen

Zusammenhang ist daher ebenfalls für den Aufbau einer Kostenträgerrechnung erforderlich.

4.3.2.1 Verrechnungsumfang

Wie erwähnt, lassen sich Systeme der Kostenrechnung bezüglich dem Umfang der verrechneten Kosten unterscheiden. Eine Kostenrechnung kann demnach als Vollkosten- oder Teilkostenrechnung betrieben werden.

Dabei steht die Betrachtung der Kosten hinsichtlich ihrer Abhängigkeit vom Grad der Beschäftigung im Mittelpunkt. Diese werden, je nach ihrer Charakterisierung in fixe oder variable Kosten, in beiden Systemen in unterschiedlichem Umfang an die Kostenträger verrechnet.

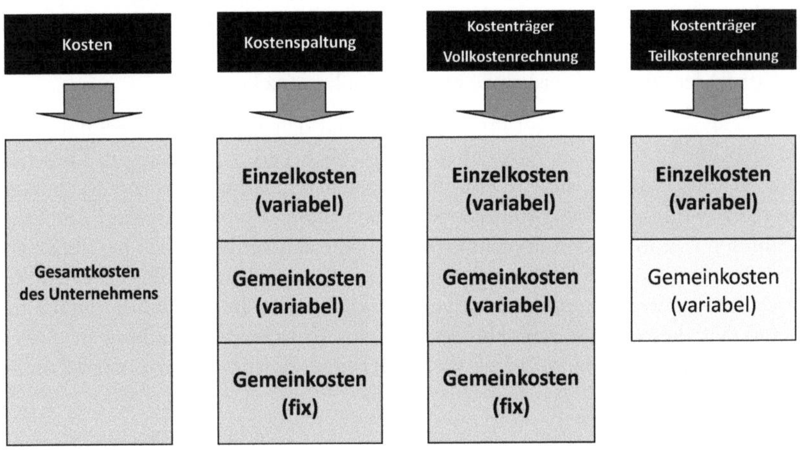

Abbildung 61: Umfangsbezogene Unterscheidung der Kostenträgerrechnung

Die Gesamtkosten eines Unternehmens setzen sich aus fixen (beschäftigungsunabhängigen) und variablen (beschäftigungsabhängigen) Kosten zusammen. In einem System der Vollkostenrechnung werden sowohl fixe als auch variable Kosten auf den Kostenträgern erfasst bzw. verrechnet. In einem System der Teilkostenrechnung werden ausschließlich die variablen Kosten auf den Kostenträgern belastet.

Die Fixkosten werden in der Teilkostenrechnung aus der Kostenstellenrechnung in die Betriebsergebnisrechnung übernommen. Die Kalkulation konzentriert sich hier somit lediglich auf die Erfassung der variablen Kosten, das Ergebnis der Kostenträger liefert bei dieser Betrachtungsweise einen Beitrag zur Deckung der fixen Kosten (Deckungsbeitrag). Aufgrund des unterschiedlichen Umfangs der verrechneten Kosten in beiden Systemen ist es notwendig, bereits vor dem Einsatz die jeweiligen Vor- und Nachteile zu kennen.

Die Vollkostenrechnung legt ihren Schwerpunkt auf die Verrechnung aller Kosten im Unternehmen auf die Kostenträger. Dies hat den Vorteil, dass mit der Durchführung dieser Kalkulationstechnik alle Kosten in die Produkte einkalkuliert werden. Daher ist ihre Anwendung vor allem ratsam, wenn ein längerer Zeitraum betrachtet werden soll. So lässt sich auf diese Weise auch eine langfristige Preisuntergrenze berechnen. Weiterhin ist der benötigte Aufwand hinsichtlich der Erfassung der Gemeinkosten auf den Kostenträgern geringer als in der Teilkostenrechnung, da keine zwingende Aufspaltung der Kosten in fixe und variable Kostenarten erfolgen muss.

Dennoch ist ein paralleler Betrieb der Teilkostenrechnung ratsam, da eine ausschließliche Betrachtung der langfristigen Preisuntergrenze dazu führen kann, sich am Markt zu „verkalkulieren", wenn dieser keine Akzeptanz bei der Kundschaft findet oder ein Preiskampf mit der Konkurrenz besteht.

Die Teilkostenrechnung legt ihren Schwerpunkt daher auf die Verrechnung der Kosten, die durch einen Kostenträger tatsächlich verursacht wurden. Dies hat den Vorteil, dass auf diese Weise dem Kostenverursachungsprinzip Rechnung getragen wird. Die Vollkostenrechnung kann dieses Prinzip aufgrund der Verrechnung von fixen Kosten nicht erfüllen. Fixkosten verhalten sich im Vergleich zu variablen Kosten nicht proportional zur Beschäftigung, somit können sie auch nicht verursachungsgerecht verrechnet werden. Die Teilkostenrechnung liefert auf diese Weise eine Hilfeleistung zur Entscheidungsfindung in einem kurzfristigen Zeithorizont sowie die kurzfristige Preisuntergrenze der Kostenträger.

4.3.2.2 Zeitbezug

Ein weiteres Merkmal, anhand dessen die Kostenträgerrechnung unterschieden werden kann, ist der Zeitpunkt, zu dem eine Kalkulation durchgeführt wird. Bei dieser Betrachtung ist der Zeitpunkt der Kalkulation, wie in Abbildung 62 dargestellt, in Abhängigkeit vom Zeitpunkt der Leistungserstellung zu sehen. Eine Kalkulation kann demnach vor, während oder nach dieser durchgeführt werden.

Die einzelnen Kalkulationsarten unterscheiden sich aber nicht nur nach dem Zeitpunkt ihrer Durchführung. Sie sind zwar prinzipiell gleich aufgebaut, ihnen stehen aber aufgrund der unterschiedlichen Zeitpunkte der Kalkulationserstellung nicht die gleichen Daten zur Verfügung.

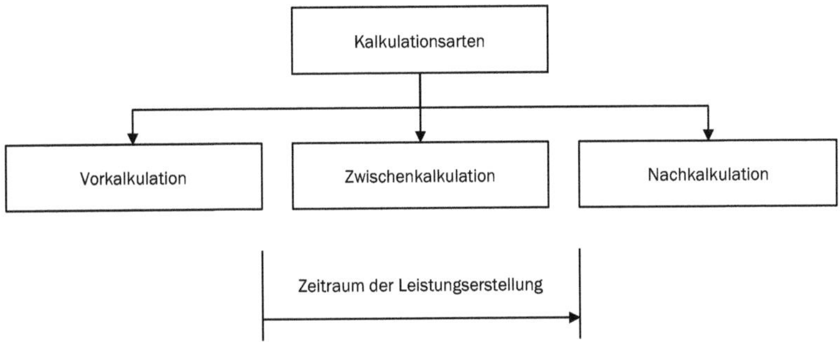

Abbildung 62: Zeitpunktbezogene Unterscheidung der Kostenträgerrechnung

Vor der eigentlichen Leistungserstellung kann eine Vorkalkulation durchgeführt werden. Dadurch wird ersichtlich, wie viel Kosten die Leistungserstellung in etwa verursachen wird. Auf diese Weise ist es möglich, vorab einen Preis für die Leistung zu berechnen und ein Angebot zu erstellen bzw. eine Entscheidung über die Annahme eines Auftrags zu treffen. Problematisch gestaltet sich hierbei naturgemäß die Ermittlung der Kosten, da zum Zeitpunkt der Kalkulation, welche auf der Basis von Normal- bzw. Plan-Kosten besteht, ausschließlich Erfahrungswerte vorhanden sind. Einzelkosten können durch die Bewertung der geplanten Verbrauchsmengen relativ genau bestimmt werden. Gemeinkosten beinhalten hingegen, vor allem bei der Verwendung von Gemeinkostenzuschlagssätzen, die durch die Kalkulationstechnik implizierten Ungenauigkeiten.

Eine Zwischenkalkulation wird häufig für Kostenträger erstellt, deren Produktionsdauer mehrere Abrechnungsperioden andauert. Dabei wird sie zeitgleich zur Leistungserstellung durchgeführt.[24] Sie dient vor allem dazu, die Entwicklung der Kosten zu verfolgen, um ggf. auf Abweichungen oder Unwirtschaftlichkeit reagieren zu können. Weiterhin liefert die Zwischenkalkulation wichtige Informationen über Werte und Mengen, die für eine Bilanzierung solcher Leistung erforderlich sein könnten. Da zum Zeitpunkt der Zwischenkalkulation bereits eine Übersicht über die Kosten vorliegt, welche für den bisher erstellten Teil der Leistung angefallen sind, können diese als Istkosten in die Kalkulation mit einbezogen werden. Die übrigen Kosten gehen weiterhin auf Basis von Normal- oder Plan-Werten, ggf. aus der Vorkalkulation, in die Kalkulation ein.

Ist die Leistungserstellung abgeschlossen, kann eine Nachkalkulation durchgeführt werden. Da zu diesem Zeitpunkt Informationen über die tatsächlich entstandene Höhe aller Kosten vorliegen, basiert die Nachkalkulation auf Istkosten. In erster Linie kann so der Erfolg von Aufträgen kontrolliert werden. Vergleicht

24 Vgl. Steger (2010), S. 309.

man das Ergebnis einer Nachkalkulation mit der Vorkalkulation, erhält man weiterhin auch eine Übersicht über eventuelle Abweichungen. Durch eine Analyse dieser Abweichungen können Schwachstellen, Fehleinschätzungen und Unwirtschaftlichkeit der Auftragsdurchführung aufgedeckt werden. Darüber hinaus leisten diese Informationen einen wertvollen Beitrag zur Optimierung der Vorkalkulation, bei einer regelmäßigen Verbesserung der Kalkulationsdaten.

4.3.2.3 Anwendungsbezug

Die Kostenträgerstückrechnung kann darüber hinaus nach ihrem Anwendungsbezug unterschieden werden. Zur Durchführung stehen generell verschiedene Verfahren zur Verfügung. Diese unterscheiden sich in ihrem Umfang sowie dem Informationsgehalt, den man dem Ergebnis entnehmen kann. Die Wahl eines geeigneten Kalkulationsverfahrens ist, wie in Abbildung 63 dargestellt, von dem jeweiligen Anwendungsfall (Fertigungsmethode) und betrieblichen Besonderheiten abhängig.

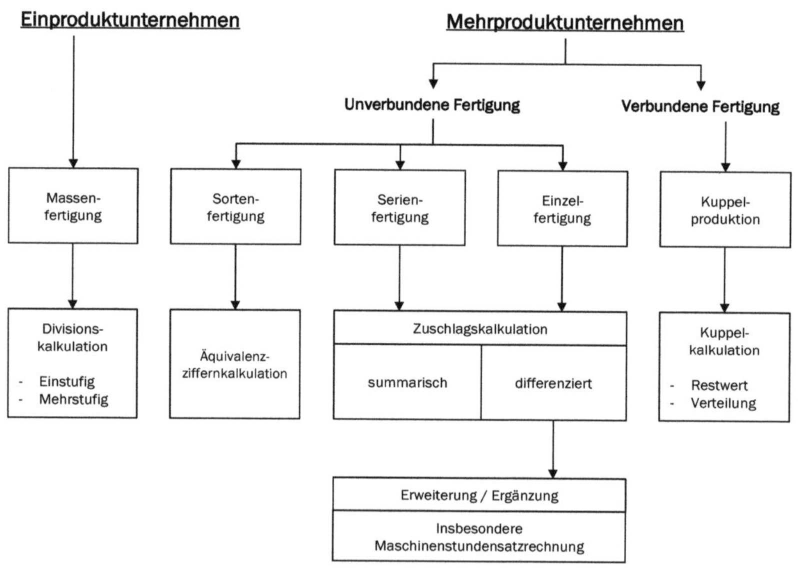

Abbildung 63: Kalkulationsarten und Fertigungsmethoden[25]

[25] Horsch (2010), S. 111.

4.3.2.3.1 Divisionskalkulation

Die Divisionskalkulation findet ihre Anwendung im Bereich der Massenfertigung. Da es sich hierbei um das einfachste Kalkulationsverfahren handelt, findet man das Prinzip auch in anderen Kalkulationsvarianten wieder.

Zur Durchführung ist keine separate Betrachtung von Einzel- und Gemeinkosten notwendig. Stattdessen erfolgt die Berechnung der Selbstkosten je Einheit mittels einer Division der Gesamtkosten durch die Menge der produzierten Einheiten. Da die Divisionskalkulation aufgrund der Betrachtung der Gesamtkosten als Block nur eine Kostenartenrechnung voraussetzt, wird eine Kostenstellenrechnung nicht zwingend benötigt.

Die beschriebene Vorgehensweise entspricht einer einstufigen Divisionskalkulation. Um dem Verursachungsprinzip der Kostenverrechnung zu folgen, müssen entsprechende Voraussetzungen gelten:

- Einprodukt-Betrieb
- keine Lagerbestandsveränderungen an Halbfabrikaten
- keine Lagerbestandsveränderungen an Fertigfabrikaten

Da diese Voraussetzungen in der Realität häufig nicht gegeben sind – produzierte Menge und Absatz wären dann in jeder Periode identisch – besteht die Möglichkeit, die einstufige Divisionskalkulation zu erweitern.

Bei der mehrstufigen Divisionskalkulation erfolgen eine Trennung der produzierten und der tatsächlich abgesetzten Menge und somit auch eine Aufteilung der Gesamtkosten. Zur Berechnung der Selbstkosten je Einheit werden die Herstellkosten durch die produzierte Menge, die Verwaltungs- und Vertriebskosten durch die abgesetzte Menge geteilt und die Ergebnisse anschließend addiert. Somit ersetzt man die dritte Voraussetzung und passt die Divisionskalkulation an die Realität an.

Mit einer mehrstufigen Divisionskalkulation lässt sich zusätzlich die zweite Bedingung aufheben. Somit können Zwischenläger für Halbfabrikate in der Kalkulation abgebildet werden.

4.3.2.3.2 Äquivalenzziffernkalkulation

Während die Divisionskalkulation sich ausschließlich für Ein-Produkt-Unternehmen eignet, ersetzt die Äquivalenzziffernkalkulation diese Einschränkung. Sie findet ihre Anwendung im Bereich der Sortenfertigung. Da bei einer Sortenfertigung die Produkte in ihrer Art ähnlich sind, kann auf ein bestimmtes Verhältnis der Kosten geschlossen werden. Die Äquivalenzziffern bilden dabei das Kostenverhältnis der einzelnen Produkte zueinander ab.

Wie die Divisionskalkulation kann die Äquivalenzziffernkalkulation einstufig oder mehrstufig durchgeführt werden. Die einstufige Variante unterliegt demnach wieder bestimmten Voraussetzungen:

- Herstellung gleichartiger Erzeugnisse
- keine Lagerbestandsveränderungen an Halbfabrikaten
- keine Lagerbestandsveränderungen an Fertigfabrikaten

Die zweite und dritte Bedingung können hier ebenfalls durch die Verwendung einer mehrstufigen Kalkulation umgangen werden. Somit erfolgt eine Anpassung der Kalkulation an die Realität im Unternehmen.

Um dieses Kalkulationsverfahren anwenden zu können, müssen die Äquivalenzziffern einmalig ermittelt werden. Dafür wird ein Einheitsprodukt (B) mit der Äquivalenzziffer 1 definiert. Die Äquivalenzziffern der anderen Produkte bilden nun das Verhältnis der Kosten zu diesem Einheitsprodukt ab. Liegen die Kosten für ein Produkt um 20 % höher (A), entspricht dies der Äquivalenzziffer 1,2; liegen sie 10 % darunter (C), entspricht dies 0,9.

Sorte	Kosten	Äquivalenzziffer
A	120 €	1,2
B	100 €	1,0
C	90 €	0,9

Tabelle 1: Bildung von Äquivalenzziffern

Sorte	Äquivalenzziffer	Produzierte Menge	Äquivalente Menge	Errechnete Einheitskosten/Einheit der Einheitssorte	Selbstkosten / Einheit der Sorte	Selbstkosten
A	1,2	1.000	1.200	-	60 €	60.000 €
B	1,0	500	500	-	50 €	25.000 €
C	0,9	800	720	-	45 €	36.000 €
Gesamt	-	2.300	2.420	50 €	-	121.000 €

Tabelle 2: Äquivalenzziffernkalkulation – Berechnung der Selbstkosten

Zur Durchführung werden die produzierten Mengen aller Sorten unter Verwendung der Äquivalenzziffern auf eine äquivalente Menge der Einheitssorte umgerechnet. Anschließend erfolgt die Berechnung der Einheitskosten mittels einer Divisionskalkulation auf Basis der äquivalenten Gesamtmenge. Zur Ermittlung der eigentlichen Selbstkosten je Sorte werden die Einheitskosten wieder mit der jeweiligen Äquivalenzziffer multipliziert.

4.3.2.3.3 Kuppelkalkulation

Die meisten Unternehmen produzieren ihre Produkte gezielt und unabhängig voneinander. In manchen Fällen kann es aber sein, dass damit unmittelbar die Herstellung eines weiteren Produktes einhergeht (z.B. Öle, Gase). Diese Kuppelproduktion kann natürliche oder technische Ursachen haben.

Da die Herstellung der Produkte direkt voneinander abhängt, ist eine verursachungsgerechte Verteilung der Kosten auf die Erzeugnisse nicht möglich. Daher orientiert sich die Kuppelkalkulation am Prinzip der Kostentragfähigkeit. Zur Durchführung der Kuppelkalkulation können zwei Varianten verwendet werden.

Dient der Produktionsprozess gezielt der Herstellung eines Hauptproduktes, wird die **Restwertmethode** angewandt. Die Erlöse bzw. Kosten die durch den Verkauf bzw. die Entsorgung der unmittelbar anfallenden Nebenprodukte entstehen, werden den Gesamtkosten des Kuppelprozesses zugerechnet bzw. abgezogen. Die so verbleibenden Restkosten sind Grundlage für die Berechnung der Selbstkosten des Hauptproduktes. Dies erfolgt im Normalfall mit einer anschließenden Zuschlagskalkulation.

Werden hingegen gleichzeitig mehrere Hauptprodukte erzeugt, erfolgt die Berechnung der Stückkosten mit Hilfe der **Verteilungsrechnung**. Dabei erfolgt die Verteilung der Kosten auf die einzelnen Produkte des Kuppelprozesses mit Äquivalenzziffern. Diese lassen sich aufgrund der Orientierung am Prinzip der Kostentragfähigkeit auf Basis des Marktpreises, der mit dem jeweiligen Produkt erzielt werden kann, berechnen. Weiterhin können auch technische Maßstäbe (z.B. Heizwerte) herangezogen werden.

Erzeugnis	Menge	Marktpreise	Rechnungseinheiten	Gesamtkosten	Stückkosten
A	300	150 €	45.000	13.500 €	45 €
B	400	180 €	72.000	21.600 €	54 €
C	300	140 €	42.000	12.600 €	42 €
			159.000	47.700 €	

Tabelle 3: Kuppelkalkulation – Berechnung der Stückkosten mit Hilfe von Äquivalenzziffern

4.3.2.3.4 Zuschlagskalkulation

Die Zuschlagskalkulation ist das am weitesten verbreitete Kalkulationsverfahren und findet ihre Anwendung in der Serien- und Einzelfertigung. Im Gegensatz zu den bisher beschriebenen Verfahren werden Einzel- und Gemeinkosten getrennt betrachtet. Die Einzelkosten lassen sich gemäß ihrer direkten Zurechenbarkeit auf die einzelnen Produkte verteilen. Die Verrechnung der Gemeinkosten erfolgt mit Hilfe von Zuschlagssätzen, die auf Basis der Einzelkosten gebildet werden müssen. Zur Durchführung der Zuschlagskalkulation stehen zwei Varianten zur Verfügung.

Beim Verfahren der **summarischen Zuschlagskalkulation** wird lediglich ein einzelner Zuschlagssatz gebildet. Dieser berechnet sich auf Basis aller Gemeinkosten im Unternehmen. Aufgrund dieser vereinfachten Darstellungsweise ist es ein ungenaues Verfahren, das nur bei einem geringen Gemeinkostenanteil verwendet werden sollte, da es andernfalls zu falschen bzw. schwer interpretierbaren Ergebnissen führen kann.

Die **differenzierte Zuschlagskalkulation** ist in ihrer Durchführung hingegen komplizierter, liefert dafür aber genauere Ergebnisse. Dies wird durch eine Trennung der Kosten in die Bereiche Material, Fertigung sowie Verwaltung und Vertrieb erreicht. Die Berechnung der Zuschlagssätze erfolgt bereits in der Kostenstellenrechnung. Hierbei wird ein direkter Bezug zwischen Einzel- und Gemeinkosten bzw. Einzel- und Herstellkosten hergestellt. Die gängigen Gemeinkostenzuschlagssätze berechnen sich wie folgt:

$$Materialgemeinkostenzuschlag\ in\ \% = \frac{Materialgemeinkosten}{Materialeinzelkosten} \times 100$$

$$Fertigungsgemeinkostenzuschlag\ in\ \% = \frac{Fertigungsgemeinkosten}{Fertigungseinzelkosten} \times 100$$

$$Verwaltungsgemeinkostenzuschlag\ in\ \% = \frac{Verwaltungsgemeinkosten}{Herstellkosten} \times 100$$

$$Vertriebsgemeinkostenzuschlag\ in\ \% = \frac{Vertriebsgemeinkosten}{Herstellkosten} \times 100$$

4.3.3 Struktur und Datenquellen einer Kalkulation

Wie schon im Kontextergebnis des Kapitels „Kostenstellenrechnung" angesprochen, ist die Datengewinnung in Systemen der Kostenrechnung eine der herausforderndsten Aufgaben. Die nächsten Seiten werden sich ausschließlich diesem Thema widmen. Bevor explizit auf Fragstellungen der Datengewinnung und des Datentransports in der Kostenträgerrechnung eingegangen wird, wird vorab noch ein Beispiel gegeben, anhand dessen dies beschrieben wird. Da die differenzierte Zuschlagskalkulation eine in der Praxis häufig angewandte Kalkulationsmethode ist, wird diese entsprechend als Anwendungsbezug verwendet.

4.3.3.1 Struktur einer differenzierten Zuschlagskalkulation

Die Berechnungen der Herstell- bzw. Selbstkosten sowie der Ausweis der Kostenarten werden anhand folgender, vereinfachter Kalkulationsstruktur (differenzierte Zuschlagskalkulation) dargestellt:

Position	Zuschlagssatz (in %)	Kosten (in €)
Materialeinzelkosten		15.000
+ Materialgemeinkosten	10	1.500
= Materialkosten		16.500
+ Fertigungseinzelkosten		6.000
+ Fertigungsgemeinkosten	50	3.000
+ Sondereinzelkosten der Fertigung		500
= Fertigungskosten		9.500
Herstellkosten		26.000
+ Verwaltungsgemeinkosten	20	5.200
+ Vertriebsgemeinkosten	10	2.600
+ Sondereinzelkosten des Vertriebs		200
= Selbstkosten		34.000

Tabelle 4: Beispiel einer differenzierten Zuschlagskalkulation

Betrachtet man die einzelnen Positionen der Kalkulation, können diese grundsätzlich bezüglich der Art ihrer Ermittlung wie folgt unterschieden werden:

- Die Zeilen der Materialkosten, Fertigungskosten, Herstellkosten und Selbstkosten sind **Summenzeilen**. Ihre Werte gelangen nicht per Datentransport aus anderen Modulen eines ERP-Systems in die Kalkulation, sondern stellen lediglich eine Addition der Werte von einzelnen Kostenarten der Kalkulation dar.
- Die Positionen der Einzelkosten in der Kalkulation werden als **Basiszeilen** bezeichnet. Aufgrund ihrer direkten Zurechenbarkeit lassen sich die Werte in der Kostenträgerrechnung genau ermitteln.
- Die Positionen der Gemeinkosten in der Kalkulation werden als **Zuschlagszeilen** bezeichnet, da sich ihre Werte mit Hilfe der Zuschlagssätze aus der Kostenstellenrechnung und einer jeweiligen Bezugszeile (dies kann sowohl eine Basis- als auch Summenzeile sein) berechnen lassen.

Weiterhin lassen sich mit der differenzierten Zuschlagskalkulation die einzelnen Positionen einer Kalkulation bezüglich der beinhalteten Kosten unterscheiden. Auf diese Weise wird ersichtlich, welche die Schwerpunkte der Kostenentstehung bei der Herstellung eines Erzeugnisses sind.

Die **Materialkosten** setzen sich aus den **Materialeinzelkosten** und den **Materialgemeinkosten** zusammen. Die Materialeinzelkosten umfassen Rohstoffe und bezogene Fertigteile, die für die Herstellung des Erzeugnisses benötigt werden. Sie bilden somit den eigentlichen Materialverbrauch ab. Dies verdeutlicht auch den direkten Bezug der Materialeinzelkosten zu einem bestimmten Kostenträger. Materialgemeinkosten hingegen umfassen Hilfs- und Betriebsstoffe sowie Kosten, die für den Einkauf der Materialien und den logistischen Ablauf entstehen. Sie stellen somit die Kosten dar, die für die Beschaffung und das Handling des verbrauchten Materials anfallen. Ein direkter Bezug zu einem Kostenträger ist hier zwar nicht ersichtlich, dennoch verdeutlicht dieser Zusammenhang, dass tatsächlich eine Abhängigkeit zwischen der Höhe der Materialgemeinkosten und der Materialeinzelkosten besteht.

Die **Fertigungskosten** setzen sich aus den **Fertigungseinzelkosten**, **Fertigungsgemeinkosten** und **Sondereinzelkosten der Fertigung** zusammen. Die Fertigungseinzelkosten umfassen dabei v.a. Lohnkosten, die für die Verarbeitung des Materials und somit direkt für die Herstellung eines Erzeugnisses anfallen. Ein direkter Zusammenhang zu einem bestimmten Kostenträger ist somit ersichtlich. Fertigungsgemeinkosten beinhalten alle weiteren Kosten der Fertigung, die keinen direkten Bezug zum Kostenträger haben. Dazu zählen u.A. Kosten, die für Arbeitsvorbereitung und Fertigungsplanung entstehen. Somit besteht auch im Bereich der Fertigungskosten ein Zusammenhang zwischen

Einzel- und Gemeinkosten. Die Sondereinzelkosten der Fertigung können einem Kostenträger auch direkt zugerechnet werden. Im Gegensatz zu den übrigen Einzelkosten werden sie aber nicht bezogen auf ein Erzeugnis, sondern auftragsbezogen erfasst. Somit bilden sie Kosten ab, die aufgrund einer besonderen Anforderung eines Auftrags entstehen (z.B. Lizenz-, Patent-, Konstruktionskosten).

Materialkosten und Fertigungskosten ergeben in Summe die **Herstellkosten** eines Kostenträgers. Sie dienen als Grundlage der Bestandsbewertung von Halb- oder Fertigerzeugnissen, die nach der Herstellung eingelagert werden.

Weitere Kosten entstehen im Unternehmen in den Bereichen **Verwaltung** und **Vertrieb**. Ein direkter Zusammenhang zwischen der Kostenentstehung und dem Kostenträger ist in beiden Fällen nicht so eindeutig wie bei den bisherigen Positionen der Kalkulation. Daher werden die dort entstandenen Kosten im Regelfall auf Basis der Herstellkosten als Gemeinkosten auf die Kostenträger verrechnet. Eine Ausnahme bilden dabei auftragsbezogene Kosten, die im Vertrieb entstehen (z.B. Verpackung, Fracht- und Versicherungskosten). Diese werden, analog zu den Sondereinzelkosten der Fertigung, als **Sondereinzelkosten des Vertriebs** direkt dem Kostenträger zugerechnet.

Herstellkosten und Kosten für Verwaltung und Vertrieb ergeben die **Selbstkosten** eines Kostenträgers. Selbstkosten dienen, im Gegensatz zu den Herstellkosten, nicht zur internen Bewertung eines Kostenträgers. Sie werden häufig als Grundlage zur Preisfindung für Erzeugnisse verwendet.

Eine Verrechnung der Gemeinkosten nach dem Verursachungsprinzip ist in einer differenzierten Zuschlagskalkulation nicht vollständig gegeben. Dennoch ermöglicht die Verwendung der unterschiedlichen Zuschlagssätze eine differenzierte Betrachtung der Gemeinkostenteilbereiche.

4.3.3.2 Datenquellen einer Kalkulation

Die Grundlage für den Aufbau einer (differenzierten) Zuschlagskalkulation ist die Ermittlung der **Basiszeilen**, da sie Voraussetzung für die Verrechnung der entsprechenden Gemeinkosten in den **Zuschlagszeilen** und somit auch zur Berechnung der **Summenzeilen** sind. Bei der Berechnung der Basiszeilen muss die Kalkulation auf zahlreiche Datenquellen zugreifen, die je nach Vor- und Nachkalkulation unterschiedlich sein können. Es versteht sich von selbst, dass je nach vorhandener EDV-Ausstattung unterschiedliche Voraussetzungen in den Unternehmen hinsichtlich der Kalkulation gegeben sein können. Darüber hinaus sind die Funktionsweisen, Ausstattungsmerkmale und Kalkulationstechniken unterschiedlich, so dass nie von der einen, allgemeingültigen Kalkulationstechnik gesprochen werden kann. Dennoch soll an dieser Stelle der Versuch unternommen werden, die wesentlichen Datenquellen der Vor- und Nachkalkulation zu benennen und dabei auch auf Voll- und Teilkostenrechnung entsprechend einzugehen.

4.3.3.2.1 Basiszeile Materialeinzelkosten

Die Position der Materialeinzelkosten gibt Aufschluss darüber, wie hoch die Kosten für den Materialeinsatz bei der Erstellung eines Kostenträgers sind. Für die Berechnung der Materialeinzelkosten ist es notwendig, den Materialverbrauch des Kostenträgers zu ermitteln und eine geeignete Grundlage zur Bewertung auszuwählen.

Da die Materialeinzelkosten variabel sind, sind die ermittelten Werte im System der Voll- und Teilkostenrechnung gleich. Somit werden nachfolgend nur die Unterschiede der Vor- und Nachkalkulation dargestellt.

Materialeinzelkosten – Vorkalkulation

Ziel der Vorkalkulation ist es, die Kosten für den zukünftigen Materialbedarf eines Kostenträgers möglichst genau zu ermitteln. Da zu diesem Zeitpunkt jedoch noch keine Informationen über den tatsächlichen Materialverbrauch vorhanden sind, müssen für die Planverbräuche ermittelt werden. Zur Verfügung steht in der Regel die Stückliste des Erzeugnisses sowie die Daten des Materialstamms.

Die Stückliste beinhaltet das geplante Mengengerüst eines Erzeugnisses. Die Verbrauchsmengen der einzelnen Materialien lassen sich somit für die geplanten Stückzahlen des Auftrags ableiten.

Daneben werden für die Berechnung der Plankosten noch die Planpreise der verwendeten Teile anhand der im Materialstamm hinterlegten Preisinformationen erhoben, wie z.B. der gleitende Durchschnittspreis. Da sich die Preise im Materialstamm auf eine Basismenge des jeweiligen Rohstoffes beziehen, ist es erforderlich, diese auf den entsprechenden Verbrauch je Einheit umzurechnen.

Die Materialkosten *einer Einheit* des Erzeugnisses ergeben sich somit aus der Bewertung des, aus der Stückliste entnommenen, Materialbedarfs mit den entsprechenden Preisen.

$$MEK_{Plan}\ je\ Erzeugnis = Materialbedarf\ je\ Einheit_{Plan}\ x\ \frac{Materialpreis_{Plan}}{Basismenge_{Material}}$$

Die Ermittlung der gesamten Materialeinzelkosten des Kostenträgers erfolgt durch eine Bewertung des, aus dem Produktionsprogramm und der Stückliste abgeleiteten, gesamten Materialbedarfs mit den entsprechenden Preisen.

$$MEK_{Plan} = Materialbedarf\ Gesamt_{Plan}\ x\ \frac{Materialpreis_{Plan}}{Basismenge_{Material}}$$

Die Abrechnungszusammenhänge der Materialeinzelkosten in der Vorkalkulation können wie folgt dargestellt werden:

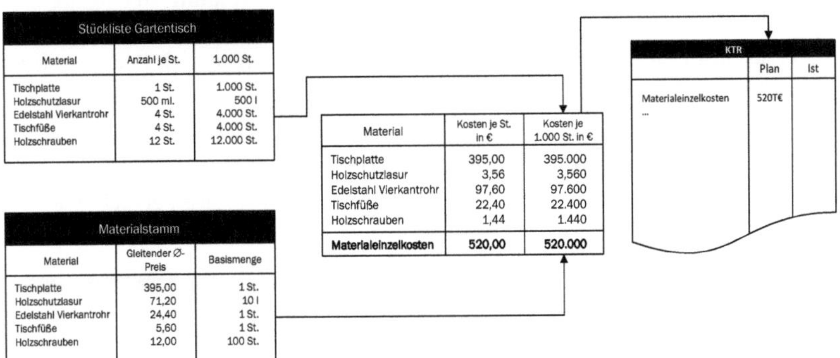

Abbildung 64: Prozesslandschaft Materialeinzelkosten – Vorkalkulation Voll- und Teilkostenrechnung

Materialeinzelkosten – Nachkalkulation

In der Nachkalkulation werden die Kosten des tatsächlich angefallenen Materialverbrauchs ermittelt. Preis- oder Mengenabweichungen können dazu führen, dass sich die Ergebnisse der Nachkalkulation von denen der Vorkalkulation unterscheiden.

Die Berechnung der Materialeinzelkosten in der Nachkalkulation unterscheidet sich von der Vorkalkulation hauptsächlich durch die Ermittlung der eingesetzten Materialmenge. Während in der Vorkalkulation eine Stückliste zur Planung des Materialbedarfs herangezogen wird, besteht zum Zeitpunkt der Nachkalkulation die Möglichkeit, auf Datenquellen zurückzugreifen, die Informationen über den tatsächlichen Materialverbrauch beinhalten. Die Genauigkeit der Kalkulation steht und fällt dabei mit der Richtigkeit, Vollständigkeit und Aktualität der als Informationsbasis gewählten Datenquellen. Auf der Grundlage von Lagerbestandsbuchungen mit mitlaufender Kontierung können die tatsächlich verbrauchten Mengen eines Auftrags diesem verursachungsgerecht zugeordnet werden. Die Ermittlung der Materialeinzelkosten in der Nachkalkulation erfolgt somit, im Gegensatz zur Vorkalkulation, nicht innerhalb der Kostenrechnung. Vielmehr ist die Ermittlung der Materialeinzelkosten direkt an Materialaufwandsbuchungen in der Finanzbuchhaltung gekoppelt. Eine Zusatzkontierung ermöglicht dabei die Verknüpfung einer Buchung in der Finanzbuchhaltung mit dem entsprechenden Kontierungsobjekt innerhalb der Kostenrechnung.

Um die entsprechenden Kosten ermitteln zu können, muss eine Bewertung der verbrauchten Materialmenge erfolgen. Eine präzise Berechnung der Ist-Materialeinzelkosten ist möglich, wenn die Unternehmen in der Lage sind, neben den Istmengen auch auf die Istpreise der verwendeten Teile zurückgreifen zu können. In diesem Fall wird die Position ausschließlich mit Istwerten berechnet. Sollten die Istpreise für die Berechnungen nicht zur Verfügung stehen, werden auch häufig für die Nachkalkulation der Materialeinzelkosten wiederum die im Materialstamm hinterlegten gleitenden Durchschnittspreise oder letzten Einkaufspreise verwendet.

Nachfolgendes Beispiel verdeutlicht den Datenfluss sowie die Datenquellen bei der Berechnung der Materialeinzelkosten der Vor- und Nachkalkulation – die Nachkalkulation wurde mit den gleitenden Durchschnittspreisen gerechnet.

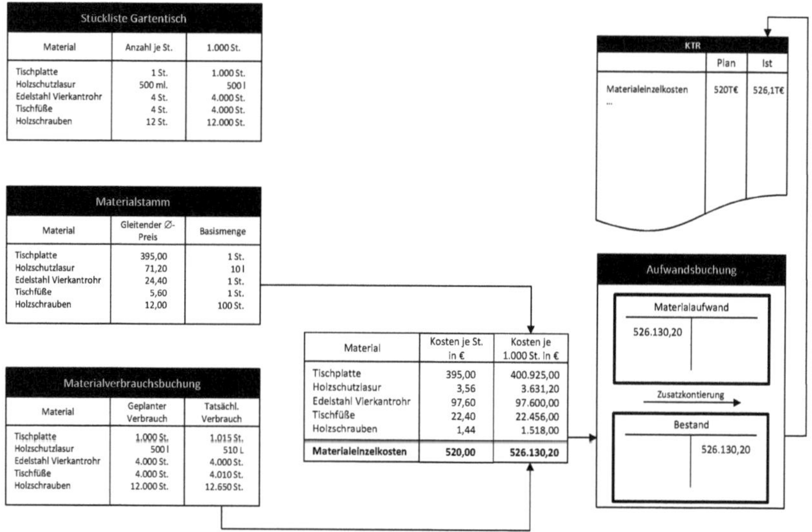

Stückliste Gartentisch		
Material	Anzahl je St.	1.000 St.
Tischplatte	1 St.	1.000 St.
Holzschutzlasur	500 ml.	500 l
Edelstahl Vierkantrohr	4 St.	4.000 St.
Tischfüße	4 St.	4.000 St.
Holzschrauben	12 St.	12.000 St.

Materialstamm		
Material	Gleitender Ø-Preis	Basismenge
Tischplatte	395,00	1 St.
Holzschutzlasur	71,20	10 l
Edelstahl Vierkantrohr	24,40	1 St.
Tischfüße	5,60	1 St.
Holzschrauben	12,00	100 St.

Materialverbrauchsbuchung		
Material	Geplanter Verbrauch	Tatsächl. Verbrauch
Tischplatte	1.000 St.	1.015 St.
Holzschutzlasur	500 l	510 L
Edelstahl Vierkantrohr	4.000 St.	4.000 St.
Tischfüße	4.000 St.	4.010 St.
Holzschrauben	12.000 St.	12.650 St.

Material	Kosten je St. in €	Kosten je 1.000 St. in €
Tischplatte	395,00	400.925,00
Holzschutzlasur	3,56	3.631,20
Edelstahl Vierkantrohr	97,60	97.600,00
Tischfüße	22,40	22.456,00
Holzschrauben	1,44	1.518,00
Materialeinzelkosten	**520,00**	**526.130,20**

KTR	Plan	Ist
Materialeinzelkosten	520T€	526,1T€
...		

Abbildung 65: Prozesslandschaft Materialeinzelkosten – Nachkalkulation Voll- und Teilkostenrechnung

4.3.3.2.2 Basiszeile Fertigungseinzelkosten

Neben den Materialeinzelkosten sind die Fertigungseinzelkosten eine weitere Basiszeile der Kalkulation. Per Definition werden Einzelkosten ihrem Zurechnungscharakter entsprechend direkt den Kostenträgern zugerechnet. Im Falle der Fertigungseinzelkosten wird in der Praxis teilweise davon abgewichen, da diese häufig als Primärkosten in der Kostenstellenrechnung erfasst werden, über welche sie dann, nach der innerbetrieblichen Leistungsverrechnung, unter Verwendung von Verrechnungssätzen auf die Kostenträgerrechnung weiterverrechnet werden.

Auf den Kostenträgern gibt die Position der Fertigungseinzelkosten Aufschluss darüber, wie hoch die Kosten für den Arbeitseinsatz der Fertigungskostenstellen bei der Erstellung eines Kostenträgers sind.

In Kapitel 4.2.4.4.1 wurde dargestellt, wie Verrechnungssätze im System der Kostenstellenrechnung berechnet werden können. Insofern wird auf die Berechnung der Planverrechnungssätze an dieser Stelle nicht mehr eingegangen. Es sei hier nochmals darauf hingewiesen, dass es keine fest vorgegebene Regel für die Berechnung von Verrechnungssätzen gibt. Aus Praktikabilitätsgründen berechnen Unternehmen ihre Verrechnungssätze häufig, indem sie die Gesamtkosten einer Hauptkostenstelle durch die Stundenleistungen der Kostenstelle teilen (in diesem Fall können Verrechnungssätze auch undifferenziert fixe und variable Gemeinkostenanteile einer Kostenstelle enthalten). Teilweise bietet es sich bei entsprechenden Voraussetzungen der EDV auch an, pro Kostenstelle z.B. die Personalkosten über einen Lohnverrechnungssatz zu verrechnen und die restlichen Gemeinkosten einer Kostenstelle über einen entsprechenden Zuschlagssatz. Auch kann bei Kostenstellen der Produktion die Anwendung von Maschinenstundensätzen sinnvoll sein.

Fertigungseinzelkosten – Vorkalkulation

In der Vorkalkulation erfolgt die Planung der Fertigungseinzelkosten auf der Grundlage der geplanten Leistungen der Fertigungskostenstellen, welche mit den im System hinterlegten Plan-Verrechnungssätzen bewertet werden.

Hierfür müssen für die Berechnung der Plan-Fertigungseinzelkosten Informationen über die Art und Mengen der für einen Kostenträger erbrachten Leistungen in der EDV hinterlegt sein. Das Zeitgerüst der zu erbringenden Leistungen ist idealerweise in den Arbeitsplänen des Unternehmens hinterlegt.

Ein Arbeitsplan liefert eine detaillierte Beschreibung aller Tätigkeiten, die gemäß der Planung zur Herstellung eines Erzeugnisses durchgeführt werden müssen.

Dem Arbeitsplan können somit die einzelnen Arbeitsschritte, die zur Herstellung einer Einheit des Erzeugnisses notwendig sind, entnommen werden.

Wichtig für die Kalkulation ist dabei, in welchen Fertigungskostenstellen die einzelnen Arbeitsschritte durchgeführt werden, welche Leistungsarten mit den einzelnen Arbeitsschritten verknüpft sind und welche geplante Zeit für die Durchführung angesetzt wurde.

Durch die Multiplikation der geplanten Zeitleistungen mit den geplanten Verrechnungssätzen können die Fertigungseinzelkosten eines Auftrags berechnet werden.

Das folgende Beispiel verdeutlicht die Belastung eines Kostenträgers mit Plankosten in der Vollkostenrechnung. Aus Vereinfachungsgründen wurde keine Unterscheidung in Personen- und Maschinenkosten bzw. Personen- und Maschinenzeiten dargestellt.

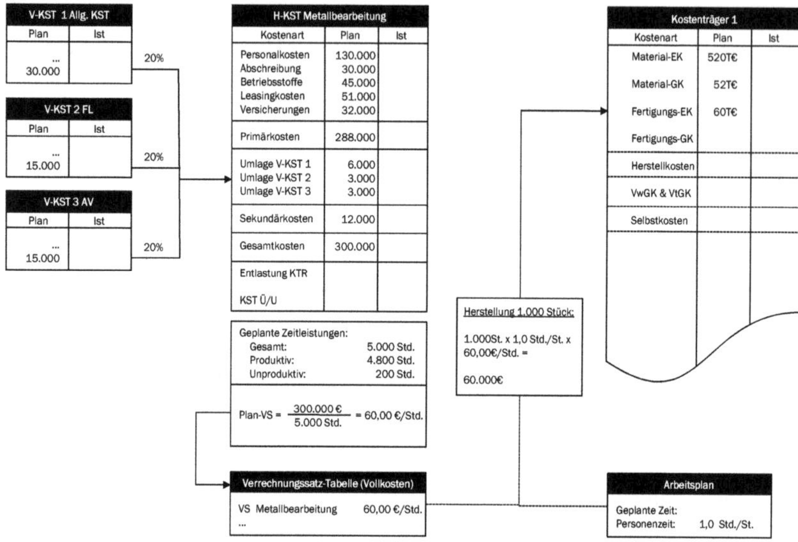

Abbildung 66: Prozesslandschaft Fertigungseinzelkosten – Vorkalkulation Vollkostenrechnung

Die Verrechnungslogik der **Teilkostenrechnung** ist der der Volkostenrechnung gleich, mit dem Unterschied, dass im System der Teilkostenrechnung nur die variablen Kosten den Kostenträgern belastet werden.

Dies wird im System der Teilkostenrechnung idealerweise dadurch gewährleistet, dass die für die Planung der Kostenträger notwendigen Verrechnungssätze nur die variablen Kosten beinhalten – im System der Vollkostenrechnung beinhalten diese auch die fixen Kosten. Die Arbeitspläne sind im System der Voll- und Teilkostenrechnung identisch.

Fertigungseinzelkosten – Nachkalkulation

In der Nachkalkulation erfolgt die Belastung des Kostenträgers mit Ist-Fertigungseinzelkosten. Dabei greift die Nachkalkulation zur Bewertung der abgegebenen Leistung, wie schon die Vorkalkulation, auf die berechneten Plan-Stundensätze der Fertigungskostenstellen zurück.

Die wesentlichen Unterschiede zur Vorkalkulation bestehen zum einen darin, dass das Mengengerüst zur Bewertung der Plan-Verrechnungssätze nicht die in den Arbeitsplänen hinterlegten Stunden sind, sondern dass die Bewertung anhand der tatsächlich erbrachten Zeitleistungen erfolgt.

Zum anderen erfolgt in einem konzeptionell geschlossenen Kostenrechnungssystem eine Abrechnung zwischen der Kostenstellen und der Kostenträgerrechnung, d.h. die leistenden Kostenstellen werden entlastet und die kostenverursachenden Kostenträger werden belastet. Die Gewinnung der Ist-Zeitleistungen kann über unterschiedliche Systeme der Zeiterfassung erfolgen. Bei sehr einfachen Systemen erfolgt eine manuelle Erfassung und die Stunden müssen anschließend in das System übertragen werden. Bei modernen Systemen erfolgt eine entsprechende Erfassung direkt in der EDV über BDE-Systeme, welche gleich eine konkrete Zuordnung auf die entsprechenden Kostenträger ermöglichen. Wie schon in der Vorkalkulation unterscheidet sich die **Teilkostenrechnung** von der Vollkostenrechnung dadurch, dass für die Abrechnung Verrechnungssätze verwendet werden, die ausschließlich die variablen Kosten der Kostenstellen implizieren. Somit werden auch nur die variablen Kosten an die Kostenträger weiterberechnet. Nachfolgende Grafik verdeutlicht dies nochmals.

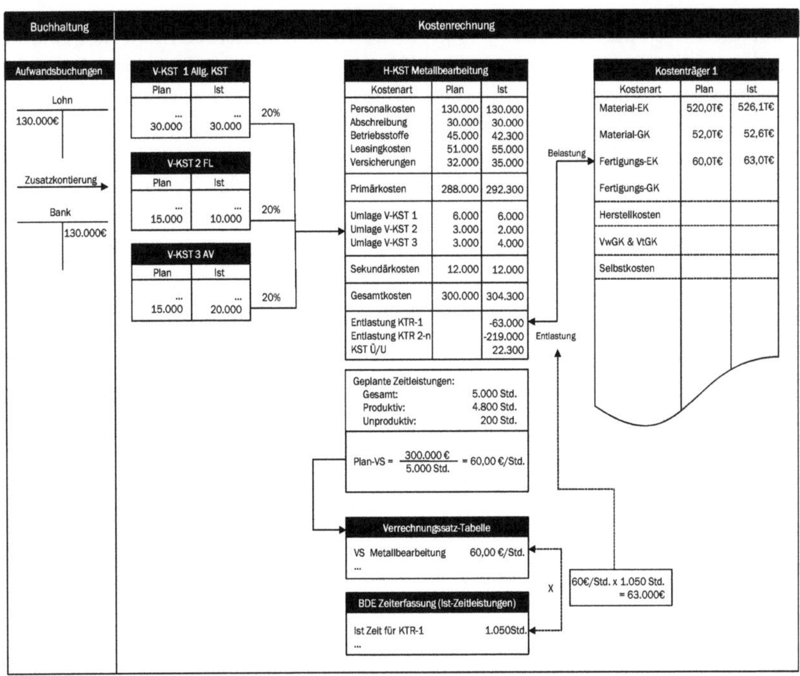

Abbildung 67: Prozesslandschaft Fertigungseinzelkosten – Nachkalkulation Vollkostenrechnung

4.3.3.2.3 Zuschlagszeilen – Gemeinkosten

Die Abrechnung der Gemeinkosten an die Kostenträgerrechnung erfolgt über die Technik der Zuschlagszeilen. Den Zuschlagszeilen ist ein in der Unternehmensplanung berechneter Plan-Gemeinkostenzuschlagssatz hinterlegt. Die Zuschlagssätze beziehen sich auf eine Bezugszeile der Kalkulation, was es ermöglicht, trotz der schweren Zurechenbarkeit der Gemeinkosten auf die Kostenträger eine Abrechnung auf diese aufzubauen. Dieser Verrechnungstechnik liegt keine exakte Verbrauchsmessung zugrunde, wie dies beispielsweise bei den Material- oder Fertigungseinzelkosten der Fall ist, sondern es wird eine proportionale Beziehung zu den zugrundeliegenden Bezugszeilen unterstellt. Die Zuordnung zwischen Zuschlagszeilen und Bezugszeilen ist wie folgt:

Zuschlagszeile		**Bezugszeile**
Materialgemeinkosten	⇨	Materialeinzelkosten
Fertigungsgemeinkosten	⇨	Fertigungseinzelkosten
Verwaltungsgemeinkosten	⇨	Herstellkosten
Vertriebsgemeinkosten	⇨	Herstellkosten

Über diese Technik werden – sollte keine Prozesskostenrechnung angewandt werden – die Kostenstellenkosten an Kostenträger abgerechnet, welche nicht über Stundensätze verrechnet werden. Weiter muss differenziert werden, dass in Systemen der Vollkostenrechnung über diese Technik sämtliche in der Kostenstellenrechnung erfassten Gemeinkosten (d.h. fixe und variable Gemeinkosten) verrechnet werden – im Unterschied dazu werden in der Teilkostenrechnung nur die variablen Kosten in die Zuschlagssätze einbezogen.

Unabhängig davon, ob Voll- oder Teilkostenrechnung angewandt werden, werden die Plan-Gemeinkostenzuschlagssätze nach deren Berechnung in der EDV im Kalkulationsschema hinterlegt. Die Zuschlagssätze werden sowohl für die Vor- als auch für die Nachkalkulation verwendet.

Gemeinkosten – Vorkalkulation

In der Vorkalkulation erfolgt die Berechnung der Gemeinkosten auf der Basis der Planwerte der jeweiligen Bezugszeile. Hierbei beziehen sich die in der Kalkulation hinterlegten Plan-Gemeinkostenzuschlagssätze auf die Planwerte der Bezugszeilen.

Durch die Belastung der Wertezeilen „Materialeinzelkosten" und „Fertigungseinzelkosten" können die in der Kalkulation hinterlegten Gemeinkostenzuschlagssätze für die Berechnung der Materialgemeinkosten und der Fertigungsgemeinkosten gezogen werden. Die nachfolgend ausgewiesenen Herstellkosten sind eine Summenzeile, welche die Material- und die Fertigungskosten addiert. Die Herstellkosten dienen gleichermaßen als Bezugszeile für die Verwaltungs- und Vertriebsgemeinkosten. Die zuletzt ausgewiesenen Selbstkosten sind ebenso eine Summenzeile, welche die Summe der Herstell-, Verwaltungs- und Vertriebskosten darstellt.

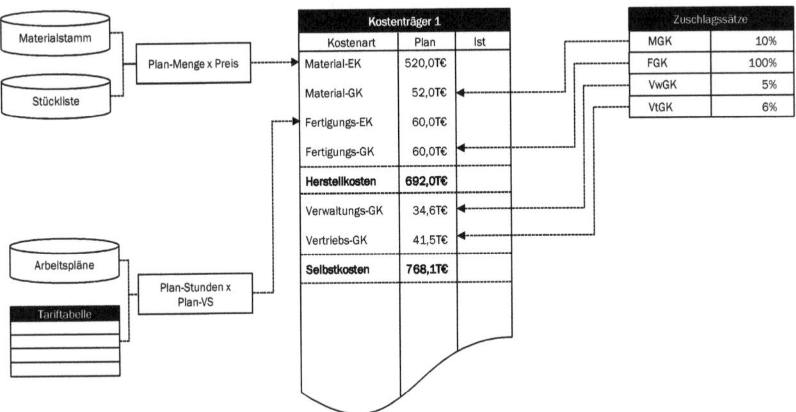

Abbildung 68: Prozesslandschaft Gemeinkosten – Vorkalkulation Vollkostenrechnung

Im System der **Teilkostenrechnung** erfolgt hinsichtlich der Zusammenhänge die Belastung der Kostenträger analog zur Vollkostenrechnung. Der Unterschied liegt darin, dass die Zuschlagssätze aufgrund der Berechnung auf der Grundlage der variablen Kosten entsprechend niedriger und somit auch die für die Kostenträger berechneten Gemeinkosten entsprechend niedriger sind.

Gemeinkosten – Nachkalkulation

Ähnlich wie bei den Fertigungseinzelkosten liegt bei der Nachkalkulation der Gemeinkosten der Unterschied in zwei wesentlichen Punkten. Zum einen werden die Planwerte der Bezugszeilen „Materialeinzelkosten“ sowie „Fertigungseinzelkosten“ durch die Istkosten bzw. verrechnete Plankosten ersetzt. Dadurch verändert sich die Bezugsgröße, auf welche sich die Material- bzw. die Fertigungsgemeinkosten beziehen. Auch verändert sich dadurch die Summenzeile Herstellkosten, welche die Bezugszeile der Verwaltungs- und Vertriebsgemeinkosten darstellen. Zum anderen findet bei der Belastung der Kostenträger mit Ist-Gemeinkosten eine Abrechnung mit der Kostenstellenrechnung statt, d.h. in der Kostenstellenrechnung muss eine betragsmäßig korrespondierende Entlastung stattfinden. In der nachfolgenden Grafik wird die Entlastung auf den zuvor beschriebenen Gemeinkostenstellen (Sammelkostenstellen) dargestellt.

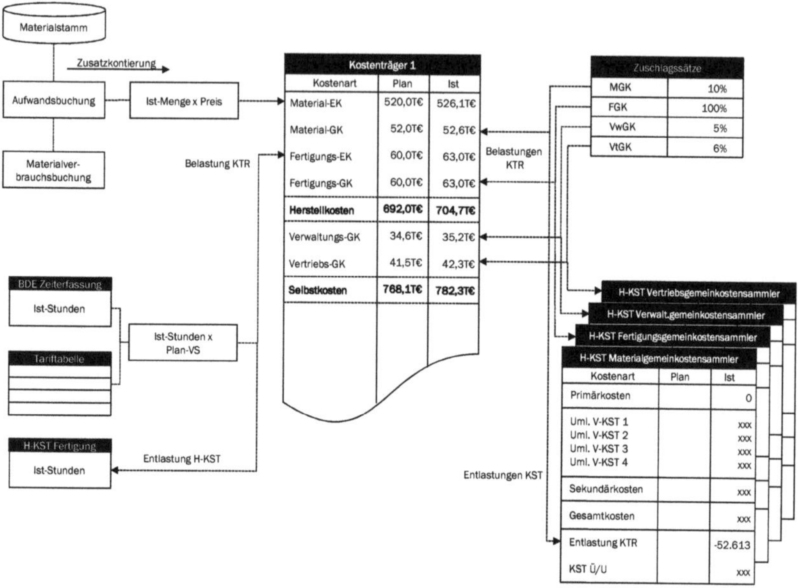

Abbildung 69: Prozesslandschaft Gemeinkosten – Nachkalkulation Vollkostenrechnung

Im System der **Teilkostenrechnung** werden die auf Basis Vollkosten berechneten Zuschlagssätze durch die auf Basis Teilkosten berechneten Zuschlagssätze ersetzt, d.h. für die Berechnung der Zuschlagssätze wurden nur die variablen Gemeinkostenbestandteile verwendet.

4.3.3.2.4 Sondereinzelkosten

Bei der Kalkulation der Kostenträger müssen noch die sogenannten Sondereinzelkosten berücksichtigt werden. Diese werden unterschieden in

- Sondereinzelkosten der Fertigung
- Sondereinzelkosten des Vertriebs

Wie der Name impliziert, gehören beide zu den Einzelkosten und werden belegmäßig unter Angabe der Kostenträger (d.h. mit Zusatzkontierung) erfasst. Sondereinzelkosten lassen sich somit direkt und eindeutig zurechnen; sie fallen allerdings nicht regelmäßig (d.h. nicht für jedes einzelne Produkt) an. Sondereinzelkosten in der Fertigung können beispielsweise speziell für ein Produkt angefertigte Werkzeuge oder Modelle sein, Sondereinzelkosten des Vertriebs sind beispielsweise Geleitschutz bei Spezialtransporten, Verpackungs- oder Frachtkosten. Die Zuordnung der Sondereinzelkosten in der Kalkulationsstruktur der differenzierten Zuschlagskalkulation geschieht wie folgt:

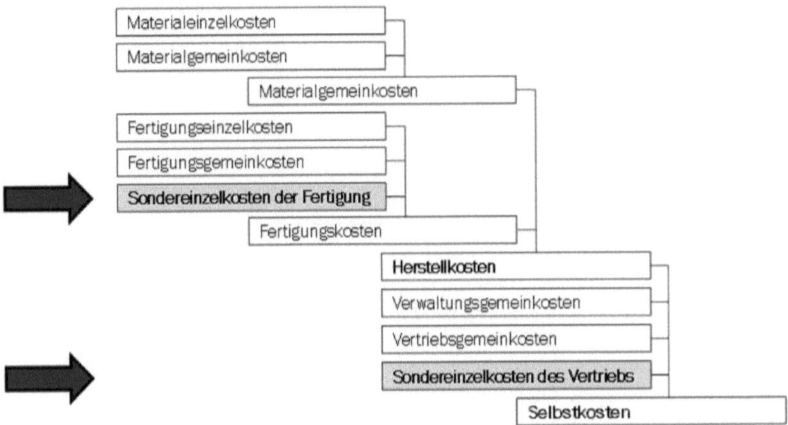

Abbildung 70: Sondereinzelkosten

Aufgrund der Tatsache, dass die Sondereinzelkosten nicht regelmäßig anfallen, lassen sich diese auch nicht standardisiert über die in der EDV hinterlegten Stammdaten (wie z.B. Stücklisten und Teilstämme) planen. Sollte eine Planung der Sondereinzelkosten notwendig sein, so erfolgt diese in der Regel individuell und auftragsbezogen. Die Erfassung der Sondereinzelkosten in der Nachkalkulation erfolgt über die Zusatzkontierung direkt aus der Finanzbuchhaltung.

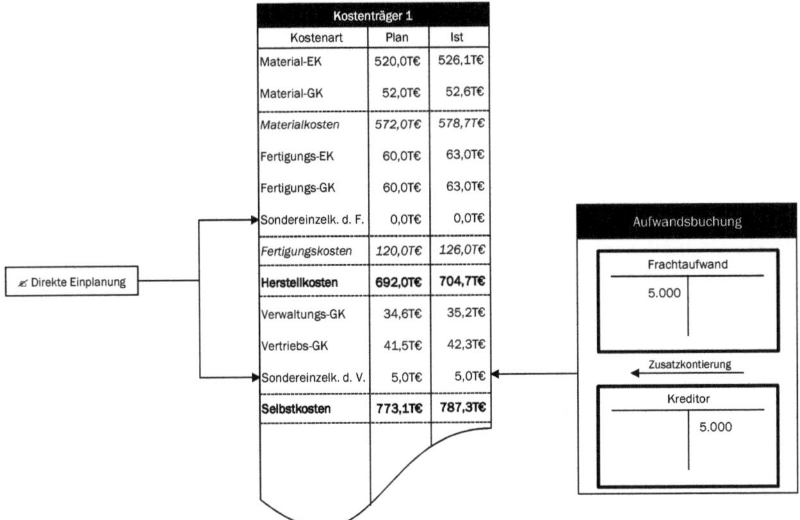

Kostenträger 1		
Kostenart	Plan	Ist
Material-EK	520,0T€	526,1T€
Material-GK	52,0T€	52,6T€
Materialkosten	*572,0T€*	*578,7T€*
Fertigungs-EK	60,0T€	63,0T€
Fertigungs-GK	60,0T€	63,0T€
Sondereinzelk. d. F.	0,0T€	0,0T€
Fertigungskosten	*120,0T€*	*126,0T€*
Herstellkosten	**692,0T€**	**704,7T€**
Verwaltungs-GK	34,6T€	35,2T€
Vertriebs-GK	41,5T€	42,3T€
Sondereinzelk. d. V.	5,0T€	5,0T€
Selbstkosten	**773,1T€**	**787,3T€**

Abbildung 71: Prozesslandschaft Sondereinzelkosten – Vor- und Nachkalkulation

Aufgrund des variablen Kostencharakters der Sondereinzelkosten gibt es keinen Unterschied hinsichtlich der Höhe in der Voll- und **Teilkostenrechnung**.

4.3.4 Zusammenfassung

Die **Kostenträgerstückrechnung** befasst sich mit der Fragestellung: „Wofür sind die Kosten angefallen?" Das „wofür" bezieht sich dabei auf die Kosten für eine Kostenträgereinheit bzw. ein Erzeugnis eines Unternehmens. Wie schon bei der Kostenstellenrechnung können auch auf einem Kostenträger sowohl Plan- als auch Istkosten ausgewiesen werden (**Zeitbezug** der Kalkulation).

Neben dem Zeitbezug kann eine Kalkulation auch nach ihrem **Umfangsbezug** charakterisiert werden. Dies bezieht sich auf den Umfang der Kosten, welche auf einem Kostenträger erfasst werden. Im System der Vollkostenrechnung werden in der Kalkulation sowohl die fixen als auch die variablen Kosten des Unternehmens auf einem Kostenträger erfasst, wohingegen im System der Teilkostenrechnung nur die variablen Kosten auf den Kostenträgern erfasst werden.

Schließlich können Kalkulationen noch nach ihrem **Anwendungsbezug** unterschieden werden. Vom Anwendungsbezug spricht man dann, wenn die Kostenträgerrechnung nach Kalkulationstechniken je nach hergestelltem Produkt und dessen zugrundeliegenden Unternehmensprozessen unterschieden wird. Unterschieden werden die

- ein- oder mehrstufige Divisionskalkulation,
- Äquivalenzziffernkalkulation,
- Kuppelkalkulation (Restwertmethode sowie Verteilungsrechnung) und
- Zuschlagskalkulation (summarisch oder differenziert).

Bei der Analyse der Datenquellen einer Kalkulation und den damit in Verbindung stehenden Prozesslandschaften wurde festgestellt, dass die Datengewinnung der Kalkulation aufgrund der zahlreichen Datenquellen komplex ist. Die Beschreibung der relevanten Datenquellen wurde anhand einer häufig eingesetzten Kalkulationstechnik beschrieben – der differenzierten Zuschlagskalkulation. Das Kalkulationsschema der differenzierten Zuschlagskalkulation ist wie folgt aufgebaut:

	Materialeinzelkosten	[1]
+	Materialgemeinkosten	[2]
	= *Zwischensumme Materialkosten*	[3]= [1]+[2]
+	Fertigungseinzelkosten	[4]
+	Fertigungsgemeinkosten	[5]
+	Sondereinzelkosten der Fertigung	[6]
	= *Zwischensumme Fertigungskosten*	[7]=[4]+[5]+[6]
=	**Herstellkosten**	[8]=[7]+[3]
+	Verwaltungsgemeinkosten	[9]
+	Vertriebsgemeinkosten	[10]
+	Sondereinzelkosten des Vertriebs	[11]
=	**Selbstkosten**	[12]= [8]+[9]+[10]+[11]

Die einzelnen Zeilen einer Kalkulation werden unterschieden in Basiszeilen, Zuschlagszeilen und Summenzeilen.

- Die Zeilen der Materialkosten, Fertigungskosten, Herstellkosten und Selbstkosten sind **Summenzeilen**. Ihre Werte gelangen nicht per Datentransport aus anderen Modulen eines ERP-Systems in die Kalkulation, sondern stellen lediglich eine Addition der Werte von einzelnen Kostenarten der Kalkulation.
- Die Positionen der Einzelkosten in der Kalkulation werden als **Basiszeilen** bezeichnet. Aufgrund ihrer direkten Zurechenbarkeit lassen sich die Werte in der Kostenträgerrechnung genau ermitteln.
- Die Positionen der Gemeinkosten in der Kalkulation werden als **Zuschlagszeilen** bezeichnet, da sich ihre Werte mit Hilfe der Zuschlagssätze mit Bezug auf eine jeweilige Bezugszeile (dies kann sowohl eine Basis- als auch Summenzeile sein) berechnen lassen.

Die in der summarischen Zuschlagskalkulation verwendeten Zuschlagssätze lassen sich wie folgt berechnen:

$$Materialgemeinkostenzuschlag\ in\ \% = \frac{Materialgemeinkosten}{Materialeinzelkosten} \times 100$$

$$Fertigungsgemeinkostenzuschlag\ in\ \% = \frac{Fertigungsgemeinkosten}{Fertigungseinzelkosten} \times 100$$

$$Verwaltungsgemeinkostenzuschlag\ in\ \% = \frac{Verwaltungsgemeinkosten}{Herstellkosten} \times 100$$

$$Vertriebsgemeinkostenzuschlag\ in\ \% = \frac{Vertriebsgemeinkosten}{Herstellkosten} \times 100$$

Die Datenquellen der einzelnen Positionen der differenzierten Zuschlagskalkulation in der Vorkalkulation lassen sich wie folgt skizzieren:

Position	Datenquelle(n) Vorkalkulation
Material**e**inzel**k**osten (MEK)	Stückliste, Teilestamm
Material**g**emein**k**osten (MGK)	Kostenstellenrechnung – in der Planung kalkulierter und gespeicherter Zuschlagssatz mit Bezug auf die Basiszeile MEK
= *Zwischensumme **M**aterial**k**osten (MK)*	Summenzeile
Fertigungs**e**inzel**k**osten (FEK)	Arbeitspläne sowie in der Planung kalkulierte und gespeicherte Verrechnungssätze
Fertigungs**g**emein**k**osten (FGK)	Kostenstellenrechnung – in der Planung kalkulierter und gespeicherter Zuschlagssatz mit Bezug auf die Basiszeile FEK
Sonder**e**inzel**k**osten der **F**ertigung (SEKF)	Auftragsbezogen
= *Zwischensumme **F**ertigungs**k**osten (FK)*	Summenzeile
Herstellkosten (HeKo)	Summenzeile
Verwaltungs**g**emein**k**osten (VwGK)	Kostenstellenrechnung – in der Planung kalkulierter und gespeicherter Zuschlagssatz mit Bezug auf die Summenzeile HeKo
Vertriebs**g**emein**k**osten (VtGK)	Kostenstellenrechnung – in der Planung kalkulierter und gespeicherter Zuschlagssatz mit Bezug auf die Summenzeile HeKo
Sonder**e**inzel**k**osten des **V**ertriebs (SEKV)	Auftragsbezogen
Selbstkosten (SEKO)	Summenzeile

Tabelle 5: Tabellarische Zusammenfassung Datenquellen Vorkalkulation

Die Datenquellen der einzelnen Positionen der differenzierten Zuschlagskalkulation in der Nachkalkulation lassen sich wie folgt skizzieren:

Position	Datenquelle(n) Vorkalkulation
Material**e**inzel**k**osten (MEK)	Bestands- und Finanzbuchhaltung
Material**g**emein**k**osten (MGK)	Kostenstellenrechnung – in der Planung kalkulierter und gespeicherter Zuschlagssatz mit Bezug auf die Basiszeile MEK
= *Zwischensumme **M**aterial**k**osten (MK)*	Summenzeile
Fertigungs**e**inzel**k**osten (FEK)	rückgemeldete Ist-Zeitleistungen sowie in der Planung kalkulierte und gespeicherte Verrechnungssätze
Fertigungs**g**emein**k**osten (FGK)	Kostenstellenrechnung – in der Planung kalkulierter und gespeicherter Zuschlagssatz mit Bezug auf die Basiszeile FEK
Sonder**e**inzel**k**osten der **F**ertigung (SEKF)	Finanzbuchhaltuntg
= *Zwischensumme **F**ertigungs**k**osten (FK)*	Summenzeile
Herstellkosten (HeKo)	Summenzeile
Verwaltungs**g**emein**k**osten (VwGK)	Kostenstellenrechnung – in der Planung kalkulierter und gespeicherter Zuschlagssatz mit Bezug auf die Summenzeile HeKo
Vertriebs**g**emein**k**osten (VtGK)	Kostenstellenrechnung – in der Planung kalkulierter und gespeicherter Zuschlagssatz mit Bezug auf die Summenzeile HeKo
Sonder**e**inzel**k**osten des **V**ertriebs (SEKV)	Finanzbuchhaltung
Selbstkosten (SEKO)	Summenzeile

Tabelle 6: Tabellarische Zusammenfassung Datenquellen Nachkalkulation

Kontextergebnis IV – zusammenfassender Rückblick und Vorschau

Rückblick

Rückblickend können folgende, inhaltliche Meilensteine zusammengefasst werden: ein Kostenrechnungssystem wurde systematisiert und es wurde festgestellt, dass hierbei generell ein Dreiklang aus **Verrechnungsumfang**, **Zeitbezug** und **kostenrechnerischem Teilbereich** berücksichtigt werden muss.

Einzelkosten werden im System der Kostenrechnung direkt auf den Kostenträgern erfasst, die Gemeinkosten werden zunächst auf den Kostenstellen erfasst. Nach Durchführung der innerbetrieblichen Leistungsverrechnung werden in der Vollkostenrechnung sowohl fixe als auch variable Gemeinkosten an die Kostenträger weiterverrechnet, in der Teilkostenrechnung nur die variablen Kosten. Hierfür stehen je nach System unterschiedlich bewertete Verrechnungssätze, Stundensätze oder bewertete Prozesse zur Verfügung.

Die **Kostenträgerstückrechnung** befasst sich mit der Fragestellung: „Wofür sind die Kosten angefallen?" Das „wofür" bezieht sich dabei auf die Kosten für eine Kostenträgereinheit bzw. ein Erzeugnis eines Unternehmens.

Neben dem Umfangsbezug (Voll- oder Teilkostenrechnung) und dem Anwendungsbezug (welche Kalkulationstechnik ist im Einsatz) wurde der Zeitbezug (Plan- bzw. Istkosten einer Kalkulation) unter besonderer Berücksichtigung der Datenquellen diskutiert.

Die Datenquellen werden in gegenüberstehender Grafik zusammenfassend skizziert.

Vorschau

Im Kapitel Ergebnisrechnung wird vor allem darauf eingegangen, in welcher strukturellen Form die Kosten der Kostenrechnung den Erlösen eines Unternehmens gegenübergestellt werden können, um Betriebs- und Unternehmensergebnis zu berechnen. Darüber hinaus werden in der Ergebnisrechnung noch bis dato nicht berücksichtigte Aufwendungen und Erträge der Buchhaltung einbezogen. Der konzeptionelle Schwerpunkt des Kapitels liegt auch hier auf den Datenquellen.

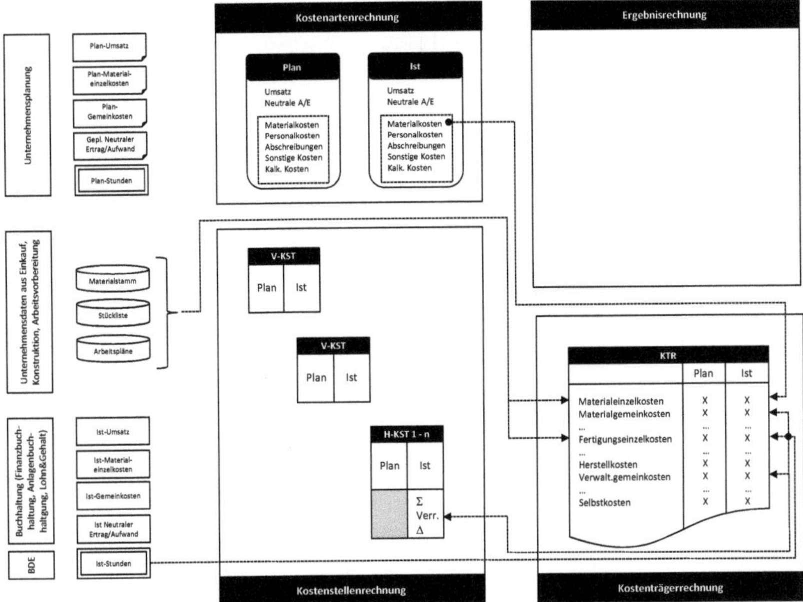

Abbildung 72: Kontextergebnis IV – Kalkulation Kostenträger

4.4 Ergebnisrechnung

4.4.1 Begriffe und Aufgaben

Die Ergebnisrechnung, synonym auch Betriebsergebnisrechnung oder kurzfristige Erfolgsrechnung (KER), ist ein Begriff für Verfahren bzw. Rechnungen zur unterjährigen Erfolgsermittlung und -analyse. Zu diesen gehört auch die Deckungsbeitragsrechnung als besondere Art der Ergebnisrechnung. Ergebnisrechnungen werden normalerweise in monatlichen oder quartalsweisen Zeitabständen durchgeführt. Der Erfolg errechnet sich dabei durch Gegenüberstellung der Kosten aus der Kostenrechnung mit den Erlösen.[26]

---

26 In der Regel werden die Erlösdaten lediglich aus der Fakturierung übernommen und nicht aus Erlösrechnungssystemen gewonnen. Konzeptionell besteht die Möglichkeit, Erlösrechnungssysteme der Kostenrechnung gegenüberzustellen – im Vergleich zur Theorie ist sie in der Praxis kaum von Bedeutung. Das liegt zum einen an ihrer Durchführung und zum anderen an der begrenzten Aussagekraft der mit ihr gewonnenen Werte. Das hat zur Folge, dass geschlossene Erlösrechnungssysteme als Instrument der Erlösplanung und -kontrolle derzeit kaum verwendet werden.

Die entstehende Differenz entspricht dem Betriebsergebnis, das entweder positiv (Erlöse > Kosten) oder negativ (Erlöse < Kosten) sein kann. Häufig wird in der Literatur in diesem Zusammenhang auch von einem Betriebsgewinn oder Betriebsverlust gesprochen.

Zur Konzeption einer Ergebnisrechnung in einem konzeptionell geschlossenen Kostenrechnungssystem sind die Werteflüsse sowohl in der Voll- als auch in der Teilkostenrechnung von Bedeutung. Diese werden in nachfolgender Grafik vergleichend dargestellt:

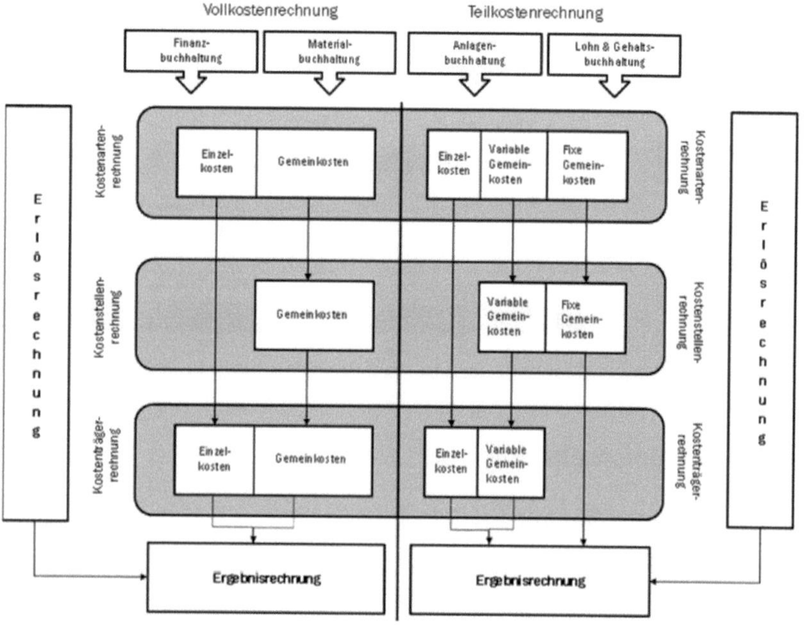

Abbildung 73: Werteflüsse in den Systemen der Voll- und Teilkostenrechnung[27]

Die Ergebnisrechnung dient der permanenten Kontrolle der Wirtschaftlichkeit eines Unternehmens. Dazu ermittelt sie nicht nur das Periodenergebnis durch die reine Gegenüberstellung der Kosten und Erlöse, sondern schafft auch, durch deren zweckmäßige Gliederung, Transparenz über die Erfolgsquellen. Darüber hinaus können mit ihren Informationen ungewollte Entwicklungen im Unternehmen frühzeitig erkannt und korrigiert werden. Die Begründung von eventuell notwendigen Plan- und Budgetänderungen sowie Entscheidungen zur

[27] In Anlehnung an Friedl/Hilz/Pedell (2008), S. 20, mit Ergänzungen.

Leistungsprogrammgestaltung stellen weitere Punkte dar, die sich auf Informationen der Ergebnisrechnung stützen. Die eben genannten Zwecke erfordern eine zeitnahe Informationsverfügbarkeit nach Abschluss einer Abrechnungsperiode. Dies führt oft dazu, dass die schnelle Informationsgewinnung eine höhere Priorität als ihre Genauigkeit besitzt.

Die Notwendigkeit der Ergebnisrechnung für die Erfüllung dieser Aufgaben wird besonders dann deutlich, wenn man sie von der gesetzlich vorgeschriebenen Gewinn- und Verlustrechnung (GuV) als Erfolgsrechnung des externen Rechnungswesens abgrenzt.

Beide Rechnungen unterscheiden sich in vielerlei Hinsicht voneinander. Der erste wesentliche Unterschied liegt in den verwendeten Rechengrößen. In der Ergebnisrechnung werden Kosten und Erlöse statt den Aufwendungen und Erträgen der GuV einander gegenübergestellt. Folglich unterscheiden sich auch die Ergebnisse beider Erfolgsrechnungen. Während die Ergebnisrechnung ausschließlich den Erfolg der betrieblichen Tätigkeit bzw. Leistungserstellung ausweist, beinhaltet das Ergebnis der GuV auch das neutrale Ergebnis (eine Erweiterung der Ergebnisrechnung bis hin zum Unternehmensergebnis ist jedoch möglich und wird bei den nachfolgenden Ausführungen zur Konzeption auch berücksichtigt). Darüber hinaus wird bei der GuV durch Vernachlässigung kalkulatorischer Kosten der betriebliche Werteverzehr nicht vollständig erfasst. Der zweite wichtige Unterschied liegt in den zeitlichen Abständen, nach denen die Rechnungen angefertigt werden. Wie bereits erwähnt, wird die Ergebnisrechnung in unterjährigen Zeitabständen durchgeführt, die GuV hingegen nur einmal im Jahr im Rahmen des Jahresabschlusses und selbst dann ist sie nicht unmittelbar nach dem Bilanzstichtag, sondern oft erst Monate später verfügbar. Entsprechend veraltet ist ihr Zahlenmaterial. Weitere Unterschiede betreffen Form- oder Bewertungsvorschriften, Adressaten und Zielsetzungen. Abbildung 74 bietet einen Überblick über die Unterschiede beider Rechnungen.

	Ergebnisrechnung	Gewinn- und Verlustrechnung
Bezeichnung des Ergebnisses	Betriebsergebnis (positiv / negativ)	Jahresüberschuss / Jahresfehlbetrag
Rechengrößen	Kosten und Erlöse	Aufwendungen und Erträge
Länge der betrachteten Periode	Monat / Quartal	Jahr
Verrechnungsumfang	Voll- oder Teilkosten	alle Aufwendungen und Erträge

Verfahren	Gesamtkosten- und Umsatzkostenverfahren	Gesamtkosten- und Umsatzkostenverfahren
Formvorgaben	keine	HGB
Adressaten	unternehmensinterne	unternehmensexterne
Zielsetzung	Kontroll- und Lenkungszwecke	Dokumentation, Rechenschaftslegung

Abbildung 74: Ergebnisrechnung und Gewinn- und Verlustrechnung im Vergleich[28]

Zusammenfassend kann gesagt werden, dass die GuV vor allem aufgrund der Unzweckmäßigkeit ihrer Rechengrößen und der mangelnden Aktualität des Zahlenmaterials als Instrument zur permanenten Kontrolle der Wirtschaftlichkeit ungeeignet ist.

4.4.2 Verfahren der Ergebnisrechnung

Die Betriebsergebnisrechnung lässt sich, wie auch die GuV im Rahmen des externen Rechnungswesens, sowohl nach dem Gesamtkostenverfahren (GKV) als auch nach dem Umsatzkostenverfahren (UKV) abwickeln. Beide Verfahren verwenden unterschiedliche Bezugsbasen, nach denen Kosten und Erlöse einander zugeordnet werden. So wird beim GKV, das an den Gesamtkosten der erstellten Produkte und Leistungen ansetzt, auch von einer Ausbringungserfolgsrechnung gesprochen, während das UKV, das auf die Menge abgesetzter Produkte abstellt, auch als Absatzerfolgsrechnung bezeichnet werden kann. Insofern regeln GKV und UKV den Umfang und die Struktur der zu verarbeitenden Daten. Trotz der unterschiedlichen Berechnungslogik weisen beide Verfahren folgende Gemeinsamkeiten auf:

- Sie führen zu den gleichen Ergebnissen.
- Sie können sowohl in tabellarischer als auch in kontenmäßiger Form durchgeführt werden.

4.4.2.1 Gesamtkostenverfahren

Das GKV ist das ältere der beiden Ergebnisrechnungsverfahren und wurde ursprünglich aus der GuV des externen Rechnungswesens hergeleitet. Bei diesem Verfahren werden alle in der Periode angefallenen Kosten und Erlöse einander gegenübergestellt. Dabei ist zu beachten, dass sich die Kosten und Erlöse auf unterschiedliche Mengengerüste beziehen. So resultieren die Kosten aus der

[28] In Anlehnung an Horsch (2010), S. 148 und Graumann (2008b), S. 301, mit Ergänzungen.

hergestellten Menge, während die Erlöse das Resultat der abgesetzten Menge sind. Aus diesem Grund müssen auftretende Bestandsveränderungen als Korrekturgrößen zur Angleichung der Mengengerüste ebenfalls in die Ergebnisrechnung einfließen. Im Fall einer Bestandserhöhung (abgesetzte Menge < hergestellte Menge) ist diese Veränderung zu Herstellkosten zu bewerten und wie ein Erlös zu behandeln. Umgekehrt muss sie im Fall einer Bestandsminderung (abgesetzte Menge > hergestellte Menge) auf der Kostenseite berücksichtigt werden. Das gilt nicht nur für fertige, sondern auch für unfertige Erzeugnisse. Sollten in der Periode auch aktivierte Eigenleistungen entstanden sein, sind diese ebenfalls mit ihren Herstellkosten zu bewerten und wie ein Erlös zu behandeln. Für die Betriebsergebnisrechnung ergibt sich dann der in Abbildung 75 dargestellte (kontenmäßige) Aufbau. Dabei werden die Kosten der Periode nach Kostenarten gegliedert, während die Erlöse oft nach Produktarten unterteilt aufgeführt werden.

Betriebsergebnis nach dem GKV

• Kosten der Periode (nach Kostenarten gegliedert) • Bestandsminderung an fertigen und unfertigen Erzeugnissen (zu Herstellkosten bewertet)	• Erlöse der Periode (nach Produktarten gegliedert) • Bestandserhöhung an fertigen und unfertigen Erzeugnissen (zu Herstellkosten bewertet) • aktivierte Eigenleistungen (zu Herstellkosten bewertet)
• Gewinn	• Verlust

Abbildung 75: Betriebsergebnis nach dem GKV in kontenmäßiger Form[29]

Wird die Betriebsergebnisrechnung stattdessen in tabellarischer Form durchgeführt, ergibt sich folgender Aufbau (Abbildung 76):

	Erlöse der Periode
+	Bestandsveränderungen (zu Herstellkosten bewertet)
-	Bestandsminderungen (zu Herstellkosten bewertet)
+	aktivierte Eigenleistungen (zu Herstellkosten bewertet)
=	Gesamterlöse
-	Kosten der Periode (nach Kostenarten gegliedert)
=	Betriebsergebnis

Abbildung 76: Betriebsergebnis nach dem GKV in tabellarischer Form[30]

[29] In Anlehnung an Rüth (2006), S. 186.

[30] In Anlehnung an Joos-Sachse (2006), S. 193.

Das GKV hat den Vorteil, dass sich die Kostenstrukturen aufgrund der Gliederung nach Kostenarten problemlos nach diesen analysieren lassen. Dadurch können auch verschiedene Szenarien künftiger Kostenentwicklungen der Kostenarten durchgespielt werden, um Rückschlüsse auf die Auswirkungen auf das Ergebnis zu ziehen. Der zweite oft genannte Vorteil liegt im einfachen rechnerischen Aufbau des Verfahrens, der eine schnelle Ermittlung des Betriebsergebnisses erlaubt, indem die Kosten direkt aus der Kostenartenrechnung übernommen und den gebuchten Umsätzen gegenübergestellt werden. Dieser Vorteil kann sich jedoch relativieren, sobald Bestandsveränderungen oder aktivierte Eigenleistungen vorhanden sind. Dann müssen diese nicht nur mengenmäßig erfasst, sondern auch mit Hilfe einer Kalkulation mit ihren Herstellkosten bewertet werden, was mit erhöhtem Aufwand verbunden sein kann. Unternehmen sollten in diesen Fällen über eine entsprechende EDV verfügen, welche die Bestandsveränderungen automatisiert berechnet. Ebenfalls nachteilig kann beim GKV die Tatsache sein, dass die Erfolgsquellen nicht bzw. schwerer analysiert werden können, da den Produkterlösen nicht die Produktkosten, sondern die nach Kostenarten gegliederten Gesamtkosten gegenübergestellt werden.

4.4.2.2 Umsatzkostenverfahren

Beim UKV werden den Erlösen der Periode die sogenannten Umsatzkosten (Selbstkosten des Umsatzes) gegenübergestellt. Es gibt in der Literatur unterschiedliche Auffassungen darüber, wie die Verwaltungs- und Vertriebskosten, die zwar Teil der Umsatz- bzw. Selbstkosten sind, jedoch über die Herstellkosten hinausgehen, bei diesem Verfahren auszuweisen sind. Einige Autoren sind der Auffassung, dass sich das Betriebsergebnis als die Differenz aus den Periodenerlösen und den zu Selbstkosten bewerteten abgesetzten Produkten errechnet. Andere sind wiederum der Meinung, dass von den Erlösen zunächst die Herstellkosten der abgesetzten Produkte in Abzug zu bringen sind, um dann von diesem Bruttoergebnis im zweiten Schritt die über die Herstellkosten hinausgehenden Gemeinkosten (die Verwaltungs- und Vertriebskosten) zu subtrahieren, um das Betriebsergebnis zu ermitteln.

Beide Varianten werden in Abbildung 77 in kontenmäßiger Form dargestellt. Auf eine separate Darstellung in tabellarischer Form wird aufgrund der Einfachheit verzichtet. In jedem Fall beziehen sich sowohl die Kosten als auch die Erlöse bereits auf das gleiche Mengengerüst, weshalb hier, im Gegensatz zum GKV, keine weiteren Korrekturen erforderlich sind.

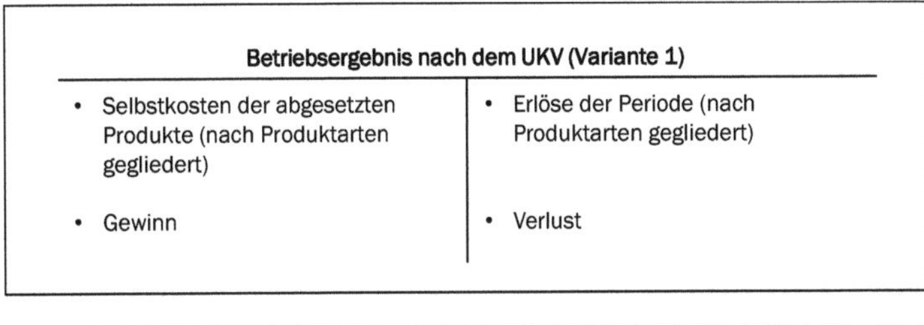

Betriebsergebnis nach dem UKV (Variante 1)	
• Selbstkosten der abgesetzten Produkte (nach Produktarten gegliedert)	• Erlöse der Periode (nach Produktarten gegliedert)
• Gewinn	• Verlust

Betriebsergebnis nach dem UKV (Variante 2)	
• Herstellkosten der abgesetzten Produkte (nach Produktarten gegliedert) • Verwaltungskosten • Vertriebskosten	• Erlöse der Periode (nach Produktarten gegliedert)
• Gewinn	• Verlust

Abbildung 77: Betriebsergebnis nach dem UKV in kontenmäßiger Form[31]

Wie aus Abbildung 77 hervorgeht, werden beim UKV nicht nur die Erlöse, sondern auch die Kosten nach Produktarten gegliedert. Dadurch können produktartenbezogene Erfolgsbeiträge berechnet werden, welche für die Beantwortung betriebswirtschaftlicher Fragestellungen in Bezug auf die Produktpolitik herangezogen werden können. Somit haben die Informationen einen höheren Informationsgehalt. Ein weiterer Vorteil liegt in der nicht notwendigen Erfassung und Bewertung der Bestände an fertigen (aber nicht abgesetzten) und unfertigen Erzeugnissen, wodurch weniger Aufwand entsteht. Lediglich die abgesetzten Produkte müssen mittels Kalkulation bzw. Kostenträgerstückrechnung bewertet werden. Der Nachteil des UKV kann in seiner schwierigen Einbindung in ein konzeptionelles Gesamtsystem liegen, da vor allem bei einfachen Systemen nicht immer davon ausgegangen werden kann, dass eine komplette Kostenrechnung vorhanden ist. Vor allem bei kleinen und mittelständischen Unternehmen kann es sein, dass deren Kostenrechnung nur eine um eine Kostenarten- und Kostenstellenrechnung erweiterte Buchhaltung ist, was bezüglich der zu berechnenden Selbstkosten der abgesetzten Produkte zu Schwierigkeiten führen kann.

31 In Anlehnung an Götze (2010), S. 136 und Kalenberg (2008), S. 140.

4.4.3 Konzeptionelle Gestaltungsmöglichkeiten einer Ergebnisrechnung

Bei der Einführung einer Ergebnisrechnung stehen Unternehmen mehrere Gestaltungsalternativen zur Auswahl. Dabei ist die Frage nach dem zugrunde gelegten Kostenrechnungssystem von hoher Bedeutung. Die Entscheidung für eine Voll- oder Teilkostenrechnung bestimmt nicht nur den Verrechnungsumfang der Kosten auf die Kostenträger und damit die Kalkulation (siehe Kap. 3.2.1), sondern hat auch direkte Auswirkungen auf die konzeptionellen Gestaltungsmöglichkeiten der Ergebnisrechnung. Das betrifft sowohl die Zeilenstruktur der Ergebnisrechnung als auch ihre Quellen. Nachfolgend werden die **einstufige Deckungsbeitragsrechnung** (auch Direct Costing), die **mehrstufige Deckungsbeitragsrechnung** sowie die **Betriebsergebnisrechnung** (nur Vollkostenrechnung) als Möglichkeiten zur Gestaltung einer Ergebnisrechnung in den Systemen der **Voll- und Teilkostenrechnung** vorgestellt (siehe Abbildung 78).

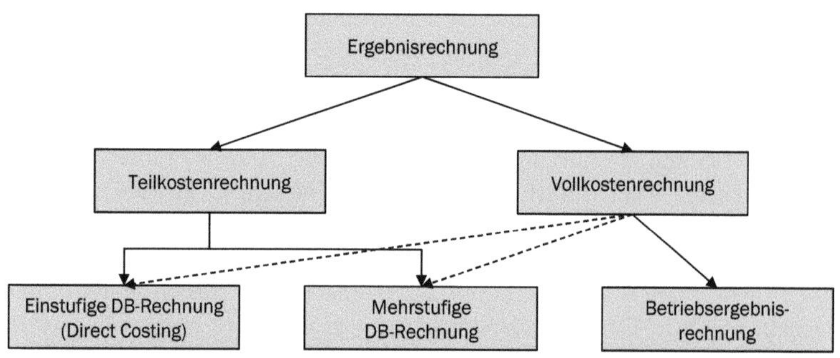

Abbildung 78: Gestaltungsmöglichkeiten einer Ergebnisrechnung

Der Fokus liegt dabei auf der **Gewinnung** und **Abbildung der Istwerte**. Des Weiteren wird davon ausgegangen, dass in der Kostenstellenrechnung für die **Abrechnung der Gemeinkosten von den Hauptkostenstellen auf die Kostenträger Planstunden- bzw. Planzuschlagssätze** zur Anwendung kommen, durch welche Kostenstellenüber- oder -unterdeckungen entstehen können (und keine Nachverrechnungen von möglichen Kostenstellenüber- oder -unterdeckungen an Kostenträger vorgenommen worden sind). Ferner sind die in den weiteren Ausführungen dargestellten Werteflüsse als theoretisches Grundgerüst zu verstehen, die sich unternehmensspezifisch weiter anpassen lassen oder entsprechend angepasst werden müssen. Abschließend wird davon ausgegangen, dass sich **sämtliche Modelle in konzeptionell geschlossenen Gesamtsystemen befinden** und nicht in Form von Nebenrechnungen „neben“ geschlossenen Systemen kalkuliert werden.

4.4.3.1 Ergebnisrechnung in Teilkostenrechnungssystemen

Teilkostenrechnungssysteme entstanden aus der Notwendigkeit heraus, die bereits angesprochenen Schwächen bzw. Mängel der Vollkostenrechnung (insbesondere die Fixkostenproportionalisierung und Gemeinkostenschlüsselung) zu vermeiden. Sie zeichnen sich dadurch aus, dass sie im Gegensatz zur Vollkostenrechnung nicht alle Kosten, sondern nur Teile davon auf die Kostenträger weiterverrechnen.

Teilkostenrechnungssysteme können mit Ist-, Normal-, oder Plankosten betrieben werden. Notwendige Voraussetzung für die Durchführung ist wie vorausgehend besprochen eine zuvor durchgeführte Kostenauflösung im Rahmen der Kostenartenrechnung, in der die Kosten in ihre fixen und variablen Bestandteile zerlegt werden. Dazu stehen dem Unternehmen verschiedene statistische und analytische Verfahren zur Verfügung. Nach der Kostenartenrechnung läuft die Kostenstellen- und Kostenträgerrechnung in großen Teilen wie die Stellen- und Trägerrechnung in Vollkostenrechnungssystemen ab. Die wesentlichen Unterschiede liegt darin, dass die innerbetrieblichen Leistungsverrechnung so aufgebaut ist, dass nach der ILV keine intransparente Vermengung der variablen und fixen Kostenbestandteile entstanden ist, was bei Systemen der Vollkostenrechnung nicht von Bedeutung ist. Daran anschließend werden bei der Teilkostenrechnung nur die variablen Kosten auf die Kostenträger weiterverrechnet. Die auf den Kostenstellen stehen gebliebenen Fixkosten fließen direkt in die Ergebnisrechnung ein. Diese kann theoretisch sowohl nach dem GKV als auch nach dem UKV durchgeführt werden. Das GKV auf Teilkostenbasis ist in der Praxis jedoch kaum von Bedeutung und wird daher nicht weiter behandelt. So steht die Deckungsbeitragsrechnung (ein und mehrstufig) als besondere Form der Ergebnisrechnung nach dem UKV im Fokus der weiteren Ausführungen. Bei diesen Voraussetzungen der Daten steht die Deckungsbeitragsrechnung (ein- und mehrstufig) als besondere Form der Ergebnisrechnung im Fokus der folgenden Ausführungen. Deckungsbeitragsrechnungen zeichnen sich durch ihre Anpassungsfähigkeit und vielfältigen Anwendungsgebiete aus und stellen ein wichtiges Instrument zur Bewältigung verschiedenster Planungs-, Steuerungs- und Kontrollaufgaben dar.

4.4.3.1.1 Direct Costing

Das Direct Costing ist neben der Grenzkostenrechnung eine der Bezeichnungen, die in der Literatur für die einstufige Deckungsbeitragsrechnung verwendet wird. Sie ist allerdings etwas unvorteilhaft, weil sie den (falschen) Anschein erwecken könnte, dass die Kostenträger bei diesem Verfahren lediglich mit ihren direkt zurechenbaren Kosten (sprich Einzelkosten) belastet würden. Das ist jedoch nicht der Fall, da zu den variablen Kosten auch die variablen Gemeinkostenbestandteile der Kostenstellen gehören. Im Mittelpunkt der Deckungsbeitragsrechnung steht der im Namen enthaltene Deckungsbeitrag, er berechnet sich gemäß der Formel:

$$DB = E - K_{var}$$

DB = Deckungsbeitrag

E = (Umsatz-)Erlöse

K_{var} = variable Kosten

Diese Formel bezieht sich auf eine Periodenbetrachtung, es können mit ihr jedoch auch ohne Weiteres Stückdeckungsbeitrage im Sinne einer entscheidungsorientierten Kostenträgerrechnung ermittelt werden (die Logik bleibt die gleiche, nur die Notation der Formel ändert sich geringfügig). Weiterhin ist zu erwähnen, dass mit den Erlösen in der Regel die Nettoerlöse und mit den variablen Kosten die variablen Selbstkosten gemeint sind. Der Deckungsbeitrag hat im Wesentlichen zwei Funktionen:

- Aussage zur Deckung der Fixkosten
- Aussage zur Gewinnerzielung (sofern die Fixkosten bereits gedeckt sind)

In einer Stückbetrachtung kann er als „[...] ein Betrag, um den sich der Betriebserfolg verbessert, wenn ein Stück mehr hergestellt und verkauft wird“[32] interpretiert werden. Bevor im Folgenden der Aufbau des Direct Costings dargestellt wird, ist es wichtig, einige zugrunde gelegten Annahmen des Verfahrens zu kennen (die idealtypisch so eintreten). Praktisch ist es wahrscheinlich, dass hiervon Abweichungen eintreten, welche hinsichtlich ihres Ausmaßes vertretbar sein müssen. Diese sind:

- Alle Kosten sind in fixe und variable Bestandteile aufzuteilen.
- Sowohl die variablen Kosten als auch die Erlöse sind proportional zur Ausbringungsmenge und lassen sich den Kostenträgern direkt zuordnen.
- Die Fixkosten sind innerhalb der Abrechnungsperioden konstant und lassen sich diesen auch zuordnen.
- Nur die Ausbringungsmenge hat Einfluss auf die Entstehung variabler Kosten.

Das Direct Costing zeichnet sich dadurch aus, dass die gesamten Fixkosten des Unternehmens in einem Betrag (als Block) von den Deckungsbeiträgen der Produkte abgezogen werden. Gewinne realisiert das Unternehmen folglich nur dann, wenn die Summe der Deckungsbeiträge die Fixkosten übersteigt. Es ergibt sich somit der in Abbildung 79 dargestellte Aufbau.

[32] Wedell/Dilling (2009), S. 407.

		Produkt 1	Produkt 2	Produkt n	Summe
	Bruttoerlöse	x	x	x	x
./.	Erlösschmälerungen	x	x	x	x
=	Nettoerlöse	x	x	x	x
./.	variable Kosten	x	x	x	x
=	**Deckungsbeitrag**	x	x	x	x
./.	Fixkosten				x
=	**Ergebnis**				x

Abbildung 79: Aufbau des Direct Costing

Wie aus der Abbildung ersichtlich wird, handelt es sich beim Direct Costing um ein (bezüglich des Aufbaus) sehr einfaches Verfahren. Dennoch lassen sich damit viele Problemstellungen lösen. So kann es entscheidungsrelevante Informationen für Fragestellungen aus den Bereichen Programmoptimierung, Verfahrensauswahl oder Preispolitik liefern.

Exemplarisch kann ein möglicher Wertefluss wie folgt gestaltet werden:

Zu Beginn erfolgt die zuvor beschriebene Kostenauflösung im Rahmen der Kostenartenrechnung. Einzelkosten werden direkt über die mitlaufende Kontierung den Kostenträgern belastet, während die Gemeinkosten auf den Kostenstellen erfasst werden, die für ihre Entstehung ursächlich sind. Dabei wird innerhalb der Kostenstellen zwischen den fixen und variablen Kostenbestandteilen differenziert. Die Berechnung der Stunden- bzw. Zuschlagssätze erfolgt unter Verwendung der in den Kostenstellen geplanten variablen Kostenarten. Die fixen primären Kostenarten bleiben bei der Berechnung der Verrechnungs- bzw. Stundensätze unberücksichtigt. Die Belastung der Kostenträger berechnet sich als Produkt aus Istmenge (Istzeitleistungen gemäß BDE) und Planverrechnungssatz oder Isteinzelkosten und Planzuschlagssatz. Die dadurch entstehenden Kostenstellenunterdeckungen der Hauptkostenstellen entsprechen den fixen Kosten, welche nicht an die Kostenträger weiterverrechnet worden sind. Die auf den Kostenstellen erfassten variablen Kosten sind an die Kostenträger weiterverrechnet worden.[33] Mögliche Abweichungen von der Annahme, dass sich alle variablen Kostenarten immer proportional zur Beschäftigung verhalten, können auch zu anteiligen variablen Kostenstellenüber- bzw. -unterdeckungen führen.

Diese Aufteilungs- und Verrechnungstechnik der variablen und der fixen Kosten auf den Kostenstellen bzw. den Kostenträgern stellt eine sehr gute Voraussetzung für den Datentransport in eine Ergebnisrechnung auf der Grundlage

33 Vgl. hierzu die Kapitel 4.2.4.4 zu Verrechnungsverfahren der Kostenstellenrechnung.

des Direct Costing dar, da eben diese Unterscheidung der Kosten darin explizit gefordert ist.

Die Ergebnis- bzw. Deckungsbeitragsrechnung bezieht ihre Daten allerdings aus mehreren Quellen als der Kostenstellen- und der Kostenträgerrechnung. Die Erlösinformationen (Bruttoerlöse sowie Erlösschmälerungen) werden in der Regel aus Fakturierungsmodulen übernommen. Von diesen Erlösen werden die abgesetzten und zu variablen Selbstkosten bewerteten Kostenträger in Abzug gebracht, um den Deckungsbeitrag I zu ermitteln. Anschließend werden die Fixkosten in Form der Kostenstellenunterdeckungen subtrahiert, um das Betriebsergebnis zu ermitteln. Darüber hinaus kann durch Übernahme der sonstigen Erträge und Aufwendungen aus der Finanzbuchhaltung im letzten Schritt das Unternehmensergebnis hergeleitet werden. Abbildung 80 stellt den eben beschrieben Wertefluss übersichtlich dar.

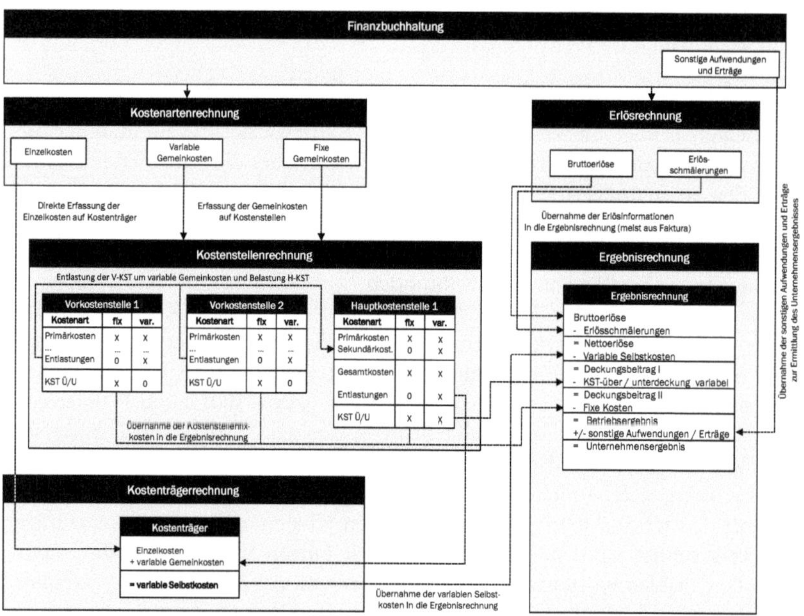

Abbildung 80: Prozesslandschaft beim Direct Costing

Es sei darauf hingewiesen, dass das obige Schema ein mögliches Grundgerüst zur Gestaltung des Werteflusses und der Ergebnisrechnung darstellt. Einen „richtigen" Wertefluss als solchen gibt es nicht. Er kann von Unternehmen zu Unternehmen unterschiedlich gestaltet werden und hängt von mehreren Faktoren ab, wie beispielsweise von unternehmensspezifischen Anforderungen an das

Berichtswesen oder davon, ob er an die (technischen) Grenzen der jeweils eingesetzten Software gebunden ist. Es wäre im obigen Schema beispielsweise auch denkbar, dass Positionen der Kostenträger mit Plan- bzw. Standardwerten bewertet werden. Dies hätte zur Folge, dass Abweichungskonten mit dem Saldo aus Plan- und Istwerten ebenfalls in die Ergebnisrechnung einfließen müssten, um das Ergebnis nicht zu verfälschen.

4.4.3.1.2 Mehrstufige Deckungsbeitragsrechnung

Die mehrstufige Deckungsbeitragsrechnung ist eine Weiterentwicklung des Direct Costing, die sich durch eine differenziertere Betrachtung der Fixkosten auszeichnet. Die Fixkosten werden dabei den jeweils für ihre Entstehung ursächlichen Bezugsobjekten zugeordnet. Die ursprüngliche mehrstufige Deckungsbeitragsrechnung von Agthe und Mellerowicz sieht folgende Differenzierung der Bezugsobjekte vor:

- Erzeugnisfixkosten
- Erzeugnisgruppenfixkosten
- Kostenstellenfixkosten
- Bereichsfixkosten
- Unternehmensfixkosten

Für die Deckungsbeitragsrechnung ergibt sich dann der in Abbildung 81 dargestellte Aufbau (Deckungsbeiträge in Prozent des Umsatzes oder Stufenfixkosten in Prozent der entsprechenden Deckungsbeiträge können bei Bedarf als zusätzliche Informationen ebenfalls in das Schema integriert werden).

		Produkt 1	Produkt 2	Produkt 3	Produkt 4	Produkt 5
	Bruttoerlöse	x	x	x	x	x
./.	Erlösschmälerungen	x	x	x	x	x
=	**Nettoerlöse**	**x**	**x**	**x**	**x**	**x**
./.	variable Kosten	x	x	x	x	x
=	**Deckungsbeitrag I**	**x**	**x**	**x**	**x**	**x**
./.	Erzeugnisfixkosten	x	x	x	x	x
=	**Deckungsbeitrag II**	**x**	**x**	**x**	**x**	**x**
./.	Erzeugnisgruppenfixkosten	x		x		x
=	**Deckungsbeitrag III**	**x**		**x**		**x**
./.	Kostenstellenfixkosten	x		x		
=	**Deckungsbeitrag IV**	**x**		**x**		
./.	Bereichsfixkosten	x		x		
=	**Deckungsbeitrag V**	**x**		**x**		
./.	Unternehmensfixkosten	x				
=	**Ergebnis**	**x**				

Abbildung 81: Schema einer mehrstufigen Deckungsbeitragsrechnung[34]

[34] In Anlehnung an Jossé (2008), S. 135, mit Ergänzungen.

Andere Autoren unterteilen die Fixkosten auf weniger Bezugsobjekte. Es ist jedoch empfehlenswert, den erforderlichen bzw. sinnvollen Differenzierungsgrad jeweils im Einzelfall zu untersuchen. Dabei können Faktoren wie die Größe oder Branchenzugehörigkeit des betrachteten Unternehmens eine Rolle spielen. Neben der eben beschriebenen Differenzierung nach den Stufen im Produktionsbereich können Deckungsbeiträge auch nach Stufen des Kunden- und Absatzbereichs oder nach anderen Kriterien gebildet werden. Kombinationen (mehrdimensionale mehrstufige Deckungsbeitragsrechnungen) sind ebenfalls möglich.

Grundsätzlich ist festzuhalten, dass die Bezugsobjekte immer in einer hierarchischen Beziehung zueinander stehen. Die Hierarchie der typischen Deckungsbeitragsrechnung nach den Stufen im Produktionsbereich könnte wie in Abbildung 82 dargestellt aussehen.

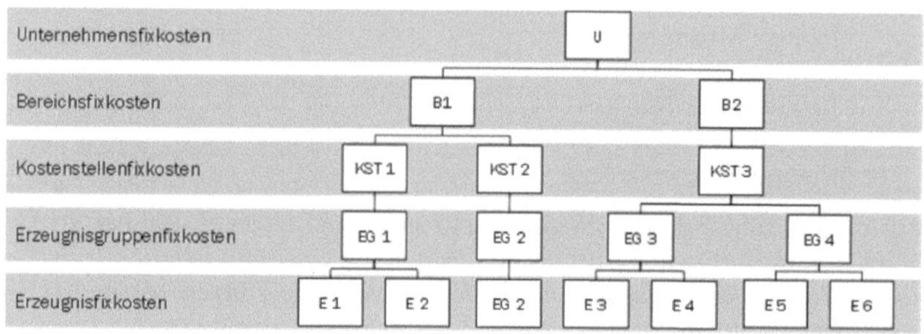

Abbildung 82: Beispielhafte Fixkostenhierarchie nach den Stufen im Produktionsbereich[35]

Bei der Zuordnung der Fixkosten ist darauf zu achten, dass von unten nach oben vorgegangen wird. Das bedeutet: die Fixkosten sind immer in der niedrigsten Hierarchieebene, die eine eindeutige Zurechenbarkeit noch zulässt, zu erfassen.

Die Erstellung einer mehrstufigen Deckungsbeitragsrechnung ist im Vergleich zum Direct Costing zwar mit mehr Aufwand verbunden, hat aber auch einen höheren Informationsgehalt. Sie macht die Erfolgsstruktur des Unternehmens transparent und ermöglicht damit die Aufdeckung von Erfolgs-, aber auch von Misserfolgsquellen (Produkte, Produktgruppen oder sogar ganze Unternehmensbereiche) im Unternehmen. Diese Informationen können Anhaltspunkte für Maßnahmen zur Optimierung des Betriebsergebnisses liefern. Es muss dabei jedoch stets berücksichtigt werden, dass es sich bei Deckungsbeitragsrechnun-

[35] In Anlehnung an Friedl (2010), S. 329.

gen immer um kurzfristige Rechnungen handelt, während die zur Ergebnisoptimierung notwendigen Maßnahmen (beispielsweise Produktionsprogrammanpassungen oder Investitionen) mittel- bis langfristig ausgerichtet sind. Um Fehlentscheidungen zu vermeiden, sind daher zusätzliche langfristige Analysen erforderlich. Ebenfalls für derartige Entscheidungen wichtig, aber bei der mehrstufigen Deckungsbeitragsrechnung völlig unberücksichtigt, ist die Frage, inwieweit und wie schnell sich die Fixkosten der jeweiligen Hierarchieebenen wieder abbauen lassen (Stichwort Kostenremanenz). Daher wird eine weitere Untergliederung der Fixkosten in kurz-, mittel- und langfristig abbaubare Bestandteile je Hierarchieebene empfohlen.

Der Wertefluss der mehrstufigen Deckungsbeitragsrechnung (Abbildung 83) unterscheidet sich nur geringfügig von dem des Direct Costings. Der einzige Unterschied liegt in der differenzierten Fixkostenbetrachtung in der Ergebnisrechnung und den damit verbundenen Verrechnungsprozessen. Das bedeutet, dass bei der Konzeption der Ergebnisrechnung für jede Hierarchiestufe festgelegt werden muss, welche Kosten von welcher Kostenstelle zu übernehmen sind. Bezugsobjekt ist dabei die Kombination aus Kostenstelle und Kostenart. Ferner sind auch hier die Über- und/oder Unterdeckungen der Kostenstellen zu berücksichtigen.

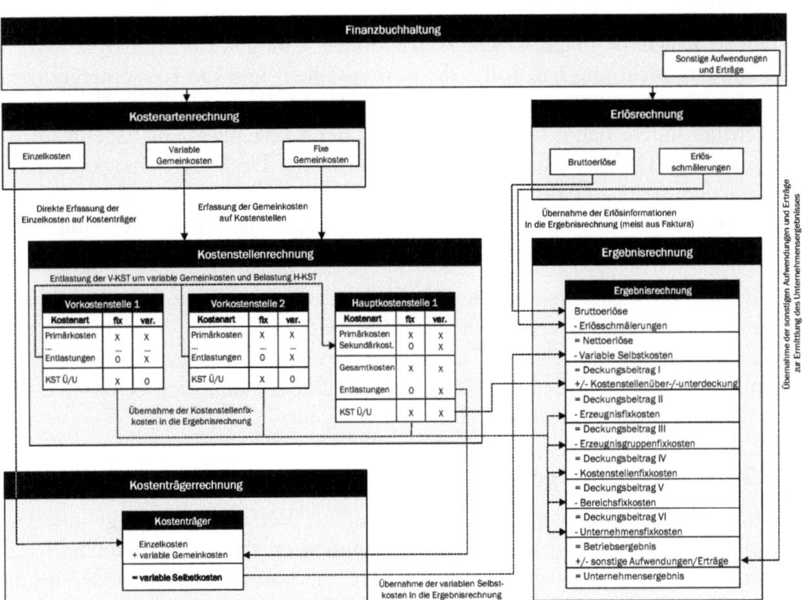

Abbildung 83: Prozesslandschaft bei einer mehrstufigen Deckungsbeitragsrechnung

4.4.3.2 Ergebnisrechnung in Vollkostenrechnungssystemen

Die Vollkostenrechnung basiert auf der Idee, dass sämtliche im Unternehmen anfallenden Kosten durch die Erstellung der für den Absatzmarkt bestimmten Produkte bedingt sind und folglich auch von diesen getragen werden müssen (unabhängig von ihrer Zurechenbarkeit auf ein Produkt). Somit wird in Systemen der Vollkostenrechnung der Versuch unternommen, sämtliche Kosten auf die Kostenträger abzurechnen. Hierzu findet in der Kostenartenrechnung eine Differenzierung zwischen Einzel- und Gemeinkosten statt. Während die Einzelkosten den Kostenträgern direkt zugerechnet werden können, durchlaufen die Gemeinkosten erst die Kostenstellenrechnung, um nach deren Abschluss mit Hilfe von Zuschlags- oder Stundensätzen bzw. durch bewertete Prozesse auf die Kostenträger weiterverrechnet zu werden. In der Ergebnisrechnung werden abschließend die Kosten- und Erlösinformationen zusammengeführt, um das Ergebnis in der (vollkostenbasierten) Betriebsergebnisrechnung zu ermitteln. Im Idealfall wurden in der Kostenstellenrechnung sämtliche Kosten auf die Kostenträger weiterverrechnet, so dass sich keine Kosten mehr auf den Kostenstellen befinden. In der Praxis ist dies jedoch häufig nicht möglich (es sein denn, es wird regelmäßig eine Nachverrechnung an Kostenträger durchgeführt), da die Verwendung von Planstunden- bzw. Planzuschlagssätzen zu (Kostenstellen-) Über- oder Unterdeckungen führt.

Somit stellt sich die Frage, welche konzeptionellen Möglichkeiten man bezüglich der Ergebnisrechnung hat, sollte die Kostenstellen- und die Kostenträgerrechnung auf den Grundlagen der Vollkostenrechnung basieren. Diese Frage stellt sich insbesondere dann, sollte man sich bei der Konzeption der Ergebnisrechnung für das Direct Costing bzw. die mehrstufige Deckungsbeitragsrechnung entscheiden, welche beide eine Abgrenzung der variablen von den fixen Kosten voraussetzen und im Falle der mehrstufigen Deckungsbeitragsrechnung auch eine sachlogische Unterscheidung der fixen Kosten voraussetzt.

Im Folgenden wird zunächst die Betriebsergebnisrechnung (GKV und UKV) samt ihrer Werteflüsse untersucht. Anschließend werden ein Ansatz sowie die Schwierigkeiten dargestellt, die bei der Konzeption einer Ergebnisrechnung in Form einer Deckungsbeitragsrechnung innerhalb der Vollkostenrechnung möglich sind bzw. auftreten.

4.4.3.2.1 Betriebsergebnisrechnung

Bereits in Kap. 4.4.2 wurden die verschiedenen Verfahren der Ergebnisrechnung (GKV und UKV) sowohl in kontenmäßiger als auch in tabellarischer Form dargestellt. Dabei wurden beim GKV die notwendige Bestandsführung sowie die nicht vorhandene Möglichkeit zur Erfolgsquellenanalyse als wesentliche Mängel identifiziert. Um eine derartige Analyse dennoch durchführen zu können, ist eine zusätzliche Rechnung erforderlich. Dabei kommt das Kostenträgerzeitblatt, das oft auch Betriebsabrechnungsbogen II (BAB II) genannt wird, zur Anwendung. Es ist ein Instrument, mit dem eine (zusätzliche) Ergebnisrechnung so durchführt werden kann, dass die Anteile der einzelnen Produkte am Betriebsergebnis ersichtlich werden. Der (vertikale) Aufbau bzw. die Zeilenstruktur des Kostenträgerzeitblattes orientiert sich an der Zuschlagskalkulation und ist horizontal nach Kostenträgern gegliedert (siehe Abbildung 84).

Kostenträger(zeit)blatt				
Kostenarten		Gesamt	Produkt	
			A	B
	Fertigungsmaterial	x	x	x
+	Materialgemeinkosten	x	x	x
=	**Materialkosten**	x	x	x
	Fertigungslöhne	x	x	x
+	Fertigungsgemeinkosten	x	x	x
+	Sondereinzelkosten der Fertigung	x	x	x
=	**Fertigungskosten**	x	x	x
=	**Herstellkosten der Periode**	x	x	x
+	Bestandsminderung (fertige/unfertige Erzeugnisse)	x	x	x
-	Bestandserhöhung (fertige/unfertige Erzeugnisse)	x	x	x
=	**Herstellkosten des Umsatzes**	x	x	x
+	Verwaltungsgemeinkosten	x	x	x
+	Vertriebsgemeinkosten	x	x	x
+	Sondereinzelkosten des Vertriebs	x	x	x
=	**Selbstkosten des Umsatzes**	x	x	x
	Bruttoerlöse	x	x	x
-	Erlösschmälerungen	x	x	x
=	**Nettoerlöse**	x	x	x
-	Selbstkosten des Umsatzes	x	x	x
+/-	Kostenstellenüber-/-unterdeckungen	x	x	x
=	**Betriebsergebnis**	x	x	x

Abbildung 84: Aufbau eines Kostenträgerzeitblattes[36]

An dieser Stelle sei erwähnt, dass es in der Literatur verschiedene Auffassungen zum Kostenträgerzeitblatt, das oft auch nur Kostenträgerblatt genannt wird, gibt. Von einem über die Literatur hinweg einheitlichen Verständnis zu diesem Instrument kann nicht gesprochen werden. Darüber hinaus ist es in der betrieblichen Praxis im Rahmen des monatlichen Berichtswesens bzw. der Ergebnisrechnung aufgrund der EDV-technischen Durchdringung häufig nicht (mehr) relevant.

---

[36] In Anlehnung an Freidank (2008), S. 185, mit Ergänzungen.

In der Praxis orientiert sich der Aufbau der Betriebsergebnisrechnung in der Regel an den in Kapitel 4.4.2 beschriebenen Verfahren. Im Folgenden wird zunächst das GKV vorgestellt. Beim GKV können die Kosteninformationen direkt aus der Kostenartenrechnung in die Ergebnisrechnung übernommen werden. Die Kostenträgerrechnung liefert der Ergebnisrechnung keine Daten, dient jedoch als Datenlieferant für die Finanzbuchhaltung und versorgt diese mit den nach gesetzlichen Vorgaben kalkulierten Herstellkosten zur Bewertung der Bestände an fertigen und unfertigen Erzeugnissen sowie den aktivierten Eigenleistungen. Diese werden von dort in die Ergebnisrechnung übernommen.

Der gesamte Wertefluss in die Ergebnisrechnung wird aus Abbildung 85 ersichtlich. Auffällig ist dabei die Ähnlichkeit der Ergebnisrechnung mit der Gewinn- und Verlustrechnung. Es muss jedoch darauf hingewiesen werden, dass beide Rechnungen (auch wenn sie auf den ersten Blick gleich aussehen) nicht zu den gleichen Ergebnissen führen. Die dargestellte Ergebnisrechnung wird innerhalb der Kostenrechnung durchgeführt und kann daher auch kalkulatorische Kosten (Anders- und Zusatzkosten) verwenden, während sich die GuV oder eine über die Buchhaltung generierte betriebswirtschaftliche Auswertung (BWA) ausschließlich buchhalterischer Daten bedient. Eine Abstimmung zwischen beiden Ergebnissen ist jedoch möglich, indem die jeweils unterschiedlichen Wertansätze im Rahmen einer Überleitungsrechnung berichtigt werden.

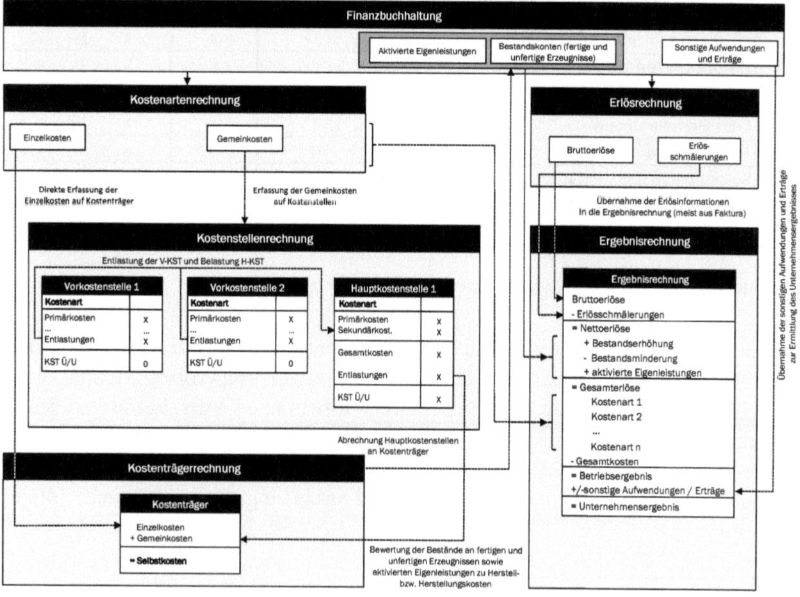

Abbildung 85: Prozesslandschaft Ergebnisrechnung beim GKV

Hinsichtlich des Umsatzkostenverfahrens wurden in Kapitel 4.4.2 bereits die zwei theoretisch möglichen Darstellungsvarianten erläutert. In der Praxis wird die Ergebnisrechnung, der zuvor geschilderten zweiten Variante entsprechend, üblicherweise so aufgebaut, dass von den Nettoerlösen zunächst die Herstellkosten der abgesetzten Produkte abgezogen werden. Im zweiten Schritt werden die Verwaltungs- und Vertriebskosten zur Ermittlung des Betriebsergebnisses ebenfalls in Abzug gebracht. Dadurch ergibt sich das in Abbildung 86 dargestellte Ergebnisrechnungsschema. In Bezug auf die dazugehörigen Werteflüsse muss die im Einsatz befindliche EDV zum einen in der Lage sein, die in der Kalkulation berechneten Herstellkosten der abgesetzten Leistungen auszuweisen, und zum anderen eine Möglichkeit bieten, die noch anzusetzenden Verwaltungs- und Vertriebskosten darzustellen, was häufig über die Kostenstellenrechnung ermöglicht wird.

Schließlich muss noch darauf geachtet werden, dass Kostenstellenüber- und Kostenstellenunterdeckungen auch in die Ergebnisrechnung einbezogen werden (z.B. Über-/Unterdeckungen von Produktionskostenstellen).

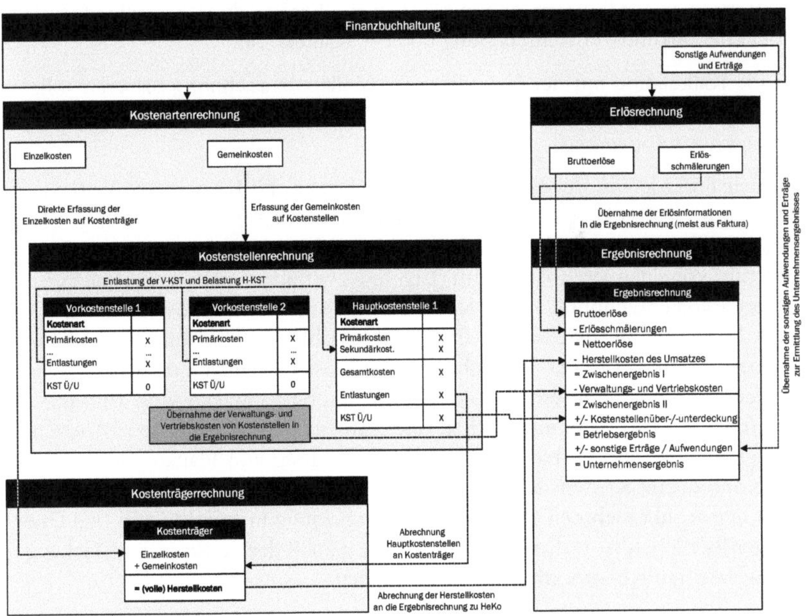

Abbildung 86: Prozesslandschaft Ergebnisrechnung beim UKV

4.4.3.2.2 Deckungsbeitragsrechnungen

Betreibt ein Unternehmen eine Vollkostenrechnung mit dem Ziel einer vollkostenorientierten Kalkulation und möchte seine Ergebnisrechnung in Form einer Deckungsbeitragsrechnung durchführen, steht es unweigerlich vor dem Problem, seine fixen und variablen Kosten sowohl in der Kostenstellen- als auch in der Kostenträgerrechnung konsequent voneinander abgrenzen zu müssen, damit diese in die Ergebnisrechnung entsprechend der Logik des Aufbaus einer Deckungsbeitragsrechnung (d.h. fixe und variable Kosten voneinander getrennt) eingesteuert werden können. Die Abgrenzungen in beiden Rechenwerken (wenn die EDV diese Form der Abgrenzung zulässt) führen zu einer Erhöhung des Arbeitsaufwands im Unternehmen.

Die Schaffung der Voraussetzungen beginnt in der Kostenartenrechnung, in welcher fixe von variablen Kostenarten getrennt/gesondert definiert werden. Analog der Teilkostenrechnung werden die Vor- und Hauptkostenstellen mit ihren Primärkosten, die jeweils in fixe und variable Bestandteile unterteilt sind, belastet. Bis hier stimmt die Vorgehensweise mit den zuvor vorgestellten Deckungsbeitragsrechnungen in Teilkostenrechnungssystemen überein, die Unterschiede liegen nun in der Sekundärkostenrechnung und der Kalkulation.

Da die Kalkulation auf der Grundlage der Vollkostenrechnung basieren soll, ist eine Verrechnung der fixen und der variablen Kosten von Kostenstellen an die Kostenträger notwendig.

Zunächst werden in der Sekundärkostenrechnung die Kosten der Vorkostenstellen auf die Endkostenstellen weiterverrechnet. Die Besonderheit liegt darin, dass die Weiterverrechnung der fixen und variablen Kostenbestandteile jeweils getrennt voneinander abläuft. Im Ergebnis befinden sich nach vollzogener Sekundärkostenrechnung keine Kosten mehr auf den Vorkostenstellen, während die Hauptkostenstellen mit fixen und variablen Primär- und Sekundärkosten belastet sind. Bei der Verrechnung der Kostenstellengesamtkosten auf die Kostenträger kommen jeweils solche Verrechnungstechniken zum Einsatz, die nachfolgend eine Trennung in fixe und variable Kosten zulassen. Auch hier entstehen durch die Verrechnung unter Verwendung von Planstundensätzen in der Konsequenz Kostenstellenüber- oder -unterdeckungen, die in die Ergebnisrechnung zu übernehmen sind. Eine Unterscheidung in variable und fixe Über-/Unterdeckungen ist notwendig, damit diese gemäß der Struktur der Deckungsbeitragsrechnung übernommen werden können.

Eine andere Alternative wäre in diesem Fall auch unter bestimmten Voraussetzungen die Nachverrechnung der Über- oder Unterdeckungen auf die Kostenträgerrechnung. In diesem Fall wären sämtliche Hauptkostenstellen auf null entlastet, die Nachverrechnungen müssten allerdings auch in fixe und variable Kostenbestandteile unterschieden werden können.

Die Gesamtkosten der Kostenträger setzten sich nach den Kostenstellenabrechnungen vereinfacht aus den folgenden drei Bestandteilen zusammen:

- (direkt kontierte) Einzelkosten
- variable Gemeinkosten
- fixe Gemeinkosten

Durch die differenzierte Behandlung der variablen und fixen Gemeinkosten bis hin zur Kostenträgerrechnung ergibt sich nun der Vorteil, dass zum einen nicht auf die gewünschte Kalkulation zu vollen Selbstkosten verzichtet werden muss und zum anderen die Kalkulation derart aufgerissen werden kann, dass die verschiedenen Bestandteile der Kostenträgerkosten in der Ergebnisrechnung (entsprechend dem Schema einer Deckungsbeitragsrechnung) zum Ansatz gebracht werden können. Das Schema der Ergebnisrechnung sowie der gesamte Wertefluss der angepassten Kostenrechnung werden in Abbildung 87 dargestellt.

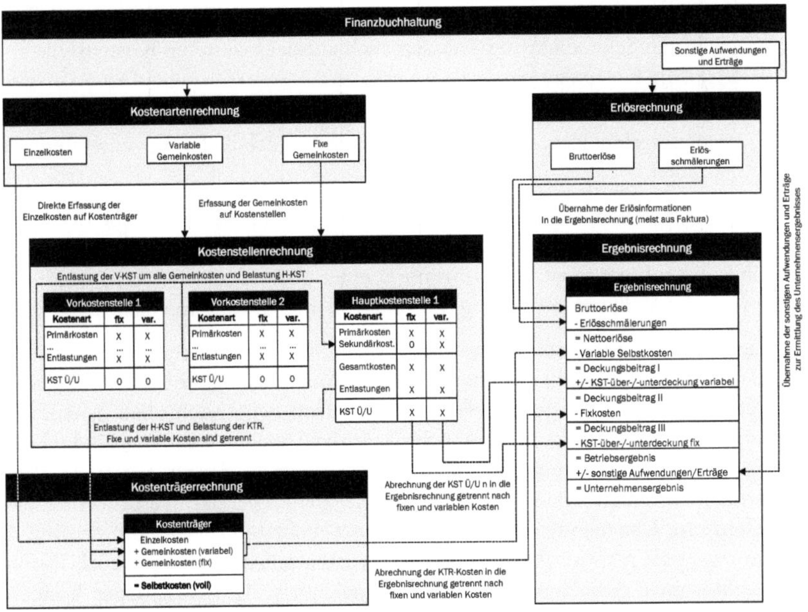

Abbildung 87: Prozesslandschaft Vollkostenrechnungssystems mit Deckungsbeitragsrechnung

Hervorzuheben ist dabei die Berechnungslogik der unterschiedlichen Deckungsbeiträge. So sind zur Ermittlung des Deckungsbeitrags I zunächst die variablen Selbstkosten der abgesetzten Produkte in Abzug zu bringen. Diese setzten sich aus den Einzelkosten sowie den variablen Gemeinkosten der Kostenträger zusammen und werden als Summe aus der Kostenträgerrechnung in die entsprechende Zeile der Ergebnisrechnung übernommen. Anschließend wird der Deckungsbeitrag I um die variablen Kostenstellenüber- oder -unterdeckungen berichtigt und ergibt somit den Deckungsbeitrag II. Danach müssen die Fixkosten abgezogen werden. Sie setzen sich aus fixen Gemeinkosten der Kostenträger zusammen und ergeben dann den Deckungsbeitrag III, der wiederum, nachdem er um die fixen Kostenstellenüber- oder -unterdeckungen berichtigt wurde, das Betriebsergebnis ergibt. Durch Übernahme der sonstigen Erträge und Aufwendungen wird analog zu den bisherigen Ausführungen am Ende das Unternehmensergebnis hergeleitet.

Für die Konzeption einer solchen Kostenrechnung müssen systemisch mindestens die folgenden Anforderungen bzw. Voraussetzungen erfüllt werden:

- Das verwendete ERP-System unterstützt separate Verrechnungsprozesse für die fixen und variablen Bestandteile einer Kostenart.
- Die innerhalb der Kostenstellenrechnung weiterverrechneten bzw. umgelegten Sekundärkosten müssen auch auf der belasteten Kostenstelle als variable Kosten ausgewiesen werden.
- Die Ergebnisrechnung muss in der Lage sein, für seine Datengewinnung auf einzelne Zeilen in der Kostenträger(stück)rechnung zugreifen zu können.

Somit ist man in der Lage, eine Ergebnisrechnung zu konzipieren, die der Vorlage des Direct Costing nahekommt. Sollten die obigen Voraussetzungen nicht erfüllt werden können ist die Konzeption einer „einfachen" Deckungsbeitragsrechnung mit Vollkostenrechnung nur mit großem Aufwand möglich.

Bezüglich der Konzeption einer mehrstufigen Deckungsbeitragsrechnung mit Vollkostenrechnung stößt man bezüglich des Aufwands in der Umsetzung bzw. der konzeptionellen Leistungen an Grenzen, denn neben den oben genannten Voraussetzungen müssen bei dieser Struktur der Ergebnisrechnung die Fixkosten gemäß ihres Ursprungs differenziert feingliedrig oder als bereichs- bzw. unternehmensübergreifende Fixkostenblöcke berücksichtigt werden. Für die differenzierte Darstellung der Fixkosten in der mehrstufigen Deckungsbeitragsrechnung greift man idealerweise auf die Kostenstellenrechnung zurück. Nach abgeschlossener Abrechnung der Kostenstellen an die Kostenträger können (außer in organisatorischen Ausnahmefällen) die Kosten der Ursprungskostenstellen (als Voraussetzung für die Zuordnung in der Fixkostenhierarchie) nicht wieder rekonstruiert werden.

4.4.4 Ergebnisrechnungen mit OLAP-Funktionalität

Moderne Ergebnisrechnungssysteme ermitteln nicht nur das Betriebsergebnis eines Unternehmens nach Abschluss einer Abrechnungsperiode, sondern ermöglichen darüber hinaus auch Auswertungen nach frei definierbaren Auswertungsdimensionen. Voraussetzung für die Durchführung solcher Auswertungen sind Datenstrukturen nach dem OLAP-Konzept (OLAP steht für Online Analytical Processing). Darunter versteht man ein Konzept zur multidimensionalen Datenaufbereitung. licht.

Abbildung 88 zeigt einen beispielhaften Würfel, der Auswertungen nach den Dimensionen Zeit, Produktgruppe und Verkaufsgebiet ermöglicht.

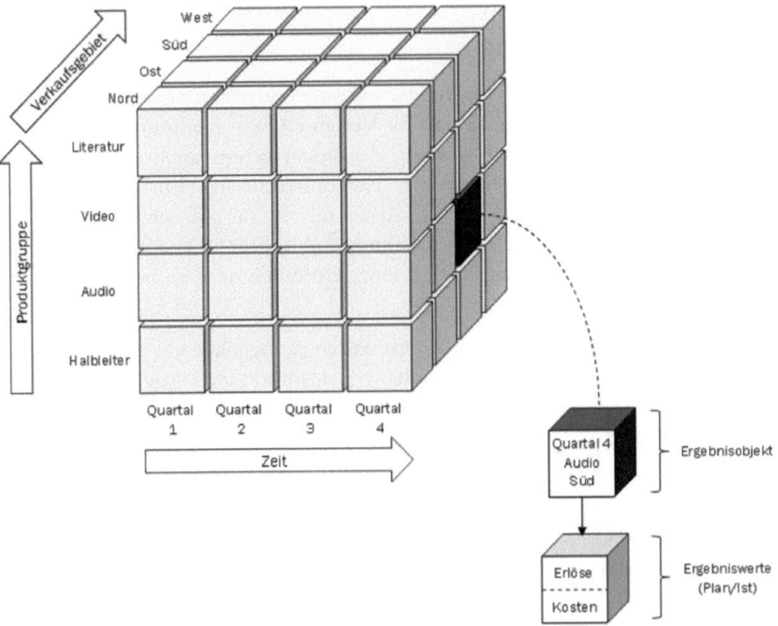

Abbildung 88: Beispielhafter Datenwürfel einer Ergebnisrechnung[37]

Mit Hilfe solcher Datenwürfel lassen sich vielfältige Auswertungen interaktiv durchführen. Häufig werden folgende Operationen angewendet:

– Drill-Down/Roll-Up: Diese Operation ermöglicht eine Detaillierung/Aggregation der betrachteten Daten. Dadurch können im obigen Würfel

---

[37] Quelle: Grob/Bensberg (2005), S. 339.

beispielsweise die Produktgruppen aufgerissen bzw. weiter detailliert werden, um feinere Analysen nach Produkten durchzuführen.

- Slicing: Beim Slicing wird praktisch eine Scheibe aus dem Würfel herausgeschnitten. Beispiel: die Erlöse des gesamten Jahres einer speziellen Produktgruppe in allen Verkaufsgebieten.
- Dicing: Beim Dicing wird der Wertebereich innerhalb des Würfels eingeschränkt.

Aufgrund seiner flexiblen Auswertungsmöglichkeiten wird OLAP oft im Vertriebscontrolling eingesetzt, um beispielsweise Umsätze oder Deckungsbeiträge bedarfsgerecht auswerten zu können.

4.4.5 Zusammenfassung

Die Ergebnisrechnung, synonym auch Betriebsergebnisrechnung oder kurzfristige Erfolgsrechnung (KER), ist ein Begriff für Verfahren bzw. Rechnungen zur unterjährigen Erfolgsermittlung und -analyse. Zu diesen gehört auch die Deckungsbeitragsrechnung als besondere Art der Ergebnisrechnung. Für die Erfolgsermittlung eines Unternehmens werden dazu die zuvor erfassten Kosten und Erlöse eines Unternehmens in einer bestimmten Struktur einander gegenübergestellt, um den Gewinn oder den Verlust eines Unternehmens zu berechnen.

Wie schon in der Kostenstellen- und der Kostenträgerrechnung sind auch in der Ergebnisrechnung die konzeptionellen Gestaltungsmöglichkeiten von Strukturen der vorgelagerten Kostenrechnung abhängig, insbesondere von der Entscheidung, die Kalkulation und die damit in Verbindung stehenden Datenaufbereitungen entweder auf der Grundlage der Voll- oder der Teilkostenrechnung aufzusetzen.

Auch in der Ergebnisrechnung muss bezüglich dem verarbeiteten Datenumfang unterschieden werden. Hierbei wurden das Umsatzkostenverfahren und das Gesamtkostenverfahren dargestellt.

Beim Gesamtkostenverfahren werden alle in einer Periode angefallen Kosten und Erlöse einander gegenübergestellt. Dabei ist zu beachten, dass sich die Kosten und Erlöse auf unterschiedliche Mengengerüste beziehen. So resultieren die Kosten aus der hergestellten Menge, während die Erlöse das Resultat der abgesetzten Menge sind. Aus diesem Grund müssen auftretende Bestandsveränderungen als Korrekturgrößen zur Angleichung der Mengengerüste ebenfalls in die Ergebnisrechnung einfließen. Auch werden aktivierte Eigenleistungen beim Gesamtkostenverfahren angesetzt.

Beim Umsatzkostenverfahren werden den Erlösen der Periode die sogenannten Umsatzkosten (Selbstkosten des Umsatzes) gegenübergestellt – Bestandsveränderungen werden hier nicht berücksichtigt.

Bezüglich der konzeptionellen Gestaltungen wurden Möglichkeiten dargestellt, welche in Voll- oder Teilkostenrechnungssystemen Anwendung finden können. Hierbei wurde festgestellt, dass es in Systemen der Vollkostenrechnung aufgrund der gesamthaften Erfassung von variablen und fixen Kosten auf den Kostenträgern konzeptionelle Einschränkungen beim Aufbau einer Kostenträgerrechnung geben kann. Dies trifft insbesondere auf die mehrstufige Deckungsbeitragsrechnung zu, da die notwendige, feingliedrige Darstellung der Fixkosten aufgrund der Verrechnungen nicht mehr konstruiert werden kann. Auch ist der Aufwand zur konsequenten Trennung der fixen und variablen Kosten über die Kostenstellen- und Kostenträgerrechnung hinweg außerordentlich hoch.

Kontextergebnis V – zusammenfassender Rückblick

Mit der Erstellung der Ergebnisrechnung und der damit in Verbindung stehenden Berechnung des Betriebs- und Unternehmensergebnisses wird die Kostenrechnung insgesamt abgeschlossen. Neben den Entscheidungen, welche auf der Grundlage der in der Kostenrechnung ermittelten Ergebnisse getroffen werden, können die Ergebnisse der Kostenrechnung auch anderweitig verwendet werden, wie beispielsweise

- für Bewertungen der unfertigen und fertigen Erzeugnisse,
- für Berechnungen von Kennzahlen und
- als Informationen für die Erstellung einer Liquiditätsplanung.

Über das Gesamtsystem Kostenrechnung wurden in den vorherigen Kontextergebnissen die folgenden Inhalte zusammenfassend dargestellt.

A. Grundlagen eines Kostenrechnungssystems

Ein Kostenrechnungssystem wurde zum einen systematisiert. Bei dieser Systematisierung wurde eine Dreidimensionalität eines Kostenrechnungssystems festgestellt, d.h. bei der Beantwortung von Fragen zu einer Kostenrechnung muss zu einer systematischen Allokation der Fragen ***immer*** der folgende Dreiklang berücksichtigt werden:

- **Verrechnungsumfang** der Kosten – Ist ein **System** der **Voll-** oder der **Teilkostenrechnung** im Einsatz?
- **Zeitbezug** der verarbeiteten Kosten – wird mit Plan-, Normal- oder Istkosten gearbeitet und woher werden die verwendeten Daten gewonnen (wobei in diesem Buch von einer hohen Datenqualität ausgegangen wird, was in der Praxis nicht immer zwangsläufig gewährleistet ist)?
- **Teilbereich** der Kostenrechnung – Beziehen sich zu lösende Fragestellungen auf die Kostenartenrechnung, Kostenstellenrechnung, die Kostenträgerstückrechnung (Kalkulation) oder die Kostenträgerzeitrechnung (Ergebnisrechnung)? Auch können sich Fragestellungen auf Schnittstellenthemen zwischen einzelnen Teilbereichen beziehen.

Mit Kenntnis der Grundlagen ist die Kostenrechnung insofern noch eine „Unbekannte", da die Zusammenhänge innerhalb des Kostenrechnungssystems noch unklar sind.

B. Datenquellen eines Kostenrechnungssystems

Zum anderen wurden, bevor die Zusammenhänge innerhalb eines Kostenrechnungssystems beschrieben wurden, die Daten und die Datenquellen beschrieben, mit denen in einem Kostenrechnungssystem gearbeitet wird. Die Daten für ein Kostenrechnungssystem werden aus mehreren Abteilungen bzw. systemischen Datenquellen gewonnen. Im Wesentlichen können hier genannt werden:

- Finanzbuchhaltung mit Haupt- und Nebenbüchern sowie allen relevanten Aufwands- und Ertragsbuchungen
- in der Kostenrechnung gespeicherte Plandaten wie beispielsweise geplante Kostenarten, Planverrechnungssätze und -zuschlagssätze u.a.
- Materialstamm
- Stückliste
- Arbeitspläne/Arbeitsplätze
- Betriebsdatenerfassungssystem mit allen rückgemeldeten Daten, v.a. Zeitleistungen

C. *Kostenarten-, Kostenstellen- und Kostenträgerrechnung*

Die **Kostenartenrechnung** steht durch die Erfassung und Gliederung sämtlicher in einer Abrechnungsperiode angefallenen Kosten am Anfang jeder Kostenrechnung. Für die Kostenstellen- und Kostenträgerrechnung stellt die Kostenartenrechnung eine strukturierte Kostendarstellung bereit, welche die Gesamtkosten – entsprechend der betriebsindividuellen Erfordernisse – in einzelne Kostenarten gliedert und damit die Voraussetzungen für eine verursachungsgerechte Zurechnung der Kosten auf Kostenstellen und Kostenträger schafft. Es erfolgt eine verursachungsgerechte Erfassung auf den Kontierungsobjekten Kostenstellen und Kostenträger als primäre Plan- oder Istkosten (bei den Istkosten unter Verwendung der Zusatzkontierung).

In der **Kostenstellenrechnung** wird die Frage beantwortet, „wo sind die Kosten?“ entstanden. In der Regel werden sowohl Plan- als auch Istkosten auf Kostenstellen erfasst und die Kostenstellen auf der Grundlage der betrieblichen Funktionen angelegt. Durch den Vergleich von Plan- und Istkosten kann die Einhaltung der Budgets der Kostenstellen überwacht werden. Darüber hinaus erfolgt in der Kostenstellenrechnung die Darstellung der innerbetrieblichen Leistungsverrechnung, die neben der Abbildung der innerbetrieblichen Leistungsflüsse auch häufig vorbereitende Aufgaben für die Verrechnung der Kostenstellenkosten an die Kostenträger übernimmt. Für die Verrechnung von Kostenstellen an Kostenträger wurden drei Verfahren besprochen:

- Verrechnungssätze
- Zuschlagssätze
- Prozesskostenrechnung

Die Verrechnung von Kostenstellen an Kostenträger erfolgt, indem auf der Grundlage der Plankosten der Kostenstellen die jeweiligen Verrechnungstechniken bewertet werden und unter Verwendung von Ist-Bezugsgrößen (z.B. tatsächlich geleistete Stunden) an die Kostenträger weiterverrechnet werden. Diese verrechneten Plankosten werden von den auf den Kostenstellen erfassten Istkosten subtrahiert. Die auf den Kostenstellen entstehenden Gesamtabweichungen können entweder Kostenstellenüber- oder -unterdeckungen sein. Kostenstellenüber- oder -unterdeckungen können entweder auf die Kostenträger nachverrechnet oder als Korrekturbetrag in die Ergebnisrechnung übernommen werden.

Die **Kostenträger(stück)rechnung** befasst sich mit der Fragestellung, „wofür die Kosten angefallen sind." Das „wofür" bezieht sich dabei auf die Kosten für eine Kostenträgereinheit bzw. ein Erzeugnis eines Unternehmens. Bei der Kalkulation eines Kostenträgers muss dabei der Verrechnungsumfang der Kosten berücksichtigt werden, d.h. werden wie im System der Teilkostenrechnung ausschließlich variable Kosten auf jeder Kostenträgereinheit erfasst oder wie im System der Vollkostenrechnung sowohl fixe als auch variable Kosten. Die Grundlagen für die Verrechnung von ausschließlich variablen Kosten oder fixen und variablen Kosten werden in der Kostenstellenrechnung im Wesentlichen durch die entsprechenden Berechnungen der Plan-Verrechnungs- bzw. Plan-Zuschlagssätze gelegt.

D. Ergebnisrechnung

Die Ergebnisrechnung, synonym auch Betriebsergebnisrechnung oder kurzfristige Erfolgsrechnung (KER), ist ein Begriff für Verfahren bzw. Rechnungen zur unterjährigen Erfolgsermittlung und -analyse. Zu diesen gehört auch die Deckungsbeitragsrechnung als besondere Art der Ergebnisrechnung. Ergebnisrechnungen werden normalerweise in monatlichen oder quartalsweisen Zeitabständen durchgeführt. Der Erfolg errechnet sich dabei durch Gegenüberstellung der Kosten aus der Kostenrechnung mit den Erlösen.

Die entstehende Differenz entspricht dem Betriebsergebnis, das entweder positiv (Erlöse > Kosten) oder negativ (Erlöse < Kosten) sein kann. Häufig wird in der Literatur in diesem Zusammenhang auch von einem Betriebsgewinn oder Betriebsverlust gesprochen.

Um durch die Gegenüberstellung von Erlösen und Kosten das Betriebs- bzw. das Unternehmensergebnis berechnen zu können, müssen nochmals Daten „eingesammelt" werden, die bis dato (in der Regel) in der Kostenrechnung keine Rolle gespielt haben. Dies sind vor allem Erlöse und Erlösschmälerungen sowie neutrale Aufwendungen und Erträge für die Überleitung vom Betriebs- zum Unternehmensergebnis. Die Werteströme in die Ergebnisrechnung können abschließend wie folgt dargestellt werden – die Grafik unterstellt hierbei eine Kalkulation zu Vollkosten bei gleichzeitigem Einsatz eines Direct Costing:

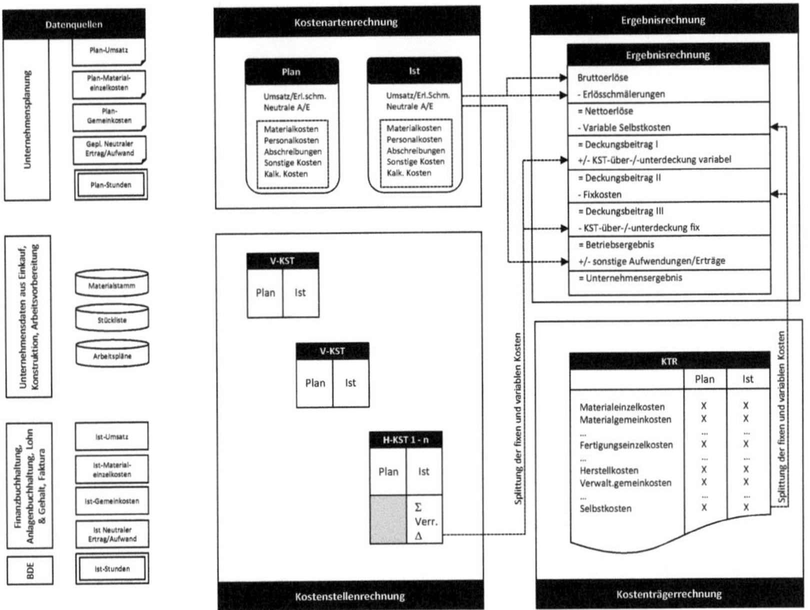

Abbildung 89: Kontextergebnis V – Ergebnisrechnung

Literaturverzeichnis

A

K.A.

B

Barisch, K.-H.: Produktkosten – Controlling mit SAP; 1. Aufl., Bonn 2004.

Bleis, C.: Kostenrechnung und Kostenrelevanz: Praxisanwendungen, Aufgaben, Lösungen, München 2007.

Bodendorf, F.: Daten- und Wissensmanagement, 2. Aufl., Berlin/Heidelberg 2006.

Brecht, U.: Kostenmanagement: Neue Tools für die Praxis, Wiesbaden 2005.

Brück, U.: Praxishandbuch SAP-Controlling; 2. überarbeitete Aufl., Bonn 2008.

Brühl, R.: Controlling: Grundlagen des Erfolgscontrollings, 3. Aufl., München 2012.

Bruhn, Manfred: (2002) Marketing – Grundlagen für Studium und Praxis, 6., überarbeitete Auflage, Wiesbaden 2002

Busse von Colbe, W./Crasselt, N./Pellens, B. (Hrsg.): Lexikon des Rechnungswesens: Handbuch der Bilanzierung und Prüfung, der Erlös-, Finanz-, Investitions- und Kostenrechnung, 5. Aufl., München 2011.

C

CDI, Deutsche Private Akademie für Wirtschaft (Hrsg.): (2001)SAP® R/3® – Einführung, München et al. 1998

CDI, Deutsche Private Akademie für Wirtschaft: SAP R/3 - Finanzwesen, 1. Aufl., Bonn 1999.

Coenenberg, A. G./Haller, A./Mattner, G./Schultze, W.: Einführung in das Rechnungswesen – Grundzüge der Buchführung und Bilanzierung, 3. Aufl., Stuttgart 2009.

Coenenberg, A. G./Fischer, T. M./Günther, T.: Kostenrechnung und Kostenanalyse, 7. Aufl., Stuttgart 2009.

Controlling-Wiki:Betriebsdatenerfassung, http://www.controlling-wiki.com/de/index.php?title=Betriebsdatenerfassung&redirect=no; Zugriff: 08.12.2011.

D

Däumler, K.-D./Grabe, J.: Kostenrechnung 1: Grundlagen, 10. Aufl., Herne 2008.

Däumler, K.-D./Grabe, J.: Kostenrechnung 2: Deckungsbeitragsrechnung, 9. Aufl., Herne 2009.

Deimel, K./Isemann, R./Müller, S.: Kosten- und Erlösrechnung: Grundlagen, Managementaspekte und Integrationsmöglichkeiten der IFRS, München u. a. 2006.

Deitermann, M./Schmolke, S./Rückwart, W.-D.: Industrielles Rechnungswesen IKR: Finanzbuchhaltung, Analyse und Kritik des Jahresabschlusses, Kosten- und Leistungsrechnung, 38. Aufl., Braunschweig 2010.

Deitermann, M.; Schmolke, S.: (2004) – Industrielles Rechnungswesen – IKR, 32., überarbeitete und erweiterte Auflage, Darmstadt 2004

Dillerup, R./Stoi, R.: Unternehmensführung, 3. Aufl., München 2011.

Disterer, G.; Fels, F.; Hausotter, A. (Hrsg.): (2005) - Taschenbuch der Wirtschaftsinformatik, 2. neu bearbeitete Auflage, München, Wien 2003

E

Eberlein, J.: Betriebliches Rechnungswesen und Controlling, 2. Aufl., München 2010.

Ebert, G.: Kosten- und Leistungsrechnung: Mit einem ausführlichen Fallbeispiel, 10. Aufl., Wiesbaden 2004.

Eisele, W./Knobloch, A. P.: Technik des betrieblichen Rechnungswesens: Buchführung und Bilanzierung, Kosten- und Leistungsrechnung, Sonderbilanzen, 8. Aufl., München 2011.

Ernst, C./Schenk, G./Schuster, P.: Kostenrechnung: Schnell erfasst, Berlin/Heidelberg 2009.

Ewert, R./Wagenhofer, A.: Interne Unternehmensrechnung, 7. Aufl., Berlin/Heidelberg 2008.

F

Fandel, G. u. a.: Kostenrechnung, 2. Aufl., Berlin/Heidelberg 2004.

Freidank, C.-C.: Kostenrechnung: Einführung in die begrifflichen, theoretischen, verrechnungstechnischen sowie planungs- und kontrollorientierten Grundlagen des innerbetrieblichen Rechnungswesens sowie ein Überblick über Konzepte des Kostenmanagements, 8. Aufl., München 2008.

Friedl, B.: Kostenrechnung: Grundlagen, Teilrechnungen und Systeme der Kostenrechnung, 2. Aufl., München 2010.

Friedl, G.; Hilz, C.; Pedell, B.: Controlling mit SAP R/3, 1. Aufl., Wiesbaden 2002.

Friedl, G./Hilz, C./Pedell, B.: Controlling mit SAP: Eine praxisorientierte Einführung – Umfassende Fallstudie – Beispielhafte Anwendungen, 5. Aufl., Wiesbaden 2008.

Friedl, G./Hofmann, C./Pedell, B.: Kostenrechnung: Eine entscheidungsorientierte Einführung, München 2010.

G

Gleich, R. u. a. (Hrsg.): Moderne Kosten- und Ergebnissteuerung: Grundlagen, Praxis und Perspektiven, München 2010.

Götze, U.: Kostenrechnung und Kostenmanagement, 5. Aufl., Berlin Heidelberg 2010.

Götzinger, M./Michael, H.: Kosten- und Leistungsrechnung: eine Einführung, 3. Aufl., Heidelberg 1985.

Grabert, N.: Konzeption ausgewählter Möglichkeiten zur innerbetrieblichen Leistungsverrechnung sowie Verrechnungsverfahren an Kostenträger für ein mittelständisches Industrieunternehmen, Heilbronn 2010.

Graumann, M.: Controlling: Begriff, Elemente, Methoden und Schnittstellen, 2. Aufl., Düsseldorf 2008a.

Graumann, M.: Kostenrechnung und Kostenmanagement, 4. Aufl., Herne 2008b.

Grob, H. L./Bensberg, F.: Kosten- und Leistungsrechnung: Theorie und SAP-Praxis, 1. Aufl., München 2005.

Gundelfinger, C. R.: Konzeption einer Ergebnisrechnung und Analyse der damit in Verbindung stehenden Datenquellen für ein mittelständisches Industrieunternehmen, Heilbronn 2012.

H

Haberstock, L.: (2005) Kostenrechnung 249 – Einführung, 12. Aufl., bearbeitet von Volker Breithecker, Berlin 2005

Haberstock, L.: Kostenrechnung I – Einführung, 13. Aufl., Berlin 2008.

Haberstock, L.: Kostenrechnung 1: Einführung mit Fragen, Aufgaben, einer Fallstudie und Lösungen, 13. Aufl., Berlin 2008.

Haberstock, L.: Kostenrechnung 2: (Grenz-)Plankostenrechnung mit Fragen, Aufgaben und Lösungen, 10. Aufl., Berlin 2008.

Hans, L.: Grundlagen der Kostenrechnung, München 2002.

Hansen, R./Neumann, G.: (2005) Wirtschaftsinformatik 1 – Grundlagen und Anwendungen, 9. Auflage, Stuttgart 2005

Heiner, H.: (2006) Praxishandbuch Kostenrechnung – Grundlagen, Kostenartenrechnung, Kostenstellenrechnung, Köln 1990

Heinhold, M.: Kosten- und Erfolgsrechnung in Fallbeispielen, 5. Aufl., Stuttgart 2010.

Heyd, R./Meffle, G.: Das Rechnungswesen der Unternehmung als Entscheidungsinstrument: Band 1: Sachdarstellung und Fallbeispiele, 6. Aufl., München 2008.

Hoitsch, H.-J./Lingnau, V.: Kosten- und Erlösrechnung: Eine controllingorientierte Einführung, 5. Aufl., Berlin/Heidelberg 2004.

Horsch, J.: Kostenrechnung: Klassische und neue Methoden in der Unternehmenspraxis, 1. Aufl., Wiesbaden 2010.

Horváth, P.: (2006) Controlling, 10., vollständig überarbeitete Auflage, München 2006

Horváth, P./Gleich, R./Voggenreiter, D.: Controlling umsetzten: Fallstudien, Lösungen und Basiswissen, 4. Aufl., Stuttgart 2007.

Hummel, S.; Männel, W.: (1986) Kostenrechnung 1 – Grundlagen, Aufbau und Anwendung, 4., völlig neu bearbeitet und erweiterte Auflage, Wiesbaden 1986

Hummel, S./Männel, W.: Kostenrechnung 1: Grundlagen, Aufbau und Anwendung, 4. Aufl., Wiesbaden 1986.

Hungenberg, H./Kaufmann, L.: Kostenmanagement: Einführung in Schaubildform, 2. Aufl., München, Wien, Oldenburg 2001.

I

K.A.

J

Joos-Sachse, T.: Controlling, Kostenrechnung und Kostenmanagement: Grundlagen – Instrumente – Neue Ansätze, 4. Aufl., Wiesbaden 2006.

Jórasz, W.: Kosten- und Leistungsrechnung - Lehrbuch mit Aufgaben und Lösungen, 5. Aufl., Stuttgart 2009.

Jossé, G.: Basiswissen Kostenrechnung: Kostenarten, Kostenstellen, Kostenträger, Kostenmanagement, 5. Aufl., München 2008.

K

Kaesler, C.: Kosten- und Leistungsrechnung der Bilanzbuchhalter: Mit Übungsklausuren für die IHK-Prüfung, 4. Aufl., Wiesbaden 2011.

Kalenberg, F.: Kostenrechnung: Grundlagen und Anwendungen - mit Übungen und Lösungen, 2. Aufl., München 2008.

Kämmler-Burrak, A.: Kosten- und Ergebnisrechnung als integriertes Gesamtsystem, in: Gleich, R. u. a. (Hrsg.): Moderne Kosten- und Ergebnissteuerung: Grundlagen, Praxis und Perspektiven, München 2010, S. 19-40.

Keller, G.; Teufel, T.: (1998) SAP® R/3® Prozessorientiert anwenden – Iteratives Prozess-Prototyping zur Bildung von Wertschöpfungsketten, 2., korrigierte Auflage, Bonn et al. 1998

Kicherer, H. P.: Kostenrechnung und Kostenmanagement, 3. Aufl., München 2008.

Kilger, W./Pampel, J./Vikas, K.: Flexible Plankostenrechnung und Deckungsbeitragsrechnung, 12. Aufl., Wiesbaden 2007.

Kleineidam, E.; Obenhaus, H.: (1976) Kostenrechnung, Bielefeld 1976

Kloock, J.; Sieben, G.; Schildbach, T.; Homburg, C.: (2005) Kosten- und Leistungsrechnung, 9., aktualisierte und erweiterte Auflage, Stuttgart 2005

Koch, J.: EDV-gestütze Buchführung in der Industrie, 1. Aufl., Bielefeld 1999.

L

Langenbeck, J.: Kosten- und Leistungsrechnung: Grundlagen, Vollkostenrechnung, Teilkostenrechnung, Plankostenrechnung, Prozesskostenrechnung, Zielkostenrechnung, Kosten-Controlling, 2. Aufl., Herne 2011.

Latzko, F.: Der Einfluß der Gestaltung der Kosten- und Ergebnisrechnung auf den Unternehmenserfolg, Diss., Universität Mannheim 1999, Frankfurt am Main u. a. 2000.

Liening, F.; Sicherleithner, S.: (2001) SAP® R/3® – Gemeinkostencontrollling, München 1998

M

Macha, R.: Deckungsbeitragsrechnung, 3. Aufl., München 2006.

Macha, R.: Grundlagen der Kosten- und Leistungsrechnung, 4. Aufl., München 2007.

Michel, R./Torspecken, H.-D.: Grundlagen der Kostenrechnung, 3. Aufl., München 1989.

Moews, D.: Kosten- und Leistungsrechnung, 7. Aufl., München 2002.

Mumm, M.: Kosten- und Leistungsrechnung: Internes Rechnungswesen für Industrie- und Handelsbetriebe, 1. Aufl., Heidelberg 2008.

N

K.A.

O

Olfert, K.: Kostenrechnung, 16. Aufl., Rheinbreitbach 2010.

Ossadnik, W.: Kosten- und Leistungsrechnung, Berlin/Heidelberg 2008.

Ostermann, R.: Basiswissen Internes Rechnungswesen: Eine Einführung in die Kosten- und Leistungsrechnung, 2. Aufl., Herdecke/Witten 2010.

ohne Verfasser: Online Lehrbuch - Prozesskostenrechnung, http://www.economics.phil.uni-erlangen.de/bwl/lehrbuch/kap5/przkst.htm, letzter Zugriff am 09.09.2010.

P

Peters, R.: Abbildung der Kosten- und Ergebnisrechnung in einer IT-Landschaft, in: Gleich, R. u. a. (Hrsg.): Moderne Kosten- und Ergebnissteuerung: Grundlagen, Praxis und Perspektiven, München 2010, S. 77-94.

Pfohl, H.-C.: Logistiksysteme – Betriebswirtschaftliche Grundlagen, 5. Auflage, Berlin et al. 1996

Piontek, J.: Controlling, 3. Aufl., München 2005.

Plaut Consulting GmbH: Deckungsbeitragsrechnung, http://www.plaut.com/fileadmin/plaut/consulting/Management-Business-Consulting/Finance-Controlling/Controlling_Transformation/Deckungsbeitragsrechnung.pdf, Zugriff: 12.03.2012a.

Plaut Consulting GmbH: Kostenstellenrechnung, http://www.plaut.com/fileadmin/plaut/consulting/Management-Business-Consulting/Finance-Controlling/Controlling_Transformation/Kostenstellenrechnung.pdf, Zugriff: 12.03.2012b.

Plinke, W/Rese M..: Industrielle Kostenrechnung: Eine Einführung, 6. Aufl., Berlin, Heidelberg 2002.

Plümer, T.: Logistik und Produktion; 1. Aufl., Oldenburg 2003.

Plötner, O./Sieben, B./Kummer, T.-F.: Kosten- und Erlösrechnung: Anschaulich, kompakt, praxisnah, 2. Aufl., Berlin/Heidelberg 2010.

Posluschny, P.: Basiswissen Mittelstandscontrolling, 2. Aufl., München 2010.

Posluschny, P.: Kostenrechnen leicht gemacht: Eine praktische Anleitung – von der Deckungsbeitrags- bis zur Prozesskostenrechnung, München 2009.

Preißler, P. R.: Controlling: Lehrbuch und Intensivkurs, 13. Aufl., München 2007.

Q

Quick, R.; Wurl, H.: (2006) Doppelte Buchführung, Grundlagen – Übungsaufgaben – Lösungen, Wiesbaden 2006

R

Rüth, D.: Kostenrechnung: Band I, 2. Aufl., München 2006.

S

SAP-Bibliothek:

Kalkulationsschema, http://help.sap.com/saphelp_erp60_sp/helpdata/de/a9/ab7654414111d182b10000e829fbfe/content.htm; Zugriff: 15.11.2011.

Tarifbericht, http://help.sap.com/saphelp_45b/helpdata/de/08/5149b543b511d182b30000e829fbfe/frameset.htm; Zugriff 12.02.2012.

Zusatzkontierung, http://help.sap.com/saphelp_470/helpdata/de/4f/71db8d448011d189f00000e81ddfac/content.htm; Zugriff: 04.01.2012

SAP: SAP-Glossar, http://help.sap.com/saphelp_glossary/de/index.htm, letzter Zugriff am 11.08.2010.

Scharnweber, H.: Kosten- und Leistungsrechnung für Bilanzbuchhalter, 4. Aufl., Rinteln 2009.

Schmidt, A.: Kostenrechnung: Grundlagen der Vollkosten-, Deckungsbeitrags- und Plankostenrechnung sowie des Kostenmanagements, 6. Aufl., Stuttgart 2011.

Schwarzer, B.; Krcmar, H.: (2004) Wirtschaftsinformatik – Grundzüge der betrieblichen Datenverarbeitung, 3., überarbeitete Auflage, Stuttgart 2004

Schweitzer, M./Küpper, H.-U.: Systeme der Kosten- und Erlösrechnung, 10. Aufl., München 2011.

Seufert, A./Oehler, K.: Einsatzpotenziale von Business Intelligence am Beispiel der Ergebnisrechnung, in: Gleich, R. u. a. (Hrsg.): Moderne Kosten- und Ergebnissteuerung: Grundlagen, Praxis und Perspektiven, München 2010, S. 443-464.

Sigle, M.: Konzeption einer Kostenträgerrechnung und Analyse der damit in Verbindung stehenden Datenquellen für ein mittelständisches Industrieunternehmen, Heilbronn 2012.

Stahlknecht, P.; Hasenkamp, U.: (2002) Einführung in die Wirtschaftsinformatik, 10., überarbeitete und aktualisierte Auflage, Berlin et al. 2004

Steger, J.: Kosten- und Leistungsrechnung: Einführung in das betriebliche Rechnungswesen, Grundlagen der Vollkosten-, Teilkosten-, Plankosten- und Prozesskostenrechnung, 5. Aufl., München 2010.

Strömer, W./Droege, M.: Personalzeiten und Betriebsdaten, 1. Aufl., München, 1997.

Svoboda, P.: (1978) Kostenrechnung und Preispolitik, 10. Auflage, Wien 1978

Szyszka, U.: Operatives Controlling auf Basis IT-gestützter Kostenrechnung, Wiesbaden 2011.

T

Tanne, M.: Kostenrechnung: Kalkulation, Kostenstellenrechnung, Kostenträger, Kostenartenrechnung, Deckungsbeitragsrechnung, Plankostenrechnung, 1. Aufl. (Mittelstands-Bibliothek – Band 1), Stuttgart 2007.

Teufel, T.; Röhricht, J.; Willems, P.: (1999) SAP® R/3® Prozessanalyse mit Knowledge Maps – Von einem beschleunigten Business Engineering zum organisatorischen Wissensmanagement, München 1999.

U

K.A.

V

Varnholt, N./Lebefromm, U./Hoberg, P.: Kostenrechnung und operatives Controlling: Betriebswirtschaftliche Grundlagen und Anwendung mit SAP ERP, 1. Aufl., München 2009.

W

Walter, W. G.: Einführung in die moderne Kostenrechnung: Grundlagen – Methoden – Neue Ansätze, 2. Aufl., Wiesbaden 2000.

Warnecke, H.; Bullinger, H.; Hichert, R.; Voegele, A.: (1996) Kostenrechnung für Ingenieure, 5., überarbeitete und erweiterte Auflage, München, Wien, 1996

Weihrauch, K.; Keller, G: (2002) Produktionsplanung und -steuerung mit SAP – Einführung in die diskrete Fertigung und die Serienfertigung mit SAP PP, 1. Nachdruck, Bonn 2002

Weber, J./Schäffer, U.: Einführung in das Controlling, 12. Aufl., Stuttgart 2008.

Weber, J./Weißenberger, B. E.: Einführung in das Rechnungswesen: Bilanzierung und Kostenrechnung, 8. Aufl., Stuttgart 2010.

Weber, M.: 5 vor – Kosten- und Leistungsrechnung: Endspurt zur Bilanzbuchhalterprüfung, 2. Aufl., Herne 2011.

Wedell, H./Dilling, A. A.: Grundlagen des Rechnungswesens: Buchführung und Jahresabschluss, Kosten- und Leistungsrechnung, 12. Aufl., Herne 2009.

Wenzel, P. (Hrsg.) (2001) Rechnungswesen mit SAP® R/3® – Finanzbuchhaltung, Anlagenbuchhaltung, Kostenrechnung, Controlling, Braunschweig, Wiesbaden, 2001

Wieland, F./Kornacker, J.: Status quo der Kosten- und Ergebnisrechnung in der Praxis, in: Gleich, R. u. a. (Hrsg.): Moderne Kosten- und Ergebnissteuerung: Grundlagen, Praxis und Perspektiven, München 2010, S. 61-76.

Wirtschaftslexikon: Planpreis, http://www.wirtschaftslexikon24.net/d/planpreis/planpreis.htm; Zugriff: 01.12.2011.

Wirtschaftslexikon: Kostenrechnung, http://wirtschaftslexikon.gabler.de/Archiv/1776/kostenrechnung-v5.html, Zugriff: 06.03.2012.

Wöhe, G.: Einführung in die Allgemeine Betriebswirtschaftslehre, 22. Aufl., München 2005.

Wöhe, G./Döring, U.: Einführung in die Allgemeine Betriebswirtschaftslehre, 23. Aufl., München 2008.

Wöhe, G.; Kußmaul, H.: (2006) Grundzüge der Buchführung und Bilanztechnik, 5., völlig überarbeitete Auflage, München 2006

X

K.A.

Y

K.A.

Z

Zingel, H.: Kosten- und Leistungsrechnung, 1. Aufl., Weinheim 2008.

Index